AutoCAD
2015中文版基础教程

孟秀民　曲媛媛　王　晖/编著

中国青年出版社
CHINA YOUTH PRESS
中青雄狮

图书在版编目（CIP）数据

AutoCAD 2015 中文版基础教程 / 孟秀民，曲媛媛，王晖编著 . 一 北京：中国青年出版社，2014.9
ISBN 978-7-5153-2770-9
I. ①A… II. ①孟… ②曲… ③王… III.①AutoCAD 软件 — 教材 IV.①TP391.72
中国版本图书馆 CIP 数据核字（2014）第 214105 号

AutoCAD 2015中文版基础教程

孟秀民　曲媛媛　王　晖 编著

出版发行：	中国青年出版社
地　　址：	北京市东四十二条 21 号
邮政编码：	100708
电　　话：	（010）59521188 / 59521189
传　　真：	（010）59521111
企　　划：	北京中青雄狮数码传媒科技有限公司

策划编辑：	张　鹏
责任编辑：	林　杉
封面制作：	六面体书籍设计　孙素锦

印　　刷：	北京文海彩艺印刷有限公司
开　　本：	787×1092　1/16
印　　张：	17.75
版　　次：	2015 年 1 月北京第 1 版
印　　次：	2017 年 8 月第 3 次印刷
书　　号：	ISBN 978-7-5153-2770-9
定　　价：	28.00 元（附赠 1DVD，含语音视频教学）

本书如有印装质量等问题，请与本社联系　　电话：（010）59521188 / 59521189
读者来信：reader@cypmedia.com　　　　投稿邮箱：author@cypmedia.com
如有其他问题请访问我们的网站：http://www.cypmedia.com

前 言

本书作者均是 AutoCAD 教学方面的优秀教师，他们将多年积累的经验与技术融入到了本书中，帮助读者掌握技术精髓并提升专业技能。因此，我们郑重向您推荐《AutoCAD 2015 中文版基础教程》。

编写本书的初衷

随着国民经济的迅猛发展，现如今建筑设计、机械设计也得到了蓬勃发展，为了帮助广大读者投身于 CAD 设计行业的大军之中，我们组织教学一线的教师编写了本书。书中以敏锐的视角，简练的语言，并结合室内装潢业、机械制造业的特点，运用典型的工程实例，对 AutoCAD 软件进行全方位讲解，以使广大读者能够在短时间内全面掌握 AutoCAD 2015 软件的使用方法与操作技巧。

AutoCAD 2015 简介

AutoCAD 是由美国 Autodesk 公司于 20 世纪 80 年代初为微机上应用 CAD 技术而开发的绘图程序软件包，经过不断的完善，现已经成为国际上广为流行的绘图工具。与传统的手工绘图相比，使用 AutoCAD 绘图速度更快、精度更高，它已经在航空航天、建筑、机械、电子、轻纺、美工等众多领域中得到了广泛应用，并取得了丰硕的成果和巨大的经济效益。

目前，CAD 最新版本为 AutoCAD 2015，该版本的操作界面与以往版本有很大的区别，可以说更加简洁实用。在功能方面，除了保留空间管理、图层管理、图形管理、块的使用、外部参照文件的使用等优点外，还增加很多更为人性化的设计，如在绘图区中新增了文件选项栏，命令行的增强、图层管理功能的加强，以及支持 Windows 8 系统的触屏操作等。

本书内容罗列

章 节	内 容
Chapter 01	主要讲解了 AutoCAD 2015 的工作界面、图形文件的基本操作以及系统选项设置等内容
Chapter 02	主要讲解了坐标系统、图层的创建与参数设置，以及绘图辅助功能等知识
Chapter 03	主要讲解了点、线、矩形、正多边形、圆和椭圆等二维绘图命令的方法和技巧
Chapter 04	主要讲解了目标选择、复制、缩放、镜像、延伸等二维图形编辑命令，以及对夹点、多线、多段线的编辑操作
Chapter 05	主要讲解了创建图案填充、使用"图案填充"功能面板、编辑图案填充等内容
Chapter 06	主要讲解了图块的概念、创建与编辑图块、编辑与管理块属性、设计中心的使用，以及外部参照的使用等内容
Chapter 07	主要讲解了创建文字样式、创建与编辑单行文本、创建与编辑多行文本等内容
Chapter 08	主要讲解了创建与设置标注样式、尺寸标注的几种类型，以及编辑标注对象等内容
Chapter 09	主要讲解了三维绘图基础、设置视觉样式、绘制三维实体、二维图形生成三维图形，以及布尔运算等内容
Chapter 10	主要讲解了编辑三维模型、更改三维模型形状，以及添加贴图、灯光、渲染等内容
Chapter 11	主要讲解了图形的输出与打印、创建管理布局、布局的页面设置、使用浮动窗口，以及打印图形等内容
Chapter 12	主要讲解了办公空间的设计理念，包括布置办公室平面图、立面图和剖面图的方法与技巧
Chapter 13	主要讲解了住宅空间的设计思路，包括绘制三居室平面图、立面图和剖面图的方法与技巧
Appendix	附录的内容不仅包含课后练习参考答案、常用绘图命令及快捷键，还介绍了 AutoCAD 常见疑难问题的解决方法

⊹ 赠送超值光盘

为了帮助读者更加直观地学习 AutoCAD，本书赠送的光盘中包括：

（1）书中全部实例的工程文件，方便读者高效学习；

（2）语音教学视频，手把手教你学，扫除初学者对新软件的陌生感；

（3）海量 CAD 图块，即插即用，可极大提高工作效率，真正做到物超所值；

（4）赠送建筑设计图纸 100 张，以供读者练习使用。

⊹ 适用读者群体

本书是引导读者轻松快速掌握 AutoCAD 2015 的最佳途径。它非常适合以下群体阅读：

（1）各大中专院校刚开始学习 CAD 的莘莘学子；

（2）各大中专院校相关专业及 CAD 培训班学员；

（3）建筑设计和机械设计初学者；

（4）从事 CAD 工作的初级工程技术人员；

（5）对工程制图和 AutoCAD 感兴趣的读者。

编 者

目 录

Chapter 04

🛠 编辑二维图形

Chapter 12

办公空间设计方案

Chapter 13

住宅空间设计方案

Appendix

附 录

Chapter 01 AutoCAD 2015 轻松入门

课题概述 AutoCAD 2015 软件具有绘制二维图形、三维图形、标注图形、协同设计、图纸管理等功能，其操作更加便捷。目前，该软件已广泛应用于建筑设计、工业设计、服装设计、机械设计以及电气设计等领域。

教学目标 本章将会为用户介绍 AutoCAD 2015 的启动与退出操作、图形文件的基本操作，以及系统选项设置等内容，便于读者快速掌握 AutoCAD 2015 的基础知识。

章节重点	光盘路径
★★★★　功能区	**上机实践**：实例文件 \ 第 1 章 \ 上机实践 \ 设置绘图背景颜色和鼠标右键的功能
★★★☆　标题栏、状态栏	
★★☆☆　快捷菜单	**课后练习**：实例文件 \ 第 1 章 \ 课后练习
★☆☆☆　AutoCAD 2015 的启动 / 退出	

注：★个数越多表示难度越高，以下皆同。

1.1　启动 AutoCAD 2015

成功安装 AutoCAD 2015 后，系统会在桌面创建 AutoCAD 的快捷启动图标，并在程序文件夹中创建 AutoCAD 程序组。用户可以通过下列方式启动 AutoCAD 2015。

- 执行"开始 > 所有程序 >Autodesk>AutoCAD 2015- 简体中文 > AutoCAD 2015- 简体中文（Simplified Chinese）"命令。
- 双击桌面上的 AutoCAD 快捷启动图标。
- 双击任意一个 AutoCAD 图形文件。

启动 AutoCAD 2015 后，将会看到如图 1-1 所示的工作界面。

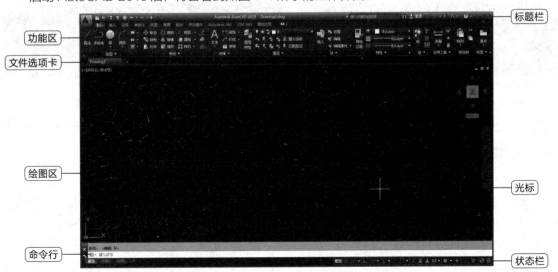

图 1-1　AutoCAD 2015 工作界面

1.2 AutoCAD 2015 工作界面介绍

正常启动 AutoCAD 2015 后，用户便可以开始绘图了。在绘图之前，我们先来了解一下新版本的工作环境。

1.2.1 标题栏与功能区

标题栏、功能区、状态栏是显示绘图和环境设置命令等内容的区域。

1. 标题栏

标题栏位于工作界面的最上方，它由"文件"菜单按钮、"快速访问工具栏"、当前图形标题、"搜索栏""Autodesk online 服务"以及窗口控制按钮组成。将鼠标光标移至标题栏上，右击鼠标或按 Alt+空格键，将弹出窗口控制菜单，从中可执行窗口的最大化、还原、最小化、移动、关闭等操作，如图 1-2 所示。

图 1-2　窗口控制菜单

2. 功能区

在 AutoCAD 2015 中，功能区包含功能区选项卡、功能区面板和功能区按钮，其中功能区按钮是代替命令的简便工具，利用它们可以完成绘图过程中的大部分工作，而且使用工具进行操作的效率比使用菜单要高得多。使用功能区时无需显示多个工具栏，它通过单一紧凑的工作界面使应用程序变得简洁有序，使绘图窗口变得更大。

在功能区面板中，单击面板标题右侧的"最小化面板按钮"按钮，用户可以设置不同的最小化选项，如图 1-3 所示。

图 1-3　功能区

1.2.2 绘图区域、坐标系图标

绘图区域是用于绘制图形的"图纸"，坐标系图标是用于显示当前的视角方向。

1. 绘图区域

绘图区域是用户的工作窗口，是绘制、编辑和显示图形对象的区域，如图 1-4 所示。绘图区域包含"模型"和"布局"两种绘图模式，单击"模型"或"布局"标签可以在这两种模式之间进行切换。

一般情况下，用户在模型空间绘制图形，然后转至布局空间安排图纸输出布局。

2. 坐标系图标

坐标系图标用于显示当前坐标系的位置，如坐标原点，X、Y、Z 轴正方向等，如图 1-5 所示。

AutoCAD 的默认坐标系为世界坐标系（WCS）。若重新设定坐标系原点或调整坐标系的其他位置，则世界坐标系就变为用户坐标系（UCS）。

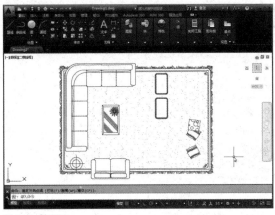

图1-4　绘图区

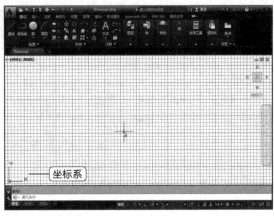

图1-5　坐标系图标

1.2.3　命令窗口、文本窗口

命令窗口是用户通过键盘输入命令、参数等信息的地方。不过，用户通过菜单和功能区执行的命令也会在命令窗口中显示。默认情况下，命令窗口位于绘图区域的下方，用户可以通过拖动命令窗口的左边框将其移至任意位置。

在 AutoCAD 2015 中为命令行搜索添加了新内容，即自动更正和同义词搜索，当输入错误命令 TABEL 时，将自动启动 TABLE 命令并搜索到多个可能的命令，如图 1-6 所示。

文本窗口是记录 AutoCAD 历史命令的窗口，用户可以通过按 F2 键打开文本窗口，以便于快速访问完整的历史记录，如图 1-7 所示。

图1-6　浮动状态下的命令行

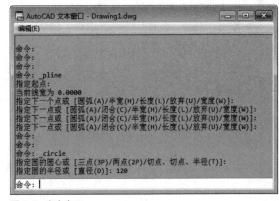

图1-7　文本窗口

1.2.4　状态栏与快捷菜单

本小节将对最常使用的状态栏与快捷菜单进行简单介绍。

1. 状态栏

状态栏位于工作界面的最底端，用于显示当前的绘图状态。状态栏最左端显示"模型"按钮，单击它，可在模型和图纸空间之间进行切换。其后是栅格显示、捕捉模式、正交模式、极轴追踪、等轴测草图、对象捕捉追踪、对象捕捉、显示注释对象、切换工作空间、注释监视器、硬件加速、隔离对象、全屏显示、自定义等具有绘图辅助功能的控制按钮，如图 1-8 所示。

图 1-8 状态栏

2. 快捷菜单

一般情况下快捷菜单是隐藏的，在绘图窗口空白处单击鼠标右键将弹出快捷菜单，在无操作状态下单击鼠标右键弹出的快捷菜单与在操作状态下单击鼠标右键弹出的快捷菜单是不同的，如图 1-9 所示为无操作状态下的快捷菜单。

图 1-9 无操作状态下的快捷菜单

工程师点拨：显示快捷菜单

执行 OP 命令，打开"选项"对话框，在"用户系统配置"选项的"Windows 标准操作"选项组中，勾选"在绘图区域中使用快捷菜单"即可。

1.2.5 工具选项板窗口

工具选项板窗口为用户提供组织、共享和放置块及填充图案选项卡，如图 1-10 所示。用户可以通过以下方式打开或关闭工具选项板。

- 单击"视图"选项卡下"选项板"面板中的"工具选项板"按钮。
- 单击工具选项板窗口中右上角的"特性"按钮，将会显示特性菜单，从中可以对工具选项板窗口执行移动、改变大小、自动隐藏、设置透明度、重命名等操作。

图 1-10 工具选项板

工程师点拨：快速打开工具选项板

在命令行中输入 TOOLPALETTES 命令并按回车键，或者在键盘上按 Ctrl+3 组合键，也可以打开工具选项板。

1.2.6 AutoCAD 2015 新增功能

AutoCAD 2015 新增了许多特性，比如 Windows 8 触屏操作、文件选项卡、文件格式与命行增强、地理定位等。

1. 支持 Windows 8 以及触屏操作

Windows 8 操作系统，其关键特性就是支持触屏，而 AutoCAD 2015 在 Windows 8 中也可以支持触屏操作。

2. 图层管理功能的加强

在"图层特性"管理器对话框中，图层的名称按照数字顺序进行排序。用户还可选中多个要合并的图层，然后右击鼠标，在弹出的快捷菜单中选择"将选定图层合并到"命令，打开"合并到图层"对话框，选择一个目标图层，单击"确定"按钮，即可完成合并图层的操作，如图 1-11、1-12 所示。

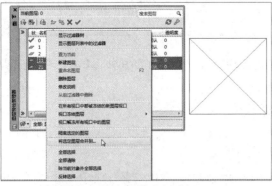
图 1-11　选择"将选定图层合并到"命令

图 1-12　"合并到图层"对话框

3. 命令行的增强

命令行增强的功能包括自动完成、自动更正、同义词搜索等。用户可在"管理"选项卡中，执行"编辑别名"命令，添加自己的自动更正和同义词条目，如图 1-13、1-14 所示。

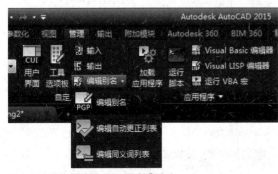
图 1-13　选择"编辑自动更正列表"命令

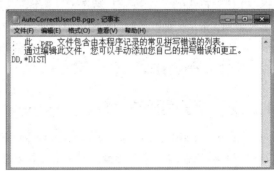
图 1-14　添加自己的词条

4. 地理定位

AutoCAD 2015 改进对使用地理数据的支持，用户可以将 DWG 图形与现实的实景地图结合在一起，利用 GPS 等定位方式可直接定位到指定位置。

5. 工作空间

AutoCAD 2015 的工作空间取消了经典模式，位置也由标题栏移至状态栏，可在状态栏切换工作空间，如图 1-15 所示。可以导入 3ds Max 的 fbx 格式。

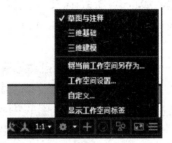
图 1-15　"切换工作空间"菜单

1.3 图形文件的基本操作

图形文件的管理是设计过程中的重要环节，为了避免由于误操作导致图形文件的意外丢失，在设计过程中需要随时对文件进行保存。图形文件的操作包括图形文件的新建、打开、保存以及另存等。

工程师点拨：熟记快捷键

熟记菜单命令后的快捷键，有利于提高工作效率。如按 Ctrl+N 组合键可快速新建图形文件，按 Ctrl+S 组合键可快速保存图形文件。

1.3.1 创建新图形文件

启动 AutoCAD 2015 后，单击"开始绘制"系统会自动新建一个名为 Drawing1.dwg 的空白图形文件。用户还可以通过以下方法创建新的图形文件。

- 单击"菜单浏览器"按钮▲，在弹出的列表中执行"新建 > 图形"命令。
- 单击快速访问工具栏中的"新建"按钮。
- 在面板栏的"文件"选项卡空白处右击，选择"新建"命令。
- 在命令行中输入 NEW 命令，然后按回车键。

执行以上任意一种操作后，系统将自动打开"选择样板"对话框，从文件列表中选择需要的样板，然后单击"打开"按钮即可创建新的图形文件。

在打开图形时还可以选择不同的计量标准，单击"打开"右侧的下拉按钮，若选择"无样板打开 - 英制"选项，则以英制单位为计量标准绘制图形；若选择"无样板打开 - 公制"选项，则以公制单位为计量标准绘制图形，如图 1-16 所示。

图 1-16 选择新建文件选项

1.3.2 打开图形文件

启动 AutoCAD 2015 后，可以通过以下方式打开已有的图形文件。

- 单击"文件"菜单按钮▲，在弹出的列表中执行"打开 > 图形"命令。
- 单击快速访问工具栏中的"打开"按钮。
- 在命令行中输入 OPEN 命令，再按回车键。
- 在面板栏的文件选项卡空白处右击，选择"打开"命令。

执行以上任意一种操作后，系统会自动打开"选择文件"对话框，如图 1-17 所示。在该对话框的"查找范围"下拉列表中选择要打开的图形文件

图 1-17 选择打开文件选项

夹，选择图形文件，然后单击"打开"按钮或者双击文件名，即可打开图形文件。在该对话框中也可以单击"打开"按钮右侧的下拉按钮，在弹出的下拉列表中选择使用所需的方式来打开图形文件。

　　AutoCAD 2015 支持同时打开多个文件，利用 AutoCAD 的这种多文档特性，用户可在打开的所有图形之间来回切换、修改、绘图，还可参照其他图形进行绘图，在图形之间复制和粘贴图形对象，或从一个图形向另一个图形移动对象。

1.3.3　保存图形文件

　　对图形进行编辑后，要对图形文件进行保存。可以直接保存，也可以更改名称后保存为另一个文件。

1. 保存新建的图形

　　通过下列方式可以保存新建的图形文件。

- 单击"菜单浏览器"按钮▲，在弹出的列表中执行"保存"命令。
- 单击快速访问工具栏中的"保存"按钮▦。
- 在命令行中输入 SAVE 命令，再按回车键。
- 在面板栏的文件选项卡空白处右击，选择"全部保存"命令。
- 按 Ctrl+S 组合键。

图 1-18　"图形另存为"对话框

　　执行以上任意一种操作后，系统将自动打开"图形另存为"对话框，如图 1-18 所示。

　　在"保存于"下拉列表中指定文件保存的文件夹，在"文件名"文本框中输入图形文件的名称，在"文件类型"下拉列表中选择保存文件的类型，最后单击"保存"按钮。

2. 图形换名保存

　　对于已保存的图形，可以更改名称保存为另一个图形文件。先打开该图形，然后通过下列方式实施换名保存。

- 单击"菜单浏览器"按钮▲，在弹出的菜单中执行"另存为"命令。
- 按 Ctrl+Shift+S 组合键。
- 在命令行中输入 SAVE 命令，再按回车键。

　　执行以上任意一种操作后，系统将会自动打开"图形另存为"对话框，设置需要的名称及其他选项后保存即可。

✦ 1.4　AutoCAD 系统选项设置

　　安装 AutoCAD 2015 软件，系统将自动完成默认的初始系统配置。用户在绘图过程中，可以通过下列方式进行系统配置。

- 在命令行中输入 OPTIONS 命令，再按回车键。
- 在绘图区域中单击鼠标右键，在弹出的快捷菜单中选择"选项"命令。

　　执行以上任意一种操作后，系统将打开"选项"对话框，用户可以在该对话框中设置所需要的系统配置。

1.4.1 显示

打开"显示"选项卡，从中可以设置窗口元素、布局元素、显示精度、显示性能、十字光标大小、淡入度控制等显示性能，如图 1-19 所示。

1. 窗口元素

"窗口元素"选项组主要用于设置窗口的颜色、排列方式等相关内容。例如，单击"颜色"按钮后将弹出"图形窗口颜色"对话框，从中可以设置二维模型空间的颜色，单击"颜色"下拉按钮选择需要的颜色即可，如图 1-20 所示。

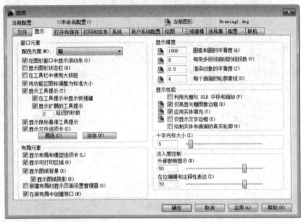

图 1-19 "显示"选项卡

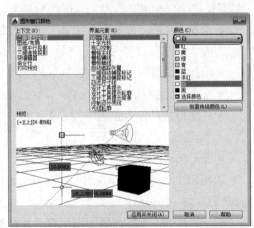

图 1-20 "图形窗口颜色"对话框

2. 显示精度

该选项组用于设置圆弧或圆的平滑度、每条多段线的段数等项目。

3. 布局元素

该选项组用于设置图纸布局相关的内容和控制图纸布局的显示或隐藏。例如，显示布局中的可打印区域（可打印区域是指虚线以内的区域），勾选"显示可打印区域"复选框的布局如图 1-21 所示，不显示可打印区域的布局如图 1-22 所示。

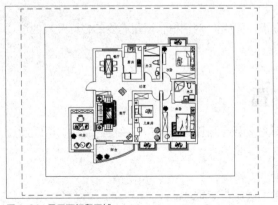

图 1-21 显示可打印区域

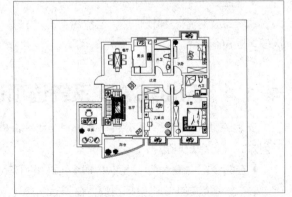

图 1-22 不显示可打印区域

4. 显示性能

该选项组用于使用光栅和 OLE 进行平移与缩放，显示光栅图像的边框，实体的填充，仅显示文字边框等参数设置。

5. 十字光标大小

该选项用于调整光标的十字线大小。十字光标的值越大，光标两边的延长线就越长，如图 1-23 所示十字光标为 10，如图 1-24 所示十字光标为 100。

6. 淡入度控制

该选项组主要用于控制图形的显示效果，淡入度为负数值时显示效果越清晰，反之淡入度为正数值时显示效果就越淡。

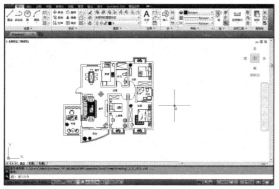

图 1-23　十字光标为 10

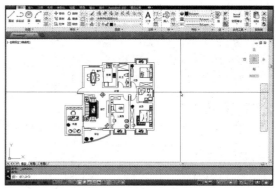

图 1-24　十字光标为 100

1.4.2　打开和保存

在"打开和保存"选项卡中，用户可以进行文件保存、文件安全措施、文件打开、外部参照等方面的设置，如图 1-25 所示。

1. 文件保存

"文件保存"选项组可以设置文件保存的类型、缩略图预览设置和增量保存百分比设置等。

2. 文件安全措施

该选项组用于设置自动保存的间隔时间，是否创建副本，设置临时文件的扩展名等。单击"安全选项"按钮，可打开相应的对话框，从中可对其参数进行设置，如图 1-26 所示。

图 1-25　"打开和保存"选项卡

图 1-26　"安全选项"对话框

3. 文件打开与应用程序菜单

"文件打开"选项组可以设置在窗口中打开的文件数量等，"应用程序菜单"选项组可以设置最近打开的文件数量。

4. 外部参照

该选项组可以设置调用外部参照时的状况，可以设置启用、禁用或使用副本。

5. ObjectARX 应用程序

该选项组可以设置加载 ObjectARX 应用程序和自定义对象的代理图层。

1.4.3 打印和发布

在"打印和发布"选项卡中，用户可以设置打印机和打印样式参数，包括出图设备的配置和选项，如图 1-27 所示。

1. 新图形的默认打印设置

用于设置默认输出设备的名称，以及是否使用上一可用打印设置。

2. 打印和发布日志文件

用于设置打印和发布日志的方式及保存打印日志的方式。

3. 打印到文件

用于设置打印到文件操作的默认位置。

4. 后台处理选项

用于设置何时启用后台打印。

5. 常规打印选项

用于设置更改打印设备时是否警告，设置 OLE 打印质量，以及是否隐藏系统打印机。

6. 指定打印偏移时相对于

用于设置打印偏移时相对于的对象为可打印区域还是图纸边缘。单击"打印戳记设置"按钮，将弹出"打印戳记"对话框，从中可以设置打印戳记的具体参数，如图 1-28 所示。

图 1-27 "打印和发布"选项卡

图 1-28 "打印戳记"对话框

1.4.4 系统与用户系统配置

在"系统"选项卡中，用户可以设置控制三维图形显示系统的系统特性以及当前定点设备、数据库连接的相关选项，如图 1-29 所示。

在"用户系统配置"选项卡中，用户可设置 Windows 标准操作、插入比例、字段、坐标数据输入的优先级等选项。另外还可单击"块编辑器设置""初始设置""线宽设置"和"默认比例列表"按钮，进行相应的参数设置，如图 1-30 所示。

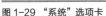

图 1-29 "系统"选项卡

图 1-30 "用户系统配置"选项卡

1. 图形性能

在"系统"选项卡中单击"图形性能"按钮，在弹出的"图形性能"对话框中可以设置全阴影显示、单像素光照、平滑线显示等项目，如图 1-31 所示。

2. 当前定点设备

"当前定点设备"选项组可以设置定点设备的类型，接受某些设备的输入。

3. 布局重生成选项

该选项提供了"切换布局时重生成""缓存模型选项卡和上一个布局"和"缓存模型选项卡和所有布局"三种布局重生成样式。

4. 常规选项

该选项组用于设置消息的显示与隐藏及显示"OLE 文字大小"对话框等项目。

5. 信息中心

单击"气泡式通知"按钮，打开"信息中心设置"对话框，从中可对相应参数进行设置，如图 1-32 所示。

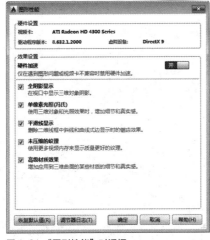

图 1-31 "图形性能"对话框

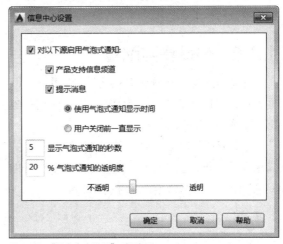

图 1-32 "信息中心设置"对话框

1.4.5 绘图与三维建模

在"绘图"选项卡中，用户可以在"自动捕捉设置"和"AutoTrack 设置"选区中设置自动捕捉和自动追踪的相关内容，另外还可以拖动滑块调节自动捕捉标记和靶框的大小，如图 1-33 所示。

在"三维建模"选项卡中，用户可以设置三维十字光标、在视口中显示工具、三维对象和三维导航等选项，如图 1-34 所示。

图 1-33 "绘图"选项卡

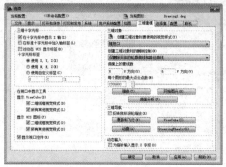

图 1-34 "三维建模"选项卡

1. 自动捕捉设置

"自动捕捉设置"选项组用于设置在绘制图形时捕捉点的样式。

2. 对象捕捉选项

在该选项组可以设置忽略图案填充对象、使用当前标高替换 Z 值等项目。

3. AutoTrack 设置

可以设置选项为显示极轴追踪矢量、显示全屏追踪矢量和显示自动追踪工具提示。

4. 三维十字光标

"三维建模"选项卡下的"三维十字光标"选项组可用于设置十字光标是否显示 Z 轴，是否显示轴标签，以及十字光标标签的显示样式等。

5. 三维对象

该选项组用于设置创建三维对象时的视觉样式、曲面或网格上的索线数、设置网格图元、设置网格镶嵌选项等。

1.4.6 选择集与配置

在"选择集"选项卡中，用户可以设置拾取框大小、选择集模式、夹点大小和夹点的相关内容，如图 1-35 所示。

在"配置"选项卡中，用户可以针对不同的需求在此进行设置并保存，这样以后需要进行相同的设置时，只需调用该配置文件即可。

1. 夹点

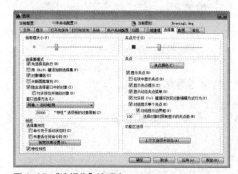

图 1-35 "选择集"选项卡

用于设置不同状态下的夹点颜色、启用夹点、在块中启用夹点等项目。

2. 预览

用于设置活动状态的选择集、未激活命令时的选择集预览效果。单击"视觉效果设置"按钮后，可在弹出的"视觉效果设置"对话框中调节视觉样式的各种参数，如图 1-36 所示。

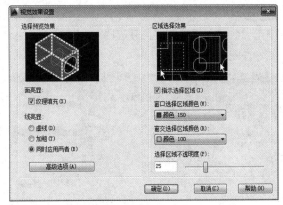

图 1-36 "视觉效果设置"对话框

1.5 退出 AutoCAD 2015

操作完成保存完图形之后，可以通过下列方式退出 AutoCAD 2015。

● 单击"菜单浏览器"按钮 ▲，在弹出的列表中执行"关闭当前图形"或"关闭所有图形"命令。
● 在面板栏的文件选项卡空白处右击，选择"全部关闭"命令。
● 按 Ctrl+Q 组合键。

上机实践	设置绘图背景颜色和鼠标右键功能
实践目的	通过本实训可掌握"选项"对话框的使用，为后期绘图做好准备。
实践内容	根据自己的习惯更改 AutoCAD 操作界面的背景颜色和鼠标右键的功能。
实践步骤	在"选项"对话框的"显示"和"用户系统配置"选项卡中进行设置。

Step 01 启动 AutoCAD 2015 软件，在绘图区域中单击鼠标右键，在弹出的快捷菜单中选择"选项"命令，如图 1-37 所示。

Step 02 系统将弹出"选项"对话框，在"显示"选项卡中，单击"窗口元素"选项区的"颜色"按钮，如图 1-38 所示。

图 1-37 选择"选项"命令

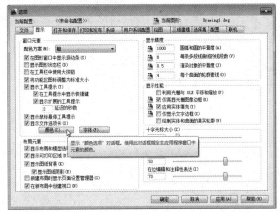

图 1-38 单击"颜色"按钮

23

Step 03 在弹出的"图形窗口颜色"对话框中，单击"颜色"下拉按钮，并选择需要替换的颜色，如图 1-39 所示。

Step 04 在"预览"窗口中会显示预览效果，设置完成后，单击"应用并关闭"按钮，如图 1-40 所示。

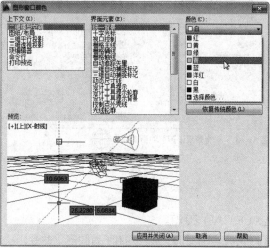

图 1-39　选择颜色

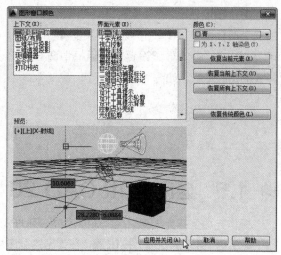

图 1-40　单击"应用并关闭"按钮

Step 05 返回到"选项"对话框，切换到"用户系统配置"选项卡中，单击"自定义右键单击"按钮，如图 1-41 所示。

Step 06 弹出"自定义右键单击"对话框，在"编辑模式"选项组中选择"重复上一个命令"单选按钮，然后单击"应用并关闭"按钮，如图 1-42 所示。返回到上一对话框，最后单击"确定"按钮即可完成相关设置。

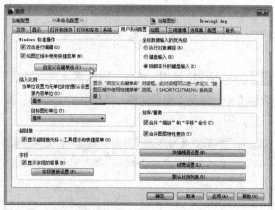

图 1-41　单击"自定义右键单击"按钮

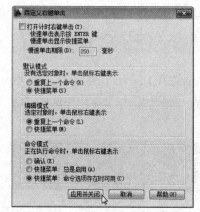

图 1-42　单击"应用并关闭"按钮

课后练习

通过本章的学习，用户对 AutoCAD 2015 的工作界面、文件的打开与保存，以及系统选项设置有了一定的认识。下面再结合习题，回顾 CAD 的常见操作知识。

1. 选择题

（1）在 AutoCAD 中，构造选择集非常重要，以下哪项不是构造选择集的方法（　　　）。

   A. 按层选择　　　　　　　　　　B. 对象选择过滤器

   C. 快速选择　　　　　　　　　　D. 对象编组

（2）在 AutoCAD 中不可以设置"自动隐藏"特性的对话框是（　　　）。

   A."选项"对话框　　　　　　　　B."设计中心"对话框

   C."特性"对话框　　　　　　　　D."工具选项板"对话框

（3）在十字光标处被调用的菜单为（　　　）。

   A. 鼠标菜单　　　　　　　　　　B. 十字交叉线菜单

   C. 快捷菜单　　　　　　　　　　D. 没有菜单

（4）在"选项"对话框的哪个选项卡下可以设置夹点大小和颜色（　　　）。

   A. 选择集　　　　　B. 系统　　　　　C. 显示　　　　　D. 打开和保存

2. 填空题

（1）＿＿＿＿＿＿是记录了 AutoCAD 历史命令的窗口，是一个独立的窗口。

（2）在 AutoCAD 2015 中，执行"文件 > 打开"命令后将打开＿＿＿＿＿＿对话框。

（3）计算机辅助设计简称为＿＿＿＿＿＿。

3. 操作题

（1）在"选项"对话框中，将圆弧和圆的平滑度设置为 5，如图 1-43 所示。然后将夹点颜色设置为绿色，如图 1-44 所示。

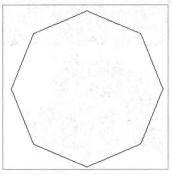

图 1-43　平滑度为 5 的圆

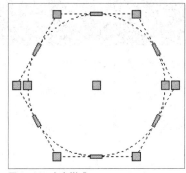

图 1-44　夹点样式

（2）练习"栅格显示""正交模式""极轴追踪"及"切换工作空间"等切换操作，如图 1-45 所示。

模型 ▦ ▦ ▾ ∟ ⌒ ▾ ✂ ✕ ▾ ⟋ ▱ ▾ ✕ ✕ ✕ 1:1 ▾ ⚙ ▾ ✛ ⊘ ▱ ⌸ 🗖 ≡

图 1-45　状态栏按钮切换

Chapter 02 平面绘图基本知识

课题概述 在绘图之前需要对绘图环境进行一些必要的设置，包括图形界限、图形单位、图层的创建与设置等。例如，通过对图层进行设置可以调节图形的颜色、线宽以及线型等特性，从而既可以提高绘图效率，又能保证图形的质量。

教学目标 本章将向读者介绍坐标系统、图形的管理以及辅助工具的调用等内容，熟悉并掌握这些知识后，将会对今后的绘图操作提供很大的帮助。

章节重点	光盘路径
★★★★ | 图层的设置	**上机实践：** 实例文件 \ 第 2 章 \ 上机实践 \ 更改图形颜色
★★★☆ | 辅助绘图功能	及线型
★★☆☆ | 图形界限和单位	**课后练习：** 实例文件 \ 第 2 章 \ 课后练习
★☆☆☆ | 坐标系	

2.1 坐标系统

在绘图时，AutoCAD 通过坐标系确定点的位置。AutoCAD 坐标系分世界坐标系和用户坐标系，用户可通过 UCS 命令进行坐标系的转换。

2.1.1 世界坐标系

世界坐标系也称为 WCS 坐标系，它是 AutoCAD 中的默认坐标系，通过 3 个相互垂直的坐标轴 X、Y、Z 来确定空间中的位置。世界坐标系的 X 轴为水平方向，Y 轴为垂直方向，Z 轴正方向垂直屏幕向外，坐标原点位于绘图区左下角，如图 2-1 所示为二维图形空间的坐标系，如图 2-2 所示为三维图形空间的坐标系。

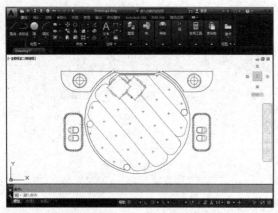
图 2-1 二维空间坐标系

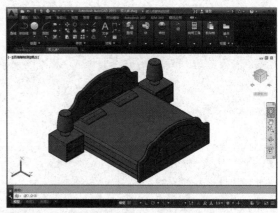
图 2-2 三维空间坐标系

 工程师点拨：设置 X、Y 轴坐标

在 XOY 平面上绘制、编辑图形时，只需要输入 X 轴和 Y 轴坐标，Z 轴坐标由系统自动设置为 0。

2.1.2 用户坐标系

用户坐标系也称为 UCS 坐标系，用户坐标系是可以进行更改的，它主要为图形的绘制提供参考。创建用户坐标系可以通过执行"视图 > 视口工具"菜单命令下的子命令来实现，也可以通过在命令窗口中输入命令 UCS 来完成。

2.1.3 坐标输入方法

在绘制图形对象时，经常需要输入点的坐标值来确定线条或图形的位置、大小和方向。输入点的坐标有四种方法：绝对直角坐标、相对直角坐标、绝对极坐标和相对极坐标。

1. 绝对坐标

常用的绝对坐标表示方法有绝对直角坐标和绝对极坐标两种。

（1）绝对直角坐标

绝对直角坐标是指相对于坐标原点的坐标，可以输入（X,Y）或（X,Y,Z）坐标来确定点在坐标系中的位置。如在命令行中输入（5,20,10），表示在 X 轴正方向距离原点 5 个单位，在 Y 轴正方向距离原点 20 个单位，在 Z 轴正方向距离原点 10 个单位。

（2）绝对极坐标

绝对极坐标通过相对于坐标原点的距离和角度来定义点的位置。输入极坐标时，距离和角度之间用"<"符号隔开。如在命令行中输入（20<60），表示该点与 X 轴成 60°角，距离原点 20 个单位。在默认情况下，AutoCAD 以逆时针旋转为正，顺时针旋转为负。

2. 相对坐标

相对坐标是指相对于上一个点的坐标，相对坐标以前一个点为参考点，用位移增量确定点的位置。输入相对坐标时，要在坐标值的前面加上一个"@"符号。如上一个操作点的坐标是（9,12），输入（1,2），则表示该点的绝对直角坐标为（10,14）。

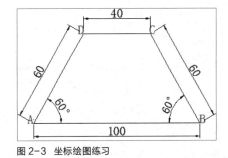

图 2-3　坐标绘图练习

示例 2-1：利用极轴坐标与相对坐标绘制如图 2-3 所示的图形。

Step 01 在"默认"选项卡的"绘图"面板中单击"直线"按钮。

Step 02 根据命令行的提示"Line 指定第一点"，在绘图区域通过鼠标单击指定一点，以确定 A 点。

Step 03 根据命令行提示"指定下一点或 [放弃 (U)]"，输入 @100,0，然后按回车键，确定 B 点。

Step 04 根据命令行提示"指定下一点或 [放弃 (U)]"，输入 @60<120，然后按回车键，确定 C 点。

Step 05 根据命令行提示"指定下一点或 [闭合 (C)/ 放弃 (U)]"，输入 @-40,0，然后按回车键，确定 D 点。

Step 06 根据命令行提示"指定下一点或 [闭合 (C)/ 放弃 (U)]"，输入 C，然后按回车键。至此，图形绘制完毕。

⊹ 2.2 图形管理

图层的创建与管理是 AutoCAD 有效管理图形、提高工作效率的重要手段。

2.2.1 设置图形界限 ◄

为了在一个有限的显示界面上绘图，用户可以事先为绘图区域设置边界。即在命令行中输入 LIMITS，然后按回车键。

执行上述操作后，命令行的提示内容如下：

```
命令：'_limits
重新设置模型空间界限：
指定左下角点或 [ 开(ON)/ 关(OFF)] <0.0000,0.0000>：
指定右上角点 <420.0000,297.0000>：
```

2.2.2 设置图形单位 ◄

在系统默认情况下，AutoCAD 2015 的图形单位为十进制单位，包括长度单位、角度单位、缩放单位、光源单位以及方向控制等。

用户在命令行中输入 UNITS，然后按回车键。执行操作后，系统将弹出"图形单位"对话框，如图 2-4 所示。

1."长度"选项组

打开"类型"下拉列表，选择长度单位的类型；打开"精度"下拉列表，选择长度单位的精度。

2."角度"选项组

打开"类型"下拉列表，选择角度单位的类型；打开"精度"下拉列表，选择角度单位的精度。不勾选"顺时针"复选框，则以逆时针方向旋转为正方向；勾选"顺时针"复选框，则以顺时针方向旋转的角度为正方向。

3."插入时的缩放单位"选项组

用于设置使用 AutoCAD 工具选项板或设计中心拖入图形的块的测量单位。

4."光源"选项组

用于指定光源强度的单位，包括国际、美国、常规选项。

5."方向"按钮

单击"方向"按钮，打开"方向控制"对话框，如图 2-5 所示。在该对话框中，可以设置角度测量的起始位置，系统默认水平向右为角度测量的起始位置。

图 2-4 "图形单位"对话框

图 2-5 "方向控制"对话框

2.2.3 图层面板与特性面板

在绘制图形时，可将不同属性的图元放置在不同图层中，以便于用户操作。而在图层中，用户可对图形对象的各种特性进行更改，例如颜色、线型以及线宽等。熟练应用图层可大大提高工作效率，还可使图形的清晰度更高。

1."图层"面板

"图层"功能区主要是对图层进行控制，如图 2-6 所示。

2."特性"面板

"特性"功能区主要是对颜色、线型和线宽进行控制，如图 2-7 所示。

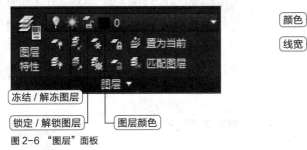

图 2-6 "图层"面板

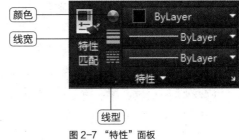

图 2-7 "特性"面板

2.2.4 图层的创建与删除

在 AutoCAD 2015 中，创建和删除图层，以及对图层的其他管理都是通过"图层特性管理器"对话框来实现的。可以通过以下方式打开"图层特性管理器"对话框。

- 在"默认"选项卡的"图层"面板中单击"图层特性"按钮 。
- 在命令行中输入 LAYER，然后按回车键。

1. 创建新图层

在"图层特性管理器"对话框中，单击"新建图层"按钮 ，系统将自动创建一个名称为"图层1"的图层，如图 2-8 所示。图层名称是可以更改的。用户也可以在面板中右击鼠标，在弹出的快捷菜单中选择"新建图层"命令来创建一个新图层。

图 2-8 新建图层

> **工程师点拨：设置图层名**
>
> 图层名最长可达 255 个字符，可以是数字、字母，但不允许使用大于号、小于号、斜杠、反斜杠、引号、冒号、分号、问号、逗号、竖杠或等于号等符号；在当前图形文件中，图层名称必须是惟一的，不能与已有的图层重名；新建图层时，如果选中了图层名称列表中的某一图层（呈高亮显示），那么新建的图层将自动继承该图层的属性。

2. 删除图层

在"图层特性管理器"对话框中选择某图层后，单击"删除图层"按钮 ，即可删除该图层。

工程师点拨：无法删除的图层

被参照的图层是不能被删除的，其中包括图层 0、包含对象的图层、当前图层以及依赖外部参照的图层，还有一些局部打开图形中的图层也被视为已参照不能删除。

2.2.5 设置图层的颜色、线型和线宽

在"图层特性管理器"对话框中，可对图层的颜色、线型和线宽进行相应的设置。

1. 颜色的设置

单击颜色图标■ 白，打开"选择颜色"对话框，如图 2-9 所示，用户可根据自己的需要在"索引颜色""真彩色"和"配色系统"选项卡中选择所需的颜色。其中标准颜色名称仅适用于 1 ~ 7 号颜色，分别为：红、黄、绿、青、蓝、洋红、白/黑。

图 2-9 "选择颜色"对话框

2. 线型的设置

单击线型下拉菜单里的"其它"按钮，系统将打开"线型管理器"对话框，如图 2-10 所示。

在默认情况下，系统仅加载三种线型。若需要其他线型，则要先加载该线型，即在"线型管理器"对话框中单击"加载"按钮，打开"加载或重载线型"对话框，如图 2-11 所示。选择所需的线型之后，单击"确定"按钮即可出现在"选择线型"对话框中。

图 2-10 "线型管理器"对话框

图 2-11 "加载或重载线型"对话框

3. 线宽的设置

单击线宽下拉菜单里面的"线宽设置"按钮，打开"线宽设置"对话框，如图 2-12 所示。选择所需线宽后，单击"确定"按钮即可。

图 2-12 "线宽设置"对话框

2.2.6 图层的管理

在"图层特性管理器"对话框中，除了可创建图层并设置图层属性，还可以对创建好的图层进行管理操作，如图层的控制、置为当前层、改变图层和属性等操作。

1. 图层状态控制

在"图层特性管理器"对话框中，提供了一组状态开关图标，用以控制图层状态，如关闭、冻结、锁定等。

（1）开 / 关图层

单击"打开"图层按钮 💡，图层即被关闭，而图标变成 💡。图层关闭后，该图层上的实体不能在屏幕上显示或打印输出，重新生成图形时，图层上的实体将重新生成。

若关闭当前图层，系统会询问是否关闭当前层，只需选择"关闭当前图层"选项即可，如图 2-13 所示。当前图层被关闭后，若在该图层中绘制图形，其结果将不显示。

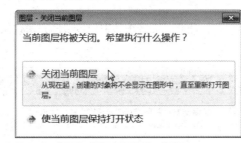

图 2-13 "图层 – 关闭当前图层"对话框

（2）冻结 / 解冻图层

单击"冻结"按钮 ☼，当其变成雪花图样 ❄，即可完成图层的冻结。图层冻结后，该图层上的实体不能在屏幕上显示或打印输出，重新生成图形时，图层上的实体不会重新生成。

（3）锁定 / 解锁图层

单击"锁定"按钮 🔓，当其变成闭合的锁图样 🔒 时，图层即被锁定。图层锁定后，用户只能查看、捕捉位于该图层上的对象，可以在该图层上绘制新的对象，而不能编辑或修改位于该图层上的图形对象，但实体仍可以显示和输出。

2. 置为当前层

AutoCAD 2015 只能在当前图层上绘制图形实体，系统默认当前图层为 0 图层，可以通过以下方式将所需的图层设置为当前层。

- 在"图层特性管理器"对话框中选中图层，然后单击"置为当前"按钮✔。
- 在"图层"面板中，单击"图层"下拉按钮，然后单击图层名。
- 在"默认"选项卡的"图层"面板中单击"将对象的图层设为当前层"按钮，根据命令行的提示，选择一个实体对象，即可将该对象所在的图层设置为当前层。

3. 改变图形对象所在的图层

通过下列方式可以改变图形对象所在的图层。

- 选中图形对象，然后在"图层"面板的下拉列表中选择所需图层。
- 选中图形对象，右击打开快捷菜单，然后选择"特性"命令，在"特性"对话框的"常规"选项组中单击"图层"选项右侧的下拉按钮，再从下拉列表中选择所需的图层，如图 2-14 所示。

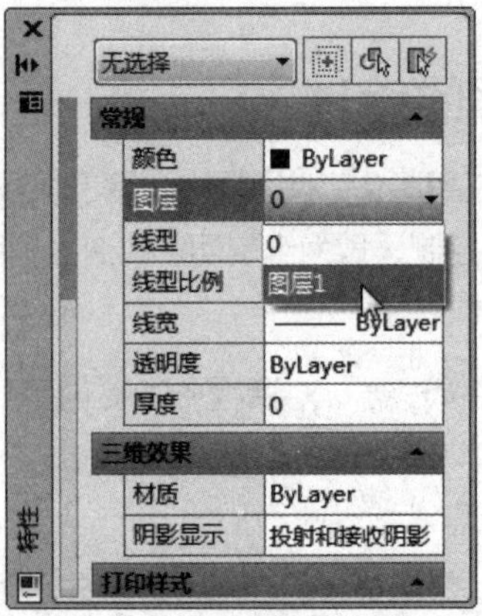

图 2-14 "特性"选项板

4. 改变对象的默认属性

默认情况下，用户所绘制的图形对象将使用当前图层的颜色、线型和线宽，可在选中图形对象后，利用"特性"对话框中的"常规"选项组里的各选项为该图形对象设置不同于所在图层的相关属性。

5. 线宽显示控制

由于线宽属性属于打印设置，在默认情况下系统并未显示线宽设置效果。打开"线宽设置"对话框，勾选"显示线宽"复选框即可。

> **工程师点拨：绘图区显示线宽**
>
> 在"线宽设置"对话框中勾选"显示线宽"复选框后，要单击状态栏中的"显示线宽"按钮，才能在绘图区显示线宽。

2.2.7　非连续线外观控制 ←

在绘制图形时，经常使用非连续线型，如中线等，根据图形尺寸的不同，有时需要调整外观。

AutoCAD 2015 通过系统变量 LTSCALE 和 CELTSCALE 控制非连续线型的外观，这两个系统变量的默认值是 1，其数值越小，线度越密。其中，LTSCALE 是全局线型比例因子，控制图形中的所有非连续线型对象。因此，图形中所有非连续线型对象的比例因子 =LTSCALE×CELTSCALE。

> **工程师点拨：更改比例因子**
>
> 要更改已绘制对象的比例因子，可先选择该对象，然后在绘图区域中单击鼠标右键，选择快捷菜单中的"特性"命令，在打开的"特性"选项中更改即可。

2.3　设置绘图辅助功能

在绘制图形过程中，鼠标定位精度不高，这就需要利用状态栏当中的捕捉模式、栅格显示、正交模式、极轴追踪、对象捕捉和对象捕捉追踪等绘图辅助工具，以便精确绘图。

2.3.1　显示栅格、捕捉模式

在绘制图形时，使用捕捉和栅格功能有助于创建和对齐图形中的对象。一般情况下，捕捉和栅格是配合使用的，即捕捉间距与栅格的 X、Y 轴间距分别一致，这样就能保证鼠标拾取到精确的位置。

1. 显示栅格

栅格是一种可见的位置参考图标，有助于定位。栅格按照设置的间距显示在图形区域中的点，起坐标纸的作用，可以提供直观的距离和位置参照，如图 2-15 所示。

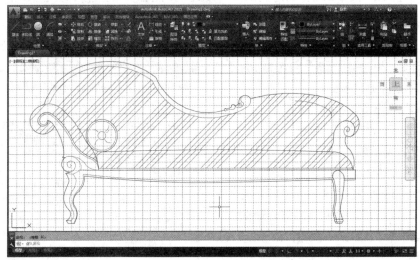

图 2-15　显示的栅格

在 AutoCAD 2015 中，通过以下方式可以打开或关闭栅格。

● 在状态栏中单击"栅格显示"按钮▦。
● 按 F7 键或 Ctrl + G 组合键进行切换。

2. 栅格捕捉

栅格显示只能提供绘制图形的参考背景，捕捉才是约束鼠标移动的工具，栅格捕捉功能用于设置鼠标移动的固定步长，即栅格点阵的间距，使鼠标在 X 轴和 Y 轴方向上的移动量总是步长的整数倍，以提高绘图的精度。可以通过下列方式打开或关闭"栅格捕捉"。

● 在状态栏中单击"捕捉模式"按钮▦。
● 按 F9 键进行切换。

工程师点拨：关于栅格

栅格只是一种定位图形辅助工具，不是图形的组成部分，不能打印输出。在 AutoCAD 2015 中，可以在绘图界限外显示栅格。

2.3.2 正交模式

正交模式是在任意角度和直角之间进行切换，在约束线段为水平或垂直的时候可以使用正交模式。正交模式只能沿水平或垂直方向移动，取消该模式则可沿任意角度进行绘制。通过以下方法可以打开或关闭正交模式。

- 在状态栏中单击"正交模式"按钮 。
- 按 F8 键进行切换。

2.3.3 利用"草图设置"对话框设置栅格和捕捉

AutoCAD 的捕捉功能分为两种：一种是自动捕捉（栅格捕捉），另一种是栅格捕捉。用户可在"草图设置"对话框中对栅格和捕捉进行设置。通过下列方式打开"草图设置"对话框。

- 在状态栏中右击"捕捉到图像栅格"按钮，在弹出的快捷菜单中选择"草图设置"命令。

1. 设置栅格与栅格捕捉

在"草图设置"对话框中，选择"捕捉与栅格"选项卡，如图 2-16 所示。各选项组的作用如下。

- "启用捕捉"和"启用栅格"复选框：用于打开或关闭捕捉和栅格。
- 捕捉间距：用于定义捕捉的间距。
- 栅格样式：选择栅格显示位置。
- 栅格间距：用于定义栅格的间距。
- 极轴间距：控制极轴捕捉增量距离。
- 捕捉类型：选择"栅格捕捉"类型后，还可以进一步选择"矩形捕捉"和"等轴测捕捉"样式；若选择 PolarSnap 类型，则可以设置"极轴间距"选项组中的"极轴距离"选项。

2. 设置对象捕捉

对象捕捉是通过已存在的实体对象的特殊点或特殊位置来确定点的位置。对象捕捉有两种方式：一种是自动对象捕捉，另一种是临时对象捕捉。

临时对象捕捉主要通过"对象捕捉"工具栏实现，执行"工具栏 > 对象捕捉"菜单命令，即可打开"对象捕捉"工具栏，如图 2-17 所示。

执行自动对象捕捉操作前，首先要设置好需要的对象捕捉点，以后当光标移动到这些对象捕捉点附近时，系统就会自动捕捉到这些点。如果把光标放在捕捉点上多停留一会，系统还会显示捕捉的提示。这样，在选点之前，就可以预览和确认捕捉点。通过以下方法可以打开或关闭对象捕捉模式。

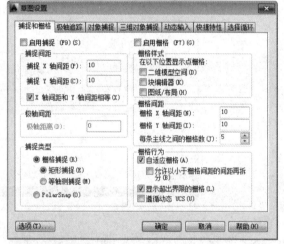

图 2-16 "捕捉和栅格"选项卡

图 2-17 "对象捕捉"工具栏

- 单击状态栏中的"对象捕捉"按钮▢▪。
- 在状态栏中右击"对象捕捉"按钮，然后选择"对象捕捉设置"按钮。
- 按 F3 键进行切换。

在"草图设置"对话框中选择"对象捕捉"选项卡，可以设置自动对象捕捉模式，如图 2-18 所示。

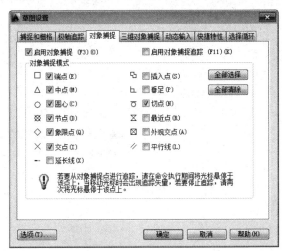

图 2-18 "对象捕捉"选项卡

在该选项卡的"对象捕捉模式"选项组中，列出了 13 种对象捕捉点和对应的捕捉标记。需要捕捉哪些对象捕捉点，就勾选这些点前面的复选框。各个捕捉点的含义介绍如下。

- 端点□：捕捉直线、圆弧或多段线离拾取点最近的端点，以及离拾取点最近的填充直线、填充多边形或 3D 面的封闭角点。
- 中点△：捕捉直线、多段线、圆弧的中点。
- 圆心○：捕捉圆弧、圆、椭圆的中心。
- 节点⊗：捕捉点对象，包括尺寸的定点。
- 象限点◇：捕捉圆弧、圆和椭圆上 0°、90°、180° 和 270° 处的点。
- 交点✕：捕捉直线、圆弧、圆、多段线和另一直线、多段线、圆弧或圆的任何组合的最近的交点。如果第一次拾取时选择了一个对象，命令行提示输入第二个对象，并捕捉两个对象真实的或延伸的交点。该模式不能和"外观交点"模式同时有效。
- 延长线┉：用于捕捉直线延长线上的点。当光标移出对象的端点时，系统将显示沿对象轨迹延伸出来的虚拟点。
- 插入点⅃：捕捉图形文件中的文本、属性和符号的插入点。
- 垂足┖：捕捉直线、圆弧、圆、椭圆或多段线上的一点，已选定的点到该捕捉点的连线与所选择的实体垂直。
- 切点♂：捕捉圆弧、圆或椭圆上的切点，该点和另一点的连线与捕捉对象相切。
- 最近点⊠：用于捕捉直线、弧或其他实体上离靶区中线最近的点。一般是端点、垂直点或交点。
- 外观交点⊠：选项与交点相同，只是它还可以捕捉 3D 空间中两个对象的视图交点（这两个对象实际上不一定相交，但看上去相交）。在 2D 空间中，外观交点和交点模式是等效的。
- 平行线∥：用于捕捉通过已知点且与已知直线平行的直线的位置。

示例 2-2：利用"对象捕捉"辅助功能，绘制五角星图形。

Step 01 在"默认"选项卡的"绘图"面板中单击"多边形"按钮，绘制半径为 200 的正五边形，如图 2-19 所示。命令行提示内容如下。

命令：_polygon 输入侧面数 <4>：5✓	（输入 5 并按回车键）
指定正多边形的中心点或 [边(E)]：	（指定中心点）
输入选项 [内接于圆(I)/外切于圆(C)] <I>：✓	（按回车键，选择内接于圆选项）
指定圆的半径：200✓	（输入 200，并按回车键）

Step 02 在状态栏中右击"对象捕捉"按钮，在弹出的快捷菜单中选择"设置"命令，在对话框中的"对象捕捉"选项卡下勾选"启用对象捕捉"和"端点"复选框，然后单击"确定"按钮即可，如图 2-20 所示。

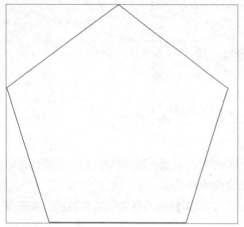

图 2-19 绘制正五边形

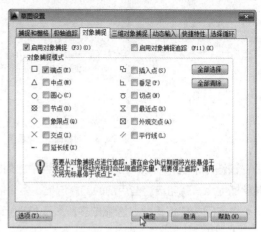

图 2-20 设置对象捕捉

Step 03 在"默认"选项卡的"绘图"面板中单击"直线"按钮，捕捉正五边形的端点进行连接，如图 2-21、2-22 所示。至此，五角星图形绘制完毕。

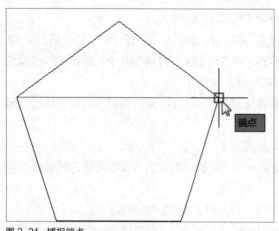

图 2-21 捕捉端点

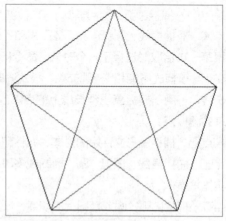

图 2-22 绘制五角星效果

3. 对象捕捉追踪

对象捕捉追踪与极轴追踪是 AutoCAD 2015 提供的两个可以进行自动追踪的辅助绘图功能，即可以自动追踪记忆同一命令操作中光标所经过的捕捉点，从而以其中某一捕捉点的 X 坐标或 Y 坐标控制用户所要选择的定位点。

用户可以通过以下方法打开或关闭"对象捕捉追踪"功能。

● 在状态栏中单击"对象捕捉追踪"按钮■。

● 按 F3 键进行切换。

示例 2-3：利用对象捕捉追踪功能，绘制在水平位置上间距为 10，半径为 30 的两个圆。

Step 01 在状态栏中右击"对象捕捉"按钮，在弹出的快捷菜单中选择"设置"命令，然后在打开的对话框中选择"对象捕捉"选项卡，勾选"启用对象捕捉""启用对象捕捉追踪"和"象限点"复选框，最后单击"确定"按钮，如图 2-23 所示。

Step 02 在"默认"选项卡的"绘图"面板中单击"圆心，半径"按钮，绘制半径为 30 的圆，如图 2-24 所示。命令行提示内容如下。

```
命令：_circle
指定圆的圆心或 [三点(3P)/两点(2P)/切点、切点、半径(T)]:          (指定圆心)
指定圆的半径或 [直径(D)]: 30                                 (输入 30，并按回车键)
```

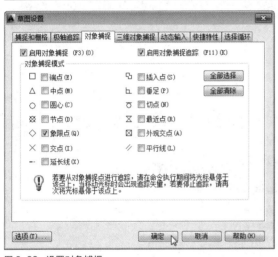

图 2-23 设置对象捕捉

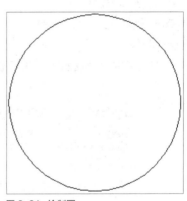

图 2-24 绘制圆

Step 03 继续单击"圆心，半径"按钮，捕捉圆的象限点，向右移动 40 捕获圆心，如图 2-25 所示。

Step 04 指定圆心后，输入圆的半径值为 30 即可。图形绘制完毕，如图 2-26 所示。

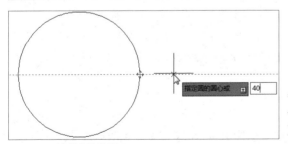

图 2-25 对象捕捉追踪绘图

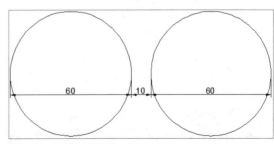

图 2-26 绘制完成的效果

 工程师点拨：对象追踪和对象捕捉模式的特点

对象追踪模式必须与对象捕捉模式同时工作，即在追踪对象捕捉到点之前，必须先打开对象捕捉功能。

4. 极轴追踪的追踪路径

极轴追踪的追踪路径是由相对于命令起点和端点的极轴定义的。极轴角是指极轴与 X 轴或前面绘制对象的夹角，如图 2-27 所示。

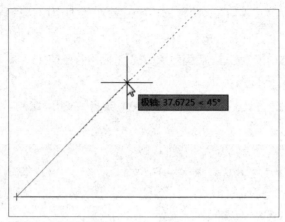

图 2-27　极轴追踪绘图

可以通过以下方法打开或关闭极轴追踪功能。

- 在状态栏中单击"极轴追踪"按钮 。
- 按 F10 键进行切换。

在"草图设置"对话框的"极轴追踪"选项卡中，可对极轴追踪进行相关设置，如图 2-28 所示。各选项功能介绍如下：

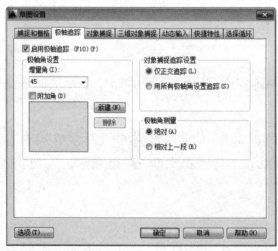

图 2-28　"极轴追踪"选项卡

- 启用极轴追踪：打开或关闭极轴追踪模式。
- 增量角：选择极轴角的递增角度，AutoCAD 2015 按增量角的整体倍数确定追踪路径。
- 附加角：可沿某些特殊方向进行极轴追踪。如在按 30° 增量角的整数倍角度追踪的同时，追踪 15° 角的路径，可勾选"附加角"复选框，单击"新建"按钮，在文本框中输入 15 即可。
- 对象捕捉追踪设置：设置对象捕捉追踪的方式。
- 极轴角测量：定义极轴角的测量方式。"绝对"表示以当前 UCS 的 X 轴为基准计算极轴角，"相对上一段"表示以最后创建的对象为基准计算极轴角。

工程师点拨：正交追踪和极轴追踪模式特点

正交模式和极轴追踪模式不能同时打开。当打开其中一个功能的同时，系统会自动关闭另一个功能。

2.3.4 查询距离、面积和点坐标

在 AutoCAD 2015 中，查询对象是使用查询工具查询图形的基本信息，例如面积、距离以及点坐标等，如图 2-29 所示。

1. 查询距离

距离查询是测量两个点之间的最短长度值，距离查询是最常用的查询方式。在使用距离查询工具的时候只需指定要查询距离的两个端点，系统将自动显示出两个点之间的距离。通过以下方法可以执行"距离"命令。

- 在"默认"选项卡的"实用工具"面板中单击"距离"按钮 。
- 在命令行输入 DIST，然后按回车键。

图 2-29 展开"实用工具"面板

示例 2-4：使用"距离"查询命令测量对象间的距离。

Step 01 单击"实用工具"面板中的"距离"按钮 ，根据命令提示在要进行测量的图形对象上选取两个点，此时，在光标附近即可查看该对象距离值，如图 2-30 所示。

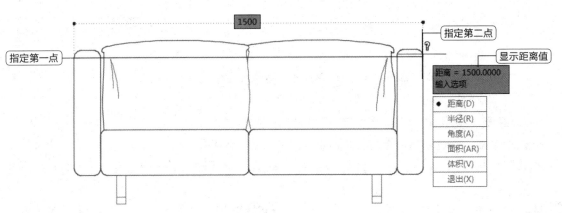

图 2-30 测量距离

Step 02 在命令行中输入 X，然后按回车键即可退出测量距离操作，此时系统将在命令行或 AutoCAD 文本窗口中显示这两点之间的距离值，命令行提示内容如下。

```
命令 : _MEASUREGEOM
输入选项 [ 距离 (D)/ 半径 (R)/ 角度 (A)/ 面积 (AR)/ 体积 (V)] ＜距离＞: _distance
指定第一点 :
指定第二个点或 [ 多个点 (M)]:
距离 =1500.0000, XY 平面中的倾角 = 0,  与 XY 平面的夹角 = 0
X 增量 =1500.0000,  Y 增量 = 0.0000,  Z 增量 = 0.0000
输入选项 [ 距离 (D)/ 半径 (R)/ 角度 (A)/ 面积 (AR)/ 体积 (V)/ 退出 (X)] ＜距离＞: X
```

2. 查询面积

利用查询面积功能，可以测量对象及所定义区域的面积和周长。可以通过下列方法执行"面积"查询命令。

- 在"默认"选项卡的"实用工具"面板中单击"测量 > 面积"按钮 ▣。
- 在命令行输入 AREA，然后按回车键。

执行以上任意一种操作后，命令行的提示内容以及各选项的含义介绍如下。

```
指定第一个角点或 [ 对象 (O)/ 增加面积 (A)/ 减少面积 (S)/ 退出 (X)] ＜对象 (O)＞:
```

其中，上述各选项含义介绍如下：

- 指定第一个角点：可以查询由所有角点围成的多边形的面积和周长。
- 对象：可以查询圆、椭圆、多段线、多边形、面域和三维实体的表面积和周长。
- 增加面积：是指通过指定点或选择对象测量多个面积之和（总面积）。
- 减少面积：是指从已经计算的组合面积中减去一个或多个面积。

3. 查询点的坐标

利用点坐标的查询，可以获得图形中任一点的三维坐标。可以通过下列方式启动点坐标查询命令。

- 在"默认"选项卡的"实用工具"面板中单击"点坐标"按钮 。
- 在命令行输入 ID，然后按回车键。

执行以上任意一种操作后，命令行提示内容如下。

```
命令：'_id 指定点：  X = ****      Y = ****         Z = ****
```

✛ 上机实践 ┃ 更改图形颜色及线型

✛ **实践目的**	通过本实训帮助读者掌握图层的创建与管理，提高绘图效率。
✛ **实践内容**	应用本章所学的知识更改顶棚图的颜色与线宽。
✛ **实践步骤**	在"图层特性管理器"对话框中进行颜色与线宽的设置，具体操作介绍如下。

Step 01 打开"实例文件\第 2 章\上机实践\更改图形颜色及线型 .dwg"文件，如图 2-31 所示。单击"图层"面板中的"图层特性"按钮 🔳。

Step 02 打开"图层特性管理器"对话框，首先更改图形中标注的颜色。单击"标注"图层的颜色图标，如图 2-32 所示。

图 2-31 卫生间图形

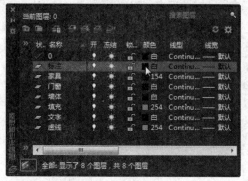

图 2-32 "图层特性管理器"对话框

Step 03 打开"选择颜色"对话框，选择颜色"蓝"，然后单击"确定"按钮，如图 2-33 所示。

图 2-33 选择颜色

Step 05 按照上述方法更改"门窗"图层的颜色。或者在"默认"选项卡的"图层"面板中单击"图层"下拉按钮，然后单击"门窗"图层上的颜色图标，如图 2-35 所示。

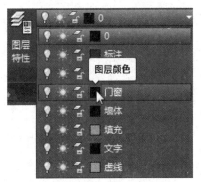

图 2-35 选择颜色

Step 07 接下来更改"虚线"图层的线型。单击"图层特性"按钮，打开"图层特性管理器"对话框，单击"虚线"图层的线型图标，如图 2-37 所示。

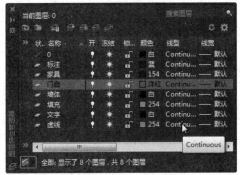

图 2-37 单击线型图标

Step 04 返回"图层特性管理器"对话框，即可完成图层颜色的更改，再返回绘图区中查看图形标注的颜色更改效果，如图 2-34 所示。

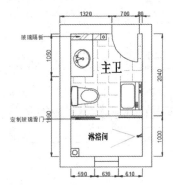

图 2-34 颜色更改效果

Step 06 打开"选择颜色"对话框，指定颜色为"洋红"，如图 2-36 所示。单击"确定"按钮，即可完成颜色的更改。

图 2-36 选择颜色

Step 08 在打开的"选择线型"对话框中，单击"加载"按钮，然后在"加载或重载线型"对话框中选择合适的虚线线型，如图 2-38 所示。

图 2-38 选择线型

Chapter 01 AutoCAD 2015轻松入门　Chapter 02 平面绘图基本知识　Chapter 03 绘制二维图形　Chapter 04 编辑二维图形

Step 09 单击"确定"按钮,返回"选择线型"对话框,选中刚加载的虚线线型,如图2-39所示。

Step 10 单击"确定"按钮,即可完成花洒位置线型的更改。返回绘图区并选中虚线,如图2-40所示。

图2-39 选中加载的线型

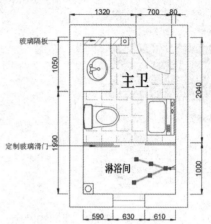

图2-40 选中虚线

Step 11 执行"特性"命令,打开"特性"对话框,将"线型比例"设置为10,如图2-41所示。

Step 12 关闭"特性"对话框后,返回绘图区查看修改效果,如图2-42所示。至此,卫生间平面图的颜色与线型更改完成。

图2-41 修改"线型比例"

图2-42 最终效果

课后练习

图层是 AutoCAD 提供的管理图形的一种方法，利用它可以解决许多绘图难题。本练习所含的知识点包括创建图层，设置图层颜色和线宽等内容。

1. 选择题

(1) 如果要从起点（10，10）绘制出与 X 轴正方向成 60° 夹角，长度为 90 的直线段，应输入坐标为（　　）。

　　A. 90，60　　　　　B. @60，90　　　　　C. 90<60　　　　　D. @90<60

(2) 使用极轴追踪绘图模式时，必须指定（　　）。

　　A. 基点　　　　　B. 附加角　　　　　C. 增量角　　　　　D. 长度

(3) 为了切换打开和关闭正交模式，可以按功能键（　　）。

　　A. F8　　　　　B. F3　　　　　C. F4　　　　　D. F2

(4) AutoCAD 图形文件的扩展名为（　　）。

　　A. DWF　　　　　B. DWS　　　　　C. DWG　　　　　D. DWT

2. 填空题

(1) AutoCAD 坐标系分_____和用户坐标系，用户可通过_____命令进行坐标系的转换。

(2) 在 AutoCAD 2015 中，单击"默认"选项卡的"图层"面板中的_____命令，打开_____对话框，可以设置和管理图层。

(3) 在 AutoCAD 中，系统默认的线型是_____。

3. 上机操作题

(1) 打开如图 2-43 所示的图形文件，以"沙发"为文件名保存文件。接着对其图层属性进行更改。设置"沙发""茶几"和"植物"层的图层颜色分别为蓝色、黑色和绿色；设置图层的线型为 Continuous；线宽保持默认值。

(2) 执行"距离"命令，测量茶几的尺寸，如图 2-43 所示。

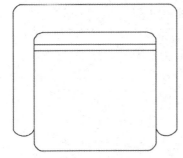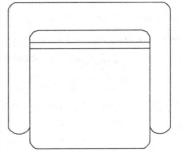

图 2-43　设置图层

Chapter 03 绘制二维图形

课题概述 本章将向读者介绍如何利用 AutoCAD 2015 软件来创建一些简单的二维图形，其中包括点、线、曲线、矩形以及正多边形等操作命令。

教学目标 通过对本章内容的学习，读者可以熟悉并掌握一些制图的绘制方法和技巧，以便能够更好地绘制出复杂的二维图形。

✛ 章节重点	✛ 光盘路径
★★★★ ｜ 绘制椭圆、椭圆弧	**上机实践：**实例文件 \ 第 3 章 \ 上机实践 \ 绘制茶几平面图
★★★★ ｜ 绘制正多边形	**课后练习：**实例文件 \ 第 3 章 \ 课后练习
★★★☆ ｜ 绘制矩形	
★★☆☆ ｜ 绘制线	
★★☆☆ ｜ 绘制点	

✛ 3.1 点的绘制

点是构成图形的基础，任何复杂曲线都是由无数个点构成的。点可以分为单个点和多个点，在绘制点之前需要设置点的样式。

3.1.1 点样式的设置

在系统默认情况下，点对象仅被显示为一个小圆点，用户可以利用系统变量 PDMODE 和 PDSIZE 来更改点的显示类型和尺寸。

执行"实用工具 > 点样式"菜单命令，打开"点样式"对话框，如图 3-1 所示。在该对话框中，可以根据需要选择相应的点样式。若选中"相对于屏幕设置大小"选项，则在"点大小"文本框中输入的是百分数；若选中"按绝对单位设置大小"选项，则在文本框中输入的是实际单位。

当上述设置完成后，执行点命令，新绘制的点以及先前绘制的点的样式将会以新的点类型和尺寸显示。

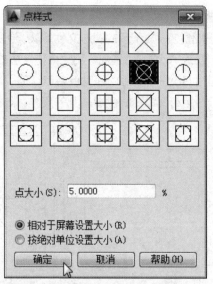

图 3-1 "点样式"对话框

工程师点拨：启动"点样式"对话框

在命令行中输入 DDPTYPE 命令，然后按回车键即可打开"点样式"对话框。框中输入的是实际单位。

3.1.2 绘制多点

设置点样式后，执行"绘图 > 多点"命令，通过在绘图区中单击鼠标左键或输入点的坐标值指定点。若绘制单点，按 Esc 退出键结束绘制多点命令即可，如图 3-2 所示。

若需创建多个点，执行"绘图 > 多点"命令，在绘图区连续单击鼠标左键，绘制完成后按 Esc 退出键结束绘制多点命令。

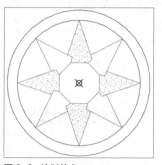

图 3-2　绘制单点

示例 3-1：使用"多点"命令在五角星上添加点。

Step 01 在"默认"选项卡的"绘图"面板中单击"多点"按钮，如图 3-3 所示。

Step 02 根据命令行的提示，选取五角星的 5 个角点作为点的放置点，如图 3-4 所示。命令行提示内容如下。

```
命令：_point
当前点模式： PDMODE=35  PDSIZE=0.0000
指定点：                                                    （指定点的位置）
```

图 3-3　单击"多点"按钮

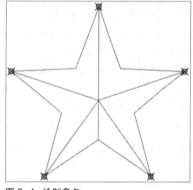

图 3-4　绘制多点

3.1.3 绘制定数等分点

使用"定数等分"命令，可以将所选对象按指定的线段数目进行平均等分。这个操作并不将对象实际等分为单独的对象，它仅仅是标明定数等分点的位置，以便将它们作为几何参考点。

在 AutoCAD 2015 中，用户可以通过以下方法执行"定数等分"命令。

● 在"默认"选项卡的"绘图"面板中单击"定数等分"按钮 。

● 在命令行中输入 DIVIDE，然后按回车键。

示例 3-2：使用"定数等分"命令，将矩形的顶边（边长为 100）等分 6 等份。

Chapter 01 AutoCAD 2015轻松入门

Chapter 02 平面绘图基本知识

Chapter 03 绘制二维图形

Chapter 04 编辑二维图形

Step 01 单击"绘图"面板中的"定数等分"按钮，根据命令行的提示先选择要等分的线段，然后按回车键并输入数目 6，如图 3-5 所示。

Step 02 按回车键，即可将选定的线段等分为 6 等份，如图 3-6 所示。

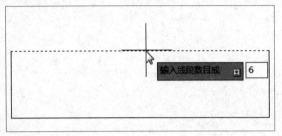

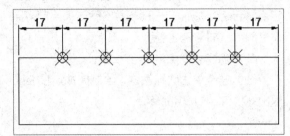

图 3-5　输入数目　　　　　　　　　　　　　　　图 3-6　定数等分效果

 工程师点拨：设置等分点

在命令行中，用户输入的是等分数，而不是放置点的位置。只能对一个对象操作而不能对一组对象操作。

3.1.4　绘制定距等分点

使用"定距等分"命令，可以从选定对象的某一个端点开始，按照指定的长度开始划分，等分对象的最后一段可能要比指定的间隔短。

在 AutoCAD 2015 中，用户可以通过以下方法执行"定距等分"命令。

● 在"默认"选项卡的"绘图"面板中单击"定距等分"按钮。

● 在命令行中输入 MEASURE，然后按回车键 。

示例 3-3：使用"定距等分"命令，将矩形的底边（长为 100）按长度 18 进行等分。

Step 01 单击"绘图"面板中的"定数等分"按钮，根据命令行的提示"选择要定距等分的对象"，选取矩形底边，如图 3-7 所示。

Step 02 根据命令行的提示"指定线段长度或块 (B)"，输入 18 后按回车键即可完成定距等分点的绘制，如图 3-8 所示。

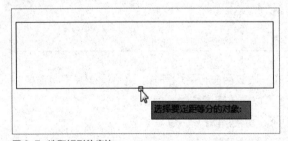

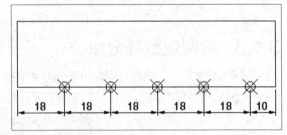

图 3-7　选取矩形的底边　　　　　　　　　　　　图 3-8　定距等分效果

 工程师点拨：设置放置点

放置点的起始位置从离对象选取对象点较近的端点开始，如果对象总长不能被所选长度整除，则最后放置点到对象端点的距离不等于所选长度。

3.2 线的绘制

在 AutoCAD 2015 中，线条的类型有多种，如直线、射线、构造线、多线、多段线以及样条曲线等。下面将为用户介绍各种线的绘制方法和功能。

3.2.1 绘制直线

直线是在绘制图形过程中最基本、常用的绘图命令。用户可以通过以下方法执行"直线"命令。

- 在"默认"选项卡的"绘图"面板中单击"直线"按钮█。
- 在命令行中输入快捷命令 L，然后按回车键。

示例 3-4： 执行"直线"命令绘制四边形。

Step 01 单击"绘图"面板中的"直线"按钮，在绘图窗口中指定起点，然后开启"正交"功能并向右移动光标输入 200，如图 3-9 所示。

Step 02 按回车键后，在命令行中输入"@100,200"，按回车键确定第二个点，如图 3-10 所示。

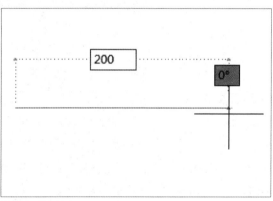

图 3-9 输入长度

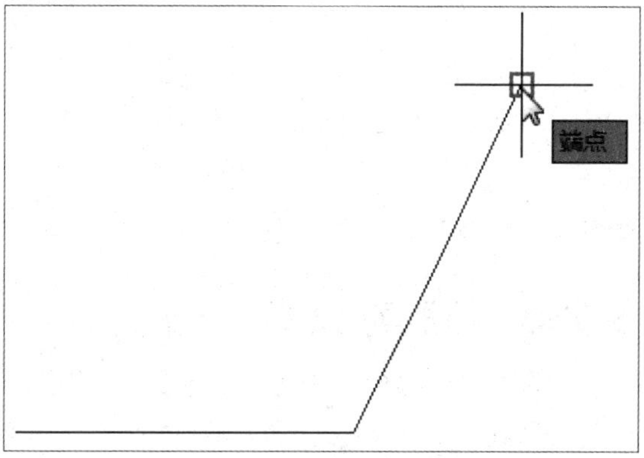

图 3-10 确定第二点

Step 03 沿 X 轴负方向，向左绘制长度为 200 的直线，如图 3-11 所示。

Step 04 根据命令行的提示，输入"C"闭合选项，完成四边形的绘制，如图 3-12 所示。

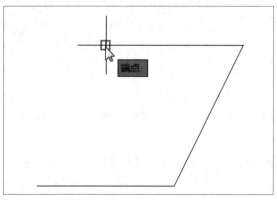

图 3-11 绘制直线

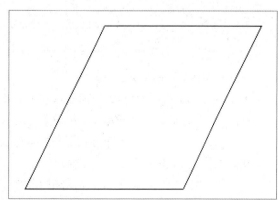

图 3-12 绘制完成

3.2.2　绘制射线

射线是以一个起点为中心，向某方向无限延伸的直线。在 AutoCAD 中，射线常作为绘图辅助线来使用。用户可以通过以下方法执行"射线"命令。

● 在"默认"选项卡的"绘图"面板中单击"射线"按钮。

● 在命令行中输入 RAY，然后按回车键。

执行"射线"命令后，先指定射线的起点，再指定通过点即可绘制一条射线，如图 3-13 所示。指定射线的起点后，可在"指定通过点："提示下指定多个通过点，绘制以起点为端点的多条射线，直到按 Esc 键或回车键退出为止，如图 3-14 所示。

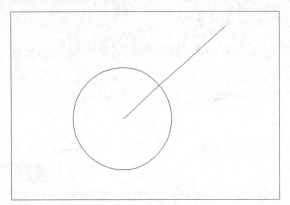

图 3-13　绘制一条射线

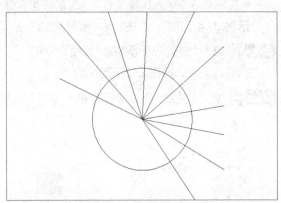

图 3-14　绘制多条射线

3.2.3　绘制构造线

构造线是无限延伸的线，也可以用来作为创建其他直线的参照，创建出水平、垂直、具有一定角度的构造线。构造线也起到辅助制图的作用。用户可以通过以下方法执行"构造线"命令。

● 在"默认"选项卡的"绘图"面板中单击"构造线"按钮。

● 在命令行中输入快捷命令 XL，然后按回车键。

执行"构造线"命令后，命令行提示内容如下。

```
命令：_xline
指定点或 [水平(H)/垂直(V)/角度(A)/二等分(B)/偏移(O)]:
指定通过点：
```

命令行中各选项的含义介绍如下：

● 水平或垂直：用于创建经过指定点（中点）且平行于 X 轴或 Y 轴的构造线。

● 角度：用于选择一条参考线，再指定直线与构造线的角度。或者先指定构造线的角度，再设置必经的点，从而创建与 X 轴成指定角度的构造线。

● 二等分：用于创建二等分指定角的构造线，需要指定等分角的顶点、起点和端点。

● 偏移：用于创建平行于指定基线的构造线，此时需要指定偏移距离，选择基线，然后指明构造线位于基线的哪一侧。

3.2.4　绘制多段线

在绘制多段线时，可以随时选择下一条线的宽度、线型和定位方法，从而连续地绘制出不同属性线段的多段线。通过下列方法可以执行多段线命令。

- 在"默认"选项卡的"绘图"面板中单击"多段线"按钮 。
- 在命令行中输入快捷命令 PL，然后按回车键。

执行"多段线"命令后，命令行提示内容如下。

```
命令：_pline
指定起点：
当前线宽为 0.0000
指定下一个点或 [圆弧(A)/半宽(H)/长度(L)/放弃(U)/宽度(W)]：
```

命令行中各选项的含义介绍如下：

- 圆弧：以圆弧的方式绘制多段线。
- 半宽：可以指定多段线的起点和终点半宽值。
- 长度：定义下一段多段线的长度。
- 宽度：可以设置多段线起点和端点的宽度。

示例 3-5：使用"多段线"命令绘制箭头。

Step 01　单击"绘图"面板中的"多段线"按钮，在绘图窗口中指定多段线的起点后输入点坐标（@500，0），如图 3-15 所示。

Step 02　输入 A 并按回车键，选择"圆弧"选项，然后输入点坐标（@0,300），如图 3-16 所示。

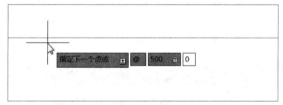

图 3-15　绘制多段线

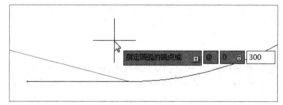

图 3-16　输入坐标点

Step 03　按回车键后，圆弧绘制完毕。然后输入 L 并按回车键，选择"直线"选项，输入点坐标（-250，0），如图 3-17 所示。

Step 04　输入 W 并按回车键，选择"宽度"选项，然后设置起点宽度为 60，端点宽度为 0，最后指定一点并按回车键确认，完成箭头的绘制，如图 3-18 所示。

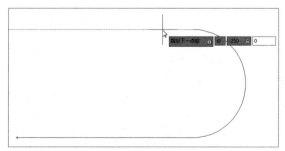

图 3-17　确定端点

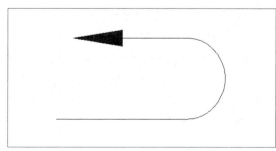

图 3-18　绘制完成

3.2.5 绘制修订云线

修订云线是由连续圆弧组成的多段线，用于在检查阶段提醒用户注意图形的某个部分。用户可以通过以下方法执行"修订云线"命令。

● 在"默认"选项卡的"绘图"面板中单击"修订云线"按钮。
● 在命令行中输入 REVCLOUD，然后按回车键。

执行"修订云线"命令后，命令行提示内容如下。

```
命令：_revcloud
最小弧长：0.5    最大弧长：0.5    样式：普通
指定起点或 [弧长(A)/对象(O)/样式(S)] <对象>：
```

命令行中各选项的含义介绍如下：

● 弧长：设置云线弧长，最大弧长不得超过最小弧长的 3 倍。
● 对象：设置云线的弧方向。
● 样式：设置使用"普通"或"手绘"方式来绘制云线。

示例 3-6：执行"修订云线"命令，绘制如图 3-19 所示的修订云线。

Step 01 单击"绘图"面板中的"修订云线"按钮，根据命令行提示输入 A，按回车键后，指定云线的最小弧长为 500，最大弧长为 800。

Step 02 根据命令行提示，在绘图区中单击鼠标左键指定好起点，沿云线路径引导十字光标绘制云线即可。

图 3-19 绘制修订云线

 工程师点拨：Revcloud 命令的使用

Revcloud 命令在系统注册表中存储上一次使用的圆弧长度。当程序和使用不同比例因子的图形一起使用时，用 Dimscale 乘以此值以保持统一。

3.2.6 绘制样条曲线

样条曲线是通过一系列指定点的光滑曲线，用来绘制不规则的曲线图形。用户可以通过以下方法执行"样条曲线"命令。

● 在"默认"选项卡的"绘图"面板中单击"样条曲线拟合"按钮或"样条曲线控制点"按钮。
● 在命令行中输入快捷命令 SPL，然后按回车键。

执行"样条曲线"命令后，根据命令行提示，依次指定起点、中间点和终点，即可绘制出样条曲线，如图 3-20 所示。

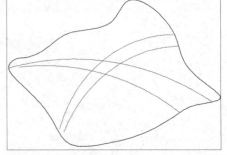

图 3-20 绘制样条曲线

3.2.7 绘制多线

多线是一种由多条平行线组成的对象，平行线之间的间距和数目是可以设置的。在 AutoCAD 2015 中，用户可以通过以下方法执行"多线"命令。

● 在命令行中输入快捷命令 ML，然后按回车键。

执行"多线"命令后，命令行提示内容如下。

```
命令：_mline
当前设置：对正 = 上，比例 = 20.00，样式 = STANDARD
指定起点或 [对正(J)/比例(S)/样式(ST)]：
```

命令行中各选项的含义介绍如下：

● 指定起点：用于确定多线的起始点。

● 对正：用于确定多线的对正方式，即多线上的哪一条线随光标移动。"上"表示当从左向右绘制多线时，多线上最顶端的多线将随着光标移动；"无"表示当绘制多线时，多线的中心线将随着光标移动；"下"表示当从左向右绘制多线时，多线上最底端的多线将随着光标移动。

● 比例：用于确定多线宽度相对于多线定义宽度的比例因子。

● 样式：用于确定绘制多线时采用的样式。默认样式为 STANDARD。可输入"？"显示已有的多线样式。

示例 3-7：使用"多线"命令创建墙体图形。

Step 01 执行"多线"命令，根据命令提示首先设置多线的对正类型、比例和样式，命令行提示内容如下。

```
命令：_mline                                    （调用多线命令）
当前设置：对正 = 上，比例 = 20.00，样式 = STANDARD
指定起点或 [对正(J)/比例(S)/样式(ST)]： J✓        （选择对正选项）
输入对正类型 [上(T)/无(Z)/下(B)] <上>： Z✓        （输入 Z 并按回车键）
当前设置：对正 = 无，比例 = 20.00，样式 = STANDARD
指定起点或 [对正(J)/比例(S)/样式(ST)]： S✓        （选择比例选项）
输入多线比例 <20.00>： 240✓                       （输入 240 并按回车键）
当前设置：对正 = 无，比例 = 240.00，样式 = STANDARD
```

Step 02 多线设置好后，根据命令行的提示，在绘图区任意位置单击，确定多线的起始点，然后开启"正交"功能，并向上移动光标，输入 3500 确定下一点位置，如图 3-21 所示。

Step 03 按回车键后，向右移动光标，输入 3000 确定下一点位置，如图 3-22 所示。

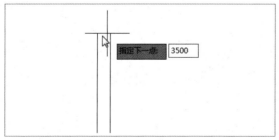

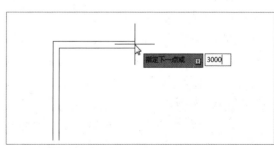

图 3-21 光标向上输入 3500　　　　　　　　　　　　　图 3-22 光标向右输入 3000

Step 04 按回车键后，向下移动光标，输入 1000 确定下一点位置，如图 3-23 所示。

Step 05 按回车键后，向右移动光标，输入 4000 确定下一点位置，如图 3-24 所示。

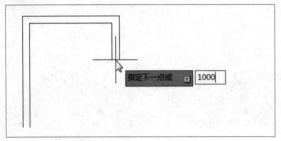

图 3-23　光标向下输入 1000

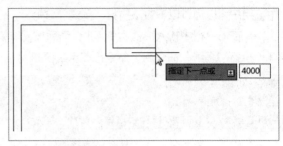

图 3-24　光标向右输入 4000

Step 06 按回车键后，向下移动光标，输入 8000 并按回车键，然后向左移动光标，输入 11000，如图 3-25 所示。

Step 07 按回车键后，向上移动光标，输入 5500 并按回车键，然后根据命令行的提示，选择"闭合"选项，完成多线的绘制，如图 3-26 所示。

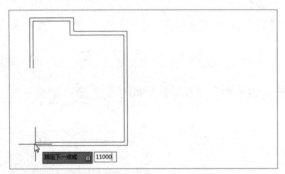

图 3-25　光标向左输入 11000

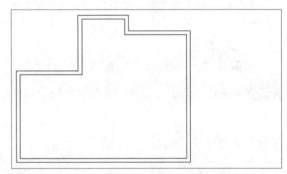

图 3-26　完成多线的绘制

3.2.8　创建多线样式

在 AutoCAD 2015 中，通过设置多线的样式，可设置其线条数目、对齐方式和线型等属性，以便绘制出符合的多线样式。用户可以通过以下方法执行"多线样式"命令。

● 在命令行中输入 MLSTYLE 命令，然后按回车键。

执行"多线样式"命令后，系统将弹出"多线样式"对话框，如图 3-27 所示。

该对话框中各选项的含义介绍如下：

● 新建：用于新建多线样式。单击此按钮，可打开"创建新的多线样式"对话框，如图 3-28 所示。

● 加载：从多线文件中加载已定义的多线。单击该按钮，可打开"加载多线样式"对话框，如图 3-29 所示。

图 3-27　"多线样式"对话框

图 3-28 "创建新的多线样式"对话框

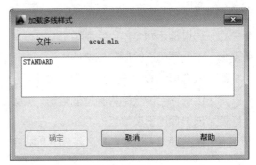

图 3-29 "加载多线样式"对话框

● 保存：用于将当前的多线样式保存到多线文件中。单击此按钮，可打开"保存多线样式"对话框，从中可对文件的保存位置与名称进行设置。

在"创建新的多线样式"对话框中输入样式名（如输入"窗户"），然后单击"继续"按钮，即可打开"新建多线样式"对话框，在该对话框中可设置多线样式的特性，如线条数目、颜色、线型等，如图 3-30 所示。

"新建多线样式"对话框中各选项的含义介绍如下：

● "说明"文本框：为多线样式添加说明。

● 封口：该选项组用于设置多线起点和端点处的封口样式。"直线"表示多线起点或端点处以一条直线封口；"外弧"和"内弧"选项表示起点或端点处以外圆弧或内圆弧封口；"角度"选项设置圆弧包角。

图 3-30 "新建多线样式"对话框

● 填充：该选项组用于设置多线之间内部区域的填充颜色，可以通过"选择颜色"对话框选取或配置颜色系统。

● 图元：该选项组用于显示并设置多线的平行数量、距离、颜色和线型等属性。"添加"可向其中添加新的平行线；"删除"可删除选取的平行线；"偏移"文本框用于设置平行线相对于多线中心线的偏移距离；"颜色"和"线型"选项组用于设置多线显示的颜色或线型。

✛ 3.3 矩形的绘制

矩形命令是 AutoCAD 中最常用的命令之一，它是通过两个角点来定义的。用户可以通过以下方法执行"矩形"命令。

● 在"默认"选项卡的"绘图"面板中单击"矩形"按钮▭。

● 在命令行中输入快捷命令 REC，然后按回车键。

执行"矩形"命令后，命令行提示内容如下。

```
命令：_rectang
指定第一个角点或 [倒角 (C)/标高 (E)/圆角 (F)/厚度 (T)/宽度 (W)]:
```

各选项的含义介绍如下：

● 角点：通过指定两个角点绘制矩形。

● 倒角：该选项用于绘制带倒角的矩形，并设置倒角距离。

● 标高：该选项一般用于三维绘图，设置所绘矩形到 XY 平面的垂直距离。

● 圆角：该选项用于绘制带圆角的矩形，并设置圆角半径。

● 厚度：该选项用于设置矩形的厚度，一般也用于三维绘图。

● 宽度：该选项用于设置矩形的线宽，即矩形 4 个边的宽度。

3.3.1　绘制坐标矩形

执行"矩形"命令后，先指定一个角点，随后指定另外一个角点，最基本的矩形绘制完成。

示例 3-8：绘制 500×400 的矩形。

Step 01 单击"绘图"面板中的"矩形"按钮，如图 3-31 所示。

Step 02 在命令窗口中输入点坐标（0,0），指定原点为第一角点，如图 3-32 所示。

图 3-31　单击"矩形"按钮

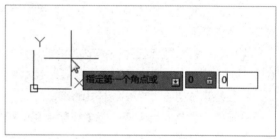

图 3-32　输入第一角点坐标

Step 03 按回车键后，在命令行中输入点坐标（@500,400），确定另一角点的位置，如图 3-33 所示。

Step 04 按回车键后，完成坐标矩形的绘制，如图 3-34 所示。

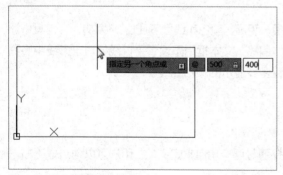

图 3-33　输入第二角点坐标

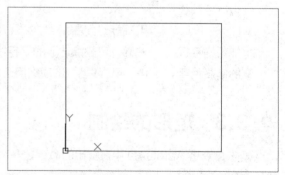

图 3-34　完成矩形绘制

 工程师点拨："矩形"命令

矩形命令具有继承性，即绘制矩形时，前一个命令设置的各项参数始终起作用，直至修改该参数或重新启动 AutoCAD 2015 软件。

3.3.2　绘制倒角、圆角和有宽度的矩形

执行"矩形"命令后，在命令行输入 C 并按回车键，选择"倒角"选项，然后执行倒角距离，即可绘制倒角矩形。

命令行提示内容如下。

```
命令：_rectang
指定第一个角点或 [倒角(C)/标高(E)/圆角(F)/厚度(T)/宽度(W)]：C
指定矩形的第一个倒角距离 <0.0000>：
指定矩形的第二个倒角距离 <0.0000>：
```

若在命令行中输入 F 并按回车键，选择"圆角"选项，然后设置圆角半径，即可绘制出圆角矩形。

命令行提示内容如下。

```
命令：_rectang
指定第一个角点或 [倒角(C)/标高(E)/圆角(F)/厚度(T)/宽度(W)]：F
指定矩形的圆角半径 <0.0000>：
```

示例 3-9： 分别绘制 400×300 的倒角矩形、半径为 100 的圆角矩形和宽度 50 的圆角矩形。

Step 01 执行"矩形"命令，根据命令行的提示绘制倒角矩形。先选择"倒角"选项，倒角距离均为 50，在绘图窗口指定一点，然后选择"尺寸"选项，确定矩形的长度为 400，宽度为 300，按回车键完成创建，如图 3-35 所示。

Step 02 按回车键重复执行"矩形"命令，根据命令行的提示绘制圆角矩形。选择"圆角"选项，输入圆角半径为 100，在绘图窗口指定一点，然后选择"尺寸"选项，长度宽度默认，按三次回车键完成创建，如图 3-36 所示。

Step 03 按回车键继续执行"矩形"命令，根据命令行的提示当前矩形模式为"圆角 =100"，选择"宽度"选项，确定线宽 50，在绘图窗口指定一点，然后选择"尺寸"选项，长度宽度默认，按三次回车键完成创建，如图 3-37 所示。

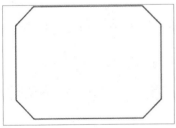 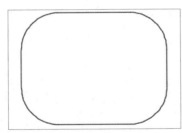 

图 3-35　倒角矩形　　　　　图 3-36　圆角矩形　　　　　图 3-37　宽度为 50 的圆角矩形

3.4　正多边形的绘制

正多边形是由多条边长相等的闭合线段组合而成的，其各边相等，各角也相等。默认情况下，正多边形的边数为 4。用户可以通过以下方法执行"多边形"命令。

● 在"默认"选项卡的"绘图"面板中单击"矩形>多边形"按钮。
● 在命令行中输入快捷命令 POL，然后按回车键。

执行"多边形"命令后，命令行提示内容如下。

```
命令：_polygon 输入侧面数 <4>：
指定正多边形的中心点或 [边(E)]：
输入选项 [内接于圆(I)/外切于圆(C)] <I>：
指定圆的半径：
```

根据命令行提示中的选项可以看出，正多边形可以通过与假想的圆内接或外切的方法来绘制，也可以通过指定正多边形某一边端点的方法来绘制。

3.4.1 内接法

"内接于圆"方法是先确定正多边形的中心位置，然后输入外接圆的半径。所输入的半径值是多边形的中心点到多边形任意端点间的距离，整个多边形位于一个虚构的圆中。

示例 3-10： 执行"多边形"命令，绘制内接于圆的正六边形，并指定圆的半径为 400。

Step 01 单击"绘图"面板中的"多边形"按钮，在命令行中输入 6 并按回车键，然后指定圆心为正多边形的中心点，并选择"内接于圆"选项，如图 3-38 所示。

Step 02 在命令行中输入圆的半径为 400，按回车键即可完成正六边形的绘制，如图 3-39 所示。

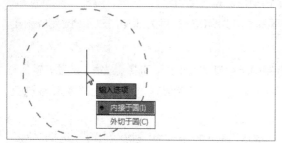

图 3-38 选择"内接于圆"选项

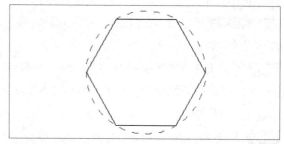

图 3-39 内接于圆的正六边形

3.4.2 外切法

"外切于圆"方法同"内接于圆"的方法一样，确定中心位置，输入圆的半径，但所输入的半径值为多边形的中心点到边线中点的垂直距离。

示例 3-11： 执行"多边形"命令，绘制外切于圆的正七边形，并指定圆的半径为 400。

Step 01 单击"绘图"面板中的"多边形"按钮，在命令行中输入 5 并按回车键，然后指定圆心为正多边形的中心点，并选择"外切于圆"选项，如图 3-40 所示。

Step 02 在命令行中输入圆的半径为 400，按回车键即可完成正五边形的绘制，如图 3-41 所示。

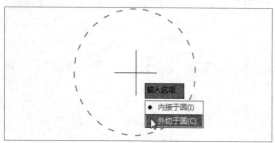

图 3-40 外切于圆的正六边形

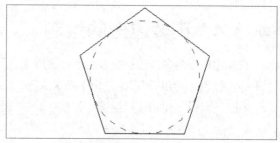

图 3-41 外切于圆的正五边形

3.4.3　边长确定正多边形

该方法是通过输入长度数值或指定两个端点来确定正多边形的一条边，以此绘制多边形。在绘图区域指定两点或在指定一点后输入边长数值，即可绘制出所需的多边形。

执行"多边形"命令，确定边数，然后选择"E"选项，并确定两端点，命令行提示内容如下。

```
命令：_polygon 输入侧面数 <4>：
指定正多边形的中心点或 [ 边 (E)]：E
指定边的第一个端点：指定边的第二个端点：
```

✛ 3.5　圆和圆弧的绘制

在绘图过程中，"圆"命令也是常用命令之一。圆弧是圆的一部分。用户可以通过以下方法执行"圆"命令。

- 在"默认"选项卡的"绘图"面板中单击"圆"下拉按钮，在展开的下拉菜单中将显示 6 种绘制圆的按钮，从中选择合适的即可。
- 在命令行中输入快捷命令 C，然后按回车键。

3.5.1　圆心、半径方式

执行"圆心，半径"命令后，命令行提示内容如下。

```
命令：_circle
指定圆的圆心或 [ 三点 (3P)/ 两点 (2P)/ 切点、切点、半径 (T)]：
指定圆的半径或 [ 直径 (D)]：
```

示例 3-12： 使用"圆"命令绘制半径为 200 的圆。

Step 01 执行"圆心，半径"命令，输入点坐标(0,0)指定圆心，如图 3-42 所示。

Step 02 按回车键后确定圆心位置，然后输入半径值为 200，再次按回车键即可完成圆的绘制，如图 3-43 所示。

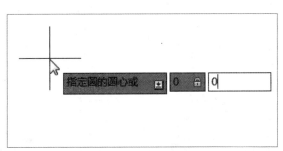

图 3-42　指定圆的圆心

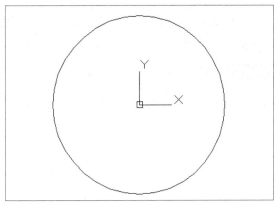

图 3-43　绘制圆

3.5.2　圆心、直径方式 ←

执行"圆心，直径"命令后，命令行提示内容如下。

```
命令：_circle
指定圆的圆心或 [三点 (3P)/两点 (2P)/切点、切点、半径 (T)]：0,0
指定圆的半径或 [直径 (D)]：_d 指定圆的直径：
```

3.5.3　两点或三点方式 ←

执行"两点"命令后，命令行的提示内容如下。

```
命令：_circle
指定圆的圆心或 [三点 (3P)/两点 (2P)/切点、切点、半径 (T)]：_2p 指定圆直径的第一个端点：
指定圆直径的第二个端点：
```

执行"三点"命令后，命令行的提示内容如下。

```
命令：_circle
指定圆的圆心或 [三点 (3P)/两点 (2P)/切点、切点、半径 (T)]：_3p 指定圆上的第一个点：
指定圆上的第二个点：
指定圆上的第三个点：
```

3.5.4　相切、相切、半径方式 ←

执行"相切，相切，半径"命令后，命令行提示内容如下。

```
命令：_circle
指定圆的圆心或 [三点 (3P)/两点 (2P)/切点、切点、半径 (T)]：_ttr
指定对象与圆的第一个切点：
指定对象与圆的第二个切点：
指定圆的半径 <200.0000>：
```

在绘制圆的过程中，如果指定圆的半径或直径的值无效，系统会提示"需要数值距离或第二点""值必须为正且非零"等信息，或提示重新输入，或者退出该命令。

示例 3-13： 执行"相切，相切，半径"命令绘制圆。

Step 01 执行"相切，相切，半径"命令，根据命令行的提示指定对象与圆的第一个切点，如图 3-44 所示。

Step 02 指定对象与圆的第二个切点，如图 3-45 所示。

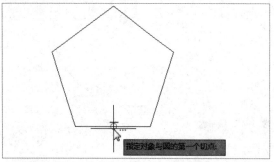

图 3-44　指定对象与圆的第一个切点

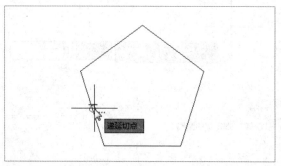

图 3-45　指定对象与圆的第二个切点

Step 03 根据命令行的提示指定圆的半径值为 200，如图 3-46 所示。

Step 04 按回车键确定圆的绘制，最终效果如图 3-47 所示。

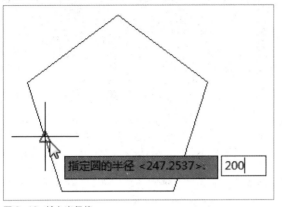

图 3-46　输入半径值

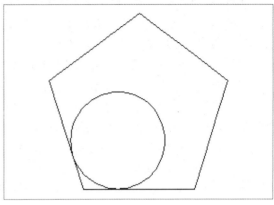

图 3-47　绘制效果

3.5.5　相切、相切、相切方式

　　执行"相切，相切，相切"命令后，利用鼠标来拾取已知 3 个图形对象即可完成圆形的绘制，如图 3-48 所示。

　　命令行提示内容如下。

```
命令：_circle
指定圆的圆心或 [三点(3P)/两点(2P)/切点、切点、半
径(T)]：_3p 指定圆上的第一个点：_tan 到
指定圆上的第二个点：_tan 到
指定圆上的第三个点：_tan 到
```

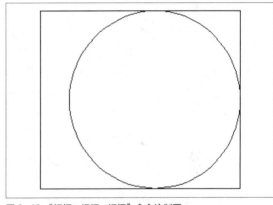

图 3-48　"相切，相切，相切"命令绘制圆

 工程师点拨：相切、相切、半径命令

在使用"相切，相切，半径"命令时，需要先指定与圆相切的两个对象，系统总是在拾取点最近的位置绘制相切的圆。拾取相切对象时，所拾取的位置不同，最后得到的结果有可能也不同。

3.5.6　绘制圆弧

　　绘制圆弧一般需要指定三个点，圆弧的起点、圆弧上的点和圆弧的端点。而在 AutoCAD 2015 中，绘制圆弧的方法有 11 种，"三点"命令为系统默认绘制方式。

　　在"默认"选项卡的"绘图"面板中单击"圆弧"下拉按钮，在展开的下拉菜单中选择合适方式即可，如图 3-49 所示。

　　下面将对圆弧列表中的每一种命令的功能进行介绍：

● 三点：通过指定三个点来创建一条圆弧曲线。第一个点为圆弧的起点，第二个点为圆弧上的点，第三个点为圆弧的端点。

- 起点、圆心、端点：指定圆弧的起点、圆心和端点绘制。
- 起点、圆心、角度：指定圆弧的起点、圆心和角度绘制。在输入角度值时，若当前环境设置的角度方向为逆时针方向，且输入的角度值为正，则从起始点绕圆心沿逆时针方向绘制圆弧；若输入的角度值为负，则沿顺时针方向绘制圆弧。
- 起点、圆心、长度：指定圆弧的起点、圆心和长度绘制圆弧。所指定的弦长不能超过起点到圆心距离的两倍。如果弦长的值为负值，则该值的绝对值将作为对应整圆的空缺部分圆弧的弦长。
- 起点、端点、角度：指定圆弧的起点、端点和角度绘制。
- 起点、端点、方向：指定圆弧的起点、端点和方向绘制。移动光标指定起点切向时，系统会在当前光标与圆弧起始点之间形成一条橡皮筋线，此橡皮筋线即可为圆弧在起始点的切线。通过拖动鼠标确定圆弧在起始点处的切线方向后单击鼠标，即可得到相应的圆弧。

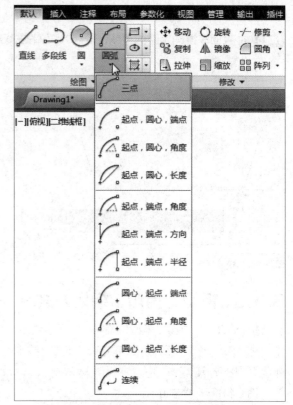

图 3-49　绘制圆弧的命令

- 起点、端点、半径：指定圆弧的起点、端点和半径绘制。
- 圆心、起点命令组：指定圆弧的圆心和起点后，再根据需要指定圆弧的端点，或角度，或长度，即可绘制。
- 连续：使用该方法绘制的圆弧将与最后一个创建的对象相切。

3.5.7　绘制圆环

圆环是由两个圆心相同、半径不同的圆组成的。圆环分为填充环和实体填充圆，即带有宽度的闭合多段线。可通过以下方法执行"圆环"命令。

- 在"默认"选项卡的"绘图"面板中单击"圆环"按钮◙。
- 在命令行输入快捷命令 DO，然后按回车键。

示例 3-14：使用"圆环"命令绘制内径为 100，外径为 120 的圆环。

Step 01 执行"圆环"命令，根据命令行的提示绘制所需圆环，如图 3-50 所示。命令行提示内容如下。

命令：_donut	（调用"圆环"命令）
指定圆环的内径 <0.5000>: 100	（输入 100 并按回车键）
指定圆环的外径 <1.0000>: 120	（输入 120 并按回车键）
指定圆环的中心点或 <退出>:	（指定一点）

Step 02 创建一个圆环之后，继续指定圆环的中心点，即可绘制多个圆环，如图 3-51 所示。

图 3-50　创建圆环

图 3-51　绘制多个圆环

3.6　椭圆和椭圆弧的绘制

椭圆曲线有长半轴和短半轴之分，长半轴与短半轴的值决定了椭圆曲线的形状。设置椭圆的起始角度和终止角度可以绘制椭圆弧。用户可以通过以下方法执行"椭圆"命令。

- 在"默认"选项卡的"绘图"面板中单击"椭圆"下拉按钮，在展开的下拉菜单中选择"圆心"按钮 或"轴，端点"按钮 。
- 在命令行中输入快捷命令 EL，然后按回车键。

3.6.1　中心点方式

中心点方式是通过指定椭圆的圆心、长半轴的端点以及短半轴的长度绘制椭圆。在 AutoCAD 2015 中，执行"圆心"命令后，命令行提示内容如下。

```
命令：_ellipse
指定椭圆的轴端点或 [圆弧 (A)/ 中心点 (C)]：_c
指定椭圆的中心点：
指定轴的端点：
指定另一条半轴长度或 [旋转 (R)]：
```

示例 3-15：使用"圆心"命令绘制椭圆。

Step 01 执行"圆心"命令，根据命令行的提示输入点坐标（0,0），指定原点为中心点，然后向右移动光标确定长半轴长度，输入点坐标（@400,0），如图 3-52 所示。

Step 02 按回车键后，输入 200 确定短半轴的长度，再次按回车键即可完成椭圆的绘，如图 3-53 所示。

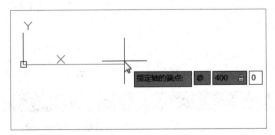

图 3-52　输入点坐标

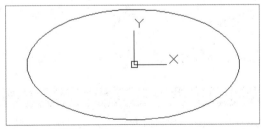

图 3-53　绘制椭圆

3.6.2　轴，端点方式

该方式是在绘图区域直接指定椭圆的一轴的两个端点，并输入另一条半轴的长度，即可完成椭圆弧的绘制。执行"轴，端点"命令后，命令行提示内容如下。

```
命令：_ellipse
指定椭圆的轴端点或 [圆弧(A)/中心点(C)]:
指定轴的另一个端点：
指定另一条半轴长度或 [旋转(R)]:
```

示例 3-16： 使用"轴，端点"命令绘制椭圆。

Step 01 执行"轴，端点"命令，根据命令行的提示输入点坐标（0,0），指定原点为椭圆的轴端点，然后向右移动光标并输入点坐标（@400,0），确定轴的另一个端点，如图 3-54 所示。

Step 02 按回车键后，输入 50 确定另一条半轴的长度，再次按回车键即可完成椭圆的绘制，如图 3-55所示。

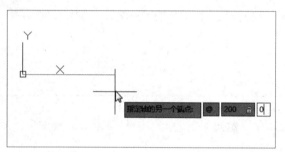

图 3-54　输入点坐标

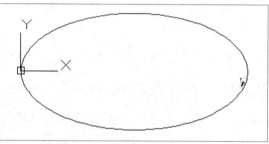

图 3-55　绘制椭圆

3.6.3　绘制椭圆弧

椭圆弧是椭圆的部分弧线。指定圆弧的起止角和终止角，即可绘制椭圆弧。在 AutoCAD 2015 中，用户可以通过以下方法执行"椭圆弧"命令。

● 在"默认"选项卡的"绘图"面板中单击"椭圆"下拉按钮，在展开的下拉菜单中选择"椭圆弧"按钮 。

执行"椭圆弧"命令后，命令行提示内容如下。

```
命令：_ellipse
指定椭圆的轴端点或 [圆弧(A)/中心点(C)]: _a
指定椭圆弧的轴端点或 [中心点(C)]:
指定轴的另一个端点：
指定另一条半轴长度或 [旋转(R)]:
指定起点角度或 [参数(P)]:
指定端点角度或 [参数(P)/包含角度(I)]:
```

 工程师点拨：系统变量 Pellipse

系统变量 Pellipse 决定椭圆的类型，当该变量为 0 时，所绘制的椭圆是由 NURBS 曲线表示的真椭圆。当该变量设置为 1 时，所绘制的椭圆是由多段线近似表示的椭圆，调用 Pellipse 命令后没有"圆弧"选项。

命令行中部分选项功能介绍如下：

● 指定起点角度：通过给定椭圆弧的起点角度来确定椭圆弧，命令行将提示"指定端点角度或 [参数 (P)/ 包含角度 (I)]："。其中，选择"指定端点角度"选项，确定椭圆弧另一端点的位置；选择"参数"选项，系统将通过参数确定椭圆弧的另一个端点的位置；选择"包含角度"选项，系统将根据椭圆弧的包含角来确定椭圆弧。

● 参数：通过给定的参数来确定椭圆弧，命令行将提示"指定起点参数或 [角度 (A)] ："。其中，选择"角度"选项，将切换到用角度来确定椭圆弧的方式；如果输入参数，系统将使用公式 P(n)=c+a*cos(n)+b*sin(n) 来计算椭圆弧的起始角。其中，n 是参数，c 是椭圆弧的半焦距，a 和 b 分别是椭圆的长半轴与短半轴的轴长。

示例 3-17：使用"椭圆弧"命令绘制长半轴为 100，短半轴为 60 的椭圆弧。

Step 01 单击"绘图"面板中的"椭圆弧"按钮，输入点坐标 (0,0)，指定原点作为椭圆弧的轴端点，然后向右移动光标并输入 100，确定轴的另一个端点，如图 3-56 所示。

Step 02 按回车键后，向上移动光标输入另一条半轴的长度为 30，如图 3-57 所示。

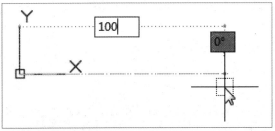

图 3-56 输入点坐标并确定另一个端点

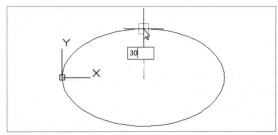

图 3-57 绘制椭圆弧

Step 03 按回车键后，输入起始角度为 0°，如图 3-58 所示。

Step 04 按回车键后，输入终止角度为 300°，如图 3-59 所示。

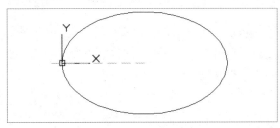

图 3-58 设置起始角度

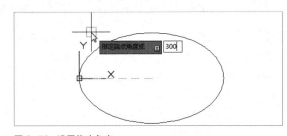

图 3-59 设置终止角度

Step 05 再次按回车键即完成椭圆弧的绘制，如图 3-60 所示。

Step 06 选择椭圆弧，结果如图 3-61 所示。

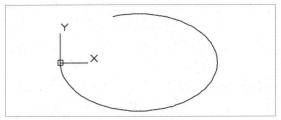

图 3-60 完成绘制

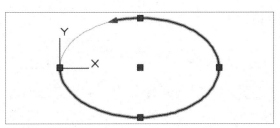

图 3-61 选择结果

⊕ 上机实践　绘制茶几平面图

✦ **实践目的**	通过本实训，帮助读者掌握直线、矩形、圆、圆弧等的绘制方法。
✦ **实践内容**	应用本章所学的知识绘制茶几平面图。
✦ **实践步骤**	首先绘制茶几外轮廓，然后绘制茶几表面装饰图形，具体操作介绍如下。

Step 01 单击绘图面板中的"矩形"按钮，然后开启"栅格"和"正交"功能，绘制一个长为 1200mm，宽为 800mm 的矩形作为茶几的外轮廓，如图 3-62 所示。

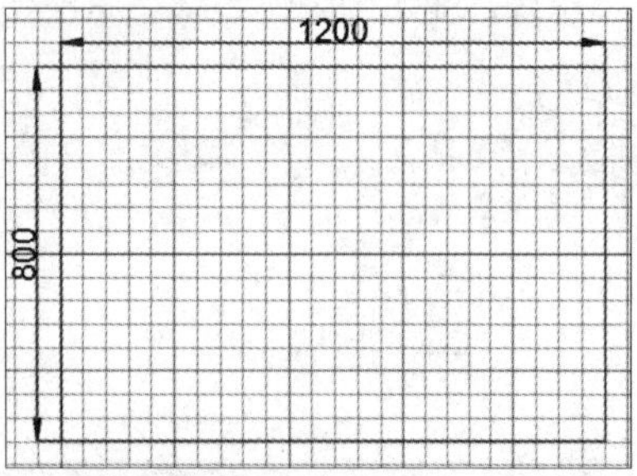

图 3-62 绘制矩形

Step 02 单击绘图面板中的"圆心，半径"按钮，参考栅格图标，选择圆心位置，指定圆的半径为 10，如图 3-63 所示。

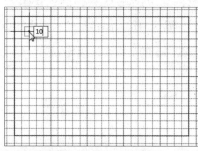
图 3-63 指定圆心绘制圆

```
命令：_rectang                                          （调用矩形命令）
指定第一个角点或 [倒角(C)/标高(E)/圆角(F)/厚度(T)/宽度(W)]：     （单击矩形左上角端点并单击鼠标左键）
指定另一个角点或 [面积(A)/尺寸(D)/旋转(R)]：d                  （选择尺寸选项）
指定矩形的长度 <1200.0000>：                              （输入长度值并按回车键）
指定矩形的宽度 <800.0000>：                               （输入宽度值并按回车键）
指定另一个角点或 [面积(A)/尺寸(D)/旋转(R)]：                 （在矩形内单击鼠标左键，完成矩形的绘制）
```

Step 03 继续执行"圆心，半径"命令，参考栅格图标继续绘制半径为 10 的圆，结果如图 3-64 所示。

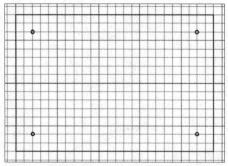
图 3-64 绘制其他圆

Step 04 单击绘图面板中"直线"按钮，参考栅格图标，选择起始点，光标向右移动输入 900，如图 3-65 所示。

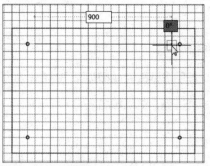
图 3-65 绘制直线

Step 05 按回车键重复"直线"命令，继续绘制垂直直线，参考栅格图标，选择起始点，光标向下移动输入 500，效果如图 3-66 所示。

Step 06 重复执行"直线"命令，按照同样的操作绘制出另外两条直线，效果如图 3-67 所示。

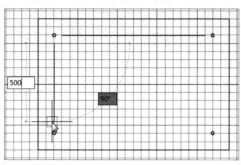

图 3-66　输入直线长度

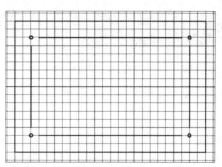

图 3-67　完成直线的绘制

Step 07 执行"圆心，起点，端点"命令，指定左上角圆的圆心为圆心，打开"端点"的捕捉模式，然后捕捉直线的端点为圆弧的起点和端点，如图3-68 所示。

Step 08 按回车键重复执行"圆心，起点，端点"命令，按照同样的操作方法，绘制右上角的圆弧，如图 3-69 所示。

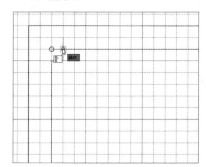

图 3-68　绘制圆弧

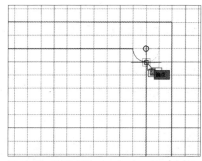

图 3-69　绘制圆弧

```
命令：_arc                                            （调用圆弧命令）
指定圆弧的起点或［圆心(C)］：_c
指定圆弧的圆心：                                      （指定左上角圆的圆心为圆心）
指定圆弧的起点：                                      （垂直线段的端点为起点）
指定圆弧的端点（按住 Ctrl 键以切换方向）或［角度(A)/弦长(L)］：  （水平线段的端点为端点）
```

Step 09 按回车键继续重复执行"圆心，起点，端点"命令，按照同样的操作方法，绘制下面的圆弧，如图 3-70 所示。

Step 10 关闭栅格显示，茶几平面图绘制完成，结果如图 3-71 所示。

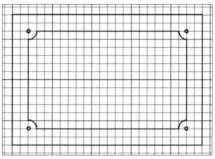

图 3-70　完成圆弧绘制

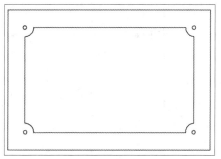

图 3-71　茶几平面图效果

课后练习

本章介绍了一些简单图形的绘制方法，通过学习，用户可以掌握图形的绘制方法。下面再通过这些练习题来回顾一下所学的知识吧。

1. 选择题

(1) 利用"直线"命令绘制一个矩形，该矩形中有图元实体（　　）。

    A. 1个　　　　　　　　B. 2个　　　　　　　　C. 3个　　　　　　　　D. 4个

(2) 系统默认的多段线快捷命令别名是（　　）。

    A. p　　　　　　　　　B. D　　　　　　　　　C. pli　　　　　　　　D. pl

(3) 执行"样条曲线"命令后，下列哪个选项用来输入曲线的偏差值。值越大，曲线越远离指定的点；值越小，曲线离指定的点越近（　　）。

    A. 闭合　　　　　　　B. 端点切向　　　　　C. 拟合公差　　　　　D. 起点切向

(4) 圆环是填充环或实体填充圆，即带有宽度的闭合多段线，当我们用"圆环"命令创建圆环对象时（　　）。

    A. 必须指定圆环圆心　　　　　　　　B. 圆环内径必须大于 0

    C. 外径必须大于内径　　　　　　　　D. 运行一次圆环命令只能创建一个圆环对象

2. 填空题

(1) 用户可以在_____对话框中，设置点的样式。

(2) 在 AutoCAD 中，绘制多边形常用_____和_____两种方式。

(3) 在 AutoCAD 中，绘制椭圆有_____和_____两种方式。

3. 上机操作题

(1) 利用"矩形"命令绘制冰箱外轮廓，然后利用"直线""圆角矩形""矩形"命令绘制冰箱门的分界线、把手和标志，如图 3-72 所示。

(2) 利用"圆弧""直线""多段线"命令绘制单人沙发，利用"圆弧"和"样条曲线"命令绘制抱枕部分，如图 3-73 所示。

图 3-72　冰箱立面图

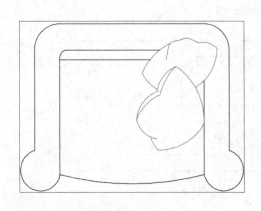

图 3-73　单人沙发平面图

Chapter 04

编辑二维图形

课题概述 在绘制二维图形的同时，需借助图形的修改编辑功能来完成图形的绘制操作。AutoCAD 2015 的图形编辑功能非常完善，它提供了一系列编辑图形的工具。

教学目标 通过对本章内容的学习，读者可以熟悉并掌握绘图的编辑命令，包括镜像、旋转、阵列、偏移以及修剪等，通过综合应用这些编辑命令便可以绘制出复杂的图形。

✦ 章节重点	✦ 光盘路径
★★★★ ┃ 多线、样条曲线编辑	**上机实践**：实例文件 \ 第 4 章 \ 上机实践 \ 绘制组合沙发
★★★★ ┃ 夹点模式编辑	**课后练习**：实例文件 \ 第 4 章 \ 课后练习
★★★☆ ┃ 缩放、拉伸、镜像、移动、偏移和旋转	
★★★☆ ┃ 倒角、圆角、打断、修剪和延伸	
★★☆☆ ┃ 图形的选择	

✦ 4.1　目标选择

在编辑图形之前，首先要对图形进行选择。在 AutoCAD 中，用虚线亮显表示所选择的对象。如果选择了多个对象，那么这些对象便构成了选择集，选择集可包含单个对象，也可以包含多个对象。

在命令行中输入 SELECT 命令，在命令行"选择对象："提示下输入"？"按回车键，根据其中的信息提示，选择相应的选项即可指定对象的选择模式。

命令行提示内容如下。

```
命令：SELECT
选择对象：？
* 无效选择 *
需要点或 窗口 (W)/ 上一个 (L)/ 窗交 (C)/ 框 (BOX)/ 全部 (ALL)/ 栏选 (F)/ 圈围 (WP)/ 圈交 (CP)/ 编组 (G)/ 添加 (A)/
删除 (R)/ 多个 (M)/ 前一个 (P)/ 放弃 (U)/ 自动 (AU)/ 单个 (SI)/ 子对象 (SU)/ 对象 (O)
```

4.1.1　设置对象的选择模式

在 AutoCAD 2015 中，利用"选项"对话框可以设置对象的选择模式。用户可以通过以下方法打开"选项"对话框。

- 在绘图窗口中右击，在弹出的快捷菜单中选择"选项"命令。
- 在命令行中输入 OP 命令，然后按回车键。

执行以上任意一种操作后，系统都将打开"选项"对话框，然后选择"选择集"选项卡，在该选项卡中可进行选择模式的设置，如图 4-1 所示。

图 4-1 "选择集"选项卡

在"选择集模式"选项组中，其各个复选框功能介绍如下：

- 先选择后执行：该选项用于执行大多数修改命令时调换传统的次序。可以在命令提示下，先选择图形对象，再执行修改命令。
- 用 Shift 键添加到选择集：勾选该复选框，将激活一个附加选择方式，即需要按住 Shift 键才能添加新对象。
- 对象编组：勾选该复选框，若选择组中的任意一个对象，则该对象所在的组都将被选中。
- 关联图案填充：勾选该复选框，若选择关联填充的对象，则填充的边界对象也被选中。
- 隐含选择窗口中的对象：勾选该复选框，在图形窗口用鼠标拖动或者用定义对角线的方法定义出一个矩形即可进行对象的选择。
- 允许按住并拖动对象：勾选该复选框，可以按住定点设备的拾取按钮，拖动光标确定选择窗口。

4.1.2　用拾取框选择单个实体

在命令行中输入 SELECT 命令，默认情况下光标将变成拾取框，之后单击选择对象，系统将检索选中的图形对象。在"隐含窗口"处于打开状态时，若拾取框没有选中图形对象，则该选择将变为窗口或交叉窗口的第一角点。选择该方法既方便又直观，但选择排列密集的对象时，此方法不宜使用。

4.1.3　窗口方式和窗交方式

下面为用户介绍窗口方式和窗交方式选取图形的操作。

1. 窗口方式选取图形

在图形窗口中选择第一个对角点，从左向右移动光标显示出一个实线矩形，如图 4-2 所示。选择第二个角点后，选取的对象为完全包含在实线矩形中的对象，不在该窗口内的或者只有部分在该窗口内的对象则不被选中，如图 4-3 所示。

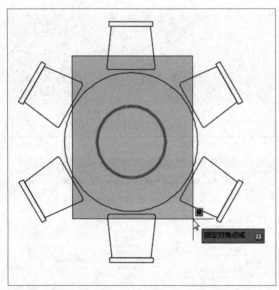

图 4-2　窗口方式选取图形

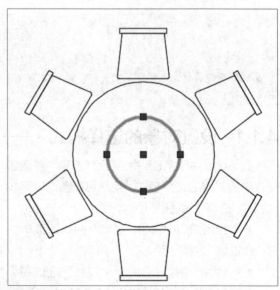

图 4-3　窗口选取效果

2. 窗交方式选取图形

在图形窗口中选择第一个对角点，从右向左移动光标显示一个虚线矩形，如图 4-4 所示。选择第二角点后，位于窗口之内或与窗口边界相交的全部对象都将被选中，如图 4-5 所示。

在窗交模式下并不是只能从右向左拖动矩形来选择，可在命令行中输入 SELECT 命令，按回车键，然后输入"？"按回车键，根据命令行的提示选择"窗交 (C)"选项，此时也可以从左向右进行窗交选取图形对象。

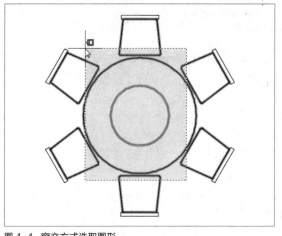

图 4-4 窗交方式选取图形

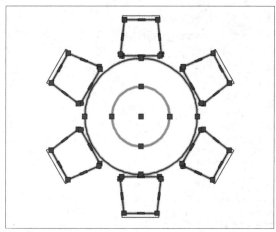

图 4-5 窗交选取效果

 工程师点拨：不支持先选择后执行模式的命令

不是所有的命令都支持先选择后执行的操作模式，例如修剪、延伸、打断、倒角和圆角命令就不支持先选择后执行的操作模式。

4.1.4 快速选择图形对象

当需要选择具有某些共同特性的对象时，可通过在"快速选择"对话框中进行相应的设置，以根据图形对象的图层、颜色、图案填充等特性和类型来创建选择集。

在 AutoCAD 2015 中，用户可以通过以下方法执行"快速选择"命令。

● 在"默认"选项卡的"实用工具"面板中单击"快速选择"按钮 。

● 在命令行中输入 QSELECT，然后按回车键。

执行以上任意一种操作后，都将打开"快速选择"对话框，如图 4-6 所示。

在"如何应用"选项组中可选择应用的范围。若选中"包括在新选择集中"单选按钮，则表示将按设定的条件创建新选择集；若选中"排除在新选择集之外"单选按钮，则表示将按设定条件选择对象，选择的对象将被排除在选择集之外，即根据这些对象之外的其他对象创建选择集。

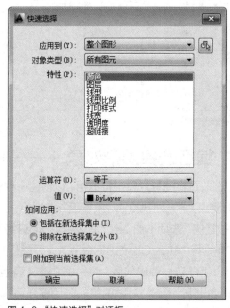

图 4-6 "快速选择"对话框

示例 **4-1：**利用"快速选择"对话框将图 4-10 中所有半径为 50 的圆选中。

Step 01 单击"实用工具"面板中的"快速选择"按钮，打开"快速选择"对话框，在"对象类型"下拉列表中选择"圆"选项，如图 4-7 所示。

Step 02 在"特性"列表框中，选择"半径"选项，然后在"值"列表中输入 50，如图 4-8 所示。

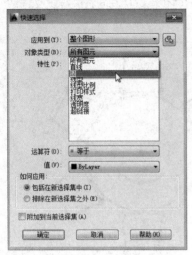

图 4-7 设置对象类型

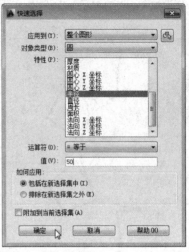

图 4-8 设置对象特性

Step 03 单击"确定"按钮，即可将图形中所有半径为 50 的圆选中，如图 4-9 所示。其中选择对象前的效果如图 4-10 所示。

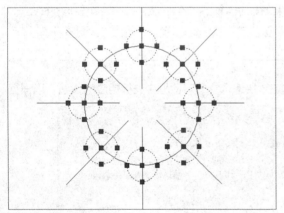

图 4-9 快速选择效果

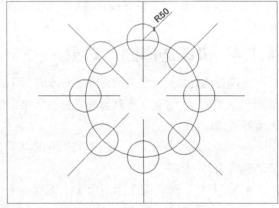

图 4-10 快速选择对象前

4.1.5 编组选择图形对象

编组选取是将图形对象进行编组，以创建一种选择集。编组是已命名的对象选择，随图形一起保存。用户可以通过以下方法执行"对象编组"命令。

● 在"默认"选项卡的"组"面板中单击"编组管理器"按钮。

● 在命令行中输入 CLASSICGROUP，然后按回车键。

执行以上任意一种操作后，将打开"对象编组"对话框，如图 4-11 所示。利用该对话框除可以创建对象编组以外，通过"对象编组"对话框还可以对编组进行编辑。此时，可在"编组名"列表框中选中要修改的编组，然后在"修改编组"选项组中单击以下按钮进行操作。

- 添加或删除：可以向编组中增加或删除对象。
- 重命名：可以重命名编组。
- 重排：可以重新对编组对象进行排序。
- 说明：可以为编组添加对象。
- 分解：可以取消编组。
- 可选择的：能对编组的可选择性进行调整。

图 4-11　"对象编组"对话框

示例 4-2：利用"对象编组"对话框对图形中所有红色的椅子进行编组。

Step 01 单击"组"面板中的"编组管理器"按钮，打开"对象编组"对话框，在"编组名"文本框中输入"红色椅子"，在"创建编组"选项区中单击"新建"按钮，如图 4-12 所示。

Step 02 返回至绘图区并根据命令提示将图形中所有红色的椅子选中，如图 4-13 所示。

图 4-12　设置编组名

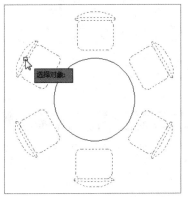

图 4-13　选择要进行编组的对象

Step 03 按回车键返回至"对象编组"对话框，在"编组名"列表框中保持刚创建好的编组的"可选择的"状态为"是"，如图 4-14 所示。

Step 04 单击"确定"按钮，即可完成对象的编组，然后返回至绘图区，若单击编组中任意一个红色椅子，则所有的红色椅子将整体被选中，如图 4-15 所示。

图 4-14　编组状态

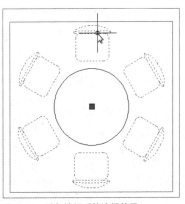

图 4-15　对象编组后的选择效果

4.2 删除图形

在绘制图形的时候，经常需要删除一些辅助或错误的图形。在 AutoCAD 2015 中，用户可以通过以下方法执行"删除"命令。

- 在"默认"选项卡的"修改"面板中单击"删除"按钮 。
- 在命令行中输入快捷命令 E，然后按回车键。
- 选择图形，按 Delete 键。

示例 4-3： 删除组合餐桌中的座椅。

Step 01 在命令行中输入快捷命令 E，选择要删除的图形，如图 4-16 所示。

Step 02 选择图形后，按回车键即可将选中的图形删除，如图 4-17 所示。

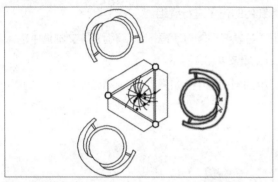

图 4-16 选择对象

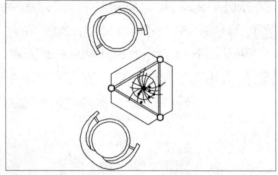

图 4-17 删除效果

> **工程师点拨：OOPS 命令的使用**
>
> 在命令行中输入 OOPS 命令，启动恢复删除命令，但只能恢复最后一次用"删除"命令删除的对象。

4.3 复制图形

在绘制图形时，使用"复制""阵列""环形阵列"命令可以复制对象，创建与原对象相同或相似的图形。

4.3.1 复制图形

复制对象是将原对象保留，移动原对象的副本图形，复制后的对象将继承原对象的属性。在 AutoCAD 2015 中，用户可以通过以下方法执行"复制"命令。

- 在"默认"选项卡的"修改"面板中单击"复制"按钮 。
- 在命令行中输入快捷命令 CO，然后按回车键。

执行上述复制命令后，命令行的提示内容如下。

```
命令：_copy
选择对象：找到 1 个                                                    （选择对象）
选择对象：                                                            （按回车键）
当前设置： 复制模式 = 多个
指定基点或 [位移(D)/模式(O)] <位移>：                                  （指定基点）
指定第二个点或 [阵列(A)] <使用第一个点作为位移>：                       （指定第二点）
```

其中，命令行中部分选项含义介绍如下：

● 指定基点：确定复制的基点。

● 位移：确定复制的位移量。

● 模式：确定复制的模式是单个复制还是多个复制。

● 阵列：可输入阵列的项目数复制多个图形对象。

系统将所选对象按两点的位移矢量进行复制。如果选择"用第一点作位移"选项，系统将基点的各坐标分量作为复制位移量进行复制。

示例 4-4：执行"复制"命令对图形对象进行复制。

Step 01 单击"修改"面板中的"复制"按钮，选择要进行复制的对象，如图 4-18 所示。

Step 02 按回车键后，选取座椅底端的中点作为位移基点，然后开启"正交功能"，并向右移动光标，如图 4-19 所示。

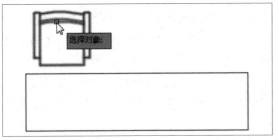

图 4-18 选择对象

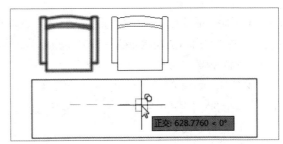

图 4-19 向右移动光标

Step 03 在命令行中输入 700，确定位移的第二点位置，如图 4-20 所示。

Step 04 按回车键后，继续指定位移第二点，向右移动光标并输入 700，按两次回车键即可完成复制操作，最终效果如图 4-21 所示。

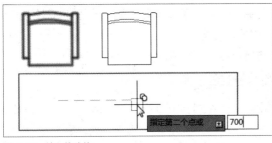

图 4-20 输入位移值

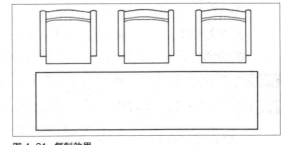

图 4-21 复制效果

4.3.2 阵列图形

"阵列"命令是一种有规则的复制命令，在命令行中输入快捷命令 AR 并按回车键，选取要阵列的对象后，再按回车键，命令行将显示"选择对象：输入阵列类型 [矩形 (R)/ 路径 (PA)/ 极轴 (PO)] < 极轴 >:"的提示信息。阵列图形的方式包括矩形阵列、环形阵列和路径阵列三种方式。

在 AutoCAD 2015 中，用户可以通过以下方法执行"矩形阵列"命令。

● 在"默认"选项卡的"修改"面板中单击"矩形阵列"按钮▦。

● 在命令行中输入 ARRAYRECT，然后按回车键。

Chapter 01 AutoCAD 2015 轻松入门

Chapter 02 平面绘图基本知识

Chapter 03 绘制二维图形

Chapter 04 编辑二维图形

执行"矩形阵列"命令后，系统将自动对图形生成 3 行 4 列的矩形阵列，命令行提示内容如下。

```
命令：_arrayrect
选择对象：找到 1 个                                                    （选择对象）
选择对象：                                                           （按回车键）
类型 = 矩形  关联 = 是
选择夹点以编辑阵列或 [关联(AS)/基点(B)/计数(COU)/间距(S)/列数(COL)/行数(R)/层数(L)/退出(X)] <退出>：
```

其中，命令行中部分选项含义介绍如下：

- 关联：指定阵列中的对象是关联的还是独立的。
- 基点：定义阵列基点和基点夹点的位置。其中"基点"指定用于在阵列中放置项目的基点；"关键点"是对于关联阵列，在源对象上指定有效的约束（或关键点）以与路径对齐。
- 计数：指定行数和列数并使用户在移动光标时可以动态观察结果。其中"表达式"是基于数学公式或方程式导出值。
- 间距：指定行间距和列间距并使用户在移动光标时可以动态观察结果。"行间距"是指定从每个对象的相同位置测量的每行之间的距离。"列间距"是指定从每个对象的相同位置测量的每列之间的距离。"单位单元"是通过设置等同于间距的矩形区域的每个角点来同时指定行间距和列间距。
- 列：编辑列数和列间距。"列数"用于设置栏数。"列间距"用于指定从每个对象的相同位置测量的每列之间的距离。"总计"用于指定从开始和结束对象上的相同位置测量的起点和终点列之间的总距离。
- 行数：指定阵列中的行数、它们之间的距离以及行之间的增量标高。"行数"用于设定行数。"行间距"指定从每个对象的相同位置测量的每行之间的距离。"总计"指定从开始和结束对象上的相同位置测量的起点和终点行之间的总距离。"增量标高"用于设置每个后续行的增大或减小的标高。"表达式"是基于数学公式或方程式导出值。
- 层：指定三维阵列的层数和层间距。"层数"用于指定阵列中的层数。"层间距"用在 Z 坐标值中指定每个对象等效位置之间的差值。"总计"在 Z 坐标值中指定第一个和最后一个层中对象等效位置之间的总差值。"表达式"基于数学公式或方程式导出值。

示例 4-5：使用"矩形阵列"命令对杯子图形对象进行阵列。

Step 01 单击"修改"面板中的"矩形阵列"按钮，选择阵列对象，如图 4-22 所示。

Step 02 选好图形后，按回车键，系统自动对图形矩形阵列 3 行 4 列，如图 4-23 所示。

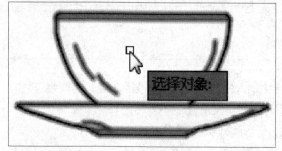

图 4-22　选择对象

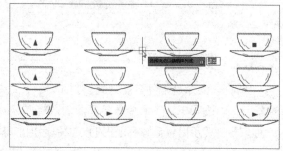

图 4-23　矩形阵列

Step 03 根据命令行的提示，在命令行中输入 COU 并按回车键，选择"计数"选项，然后输入列数为 3，行数为 4，如图 4-24 所示。

Step 04 按回车键完成图形阵列的设置，最终阵列效果如图 4-25 所示。

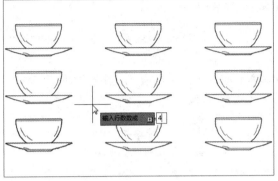

图 4-24 设置列数与行数

图 4-25 最终阵列效果

工程师点拨：矩形阵列参数的设置

单击阵列后的图形对象，即可打开"阵列"选项卡，进行阵列参数设置，如图 4-26 所示。

图 4-26 "阵列"选项卡

4.3.3 环形阵列图形

环形阵列是绕某个中心点或旋转轴形成的环形图案平均分布对象副本。通过以下方法可以执行环形阵列命令。

- 在"默认"选项卡的"修改"面板中单击"环形阵列"按钮。
- 在命令行中输入 ARRAYPOLAR，然后按回车键。

执行上述环形阵列命令后，命令行提示内容如下。

指定阵列的中心点或 [基点(B)/旋转轴(A)]:　　　　　　　　　　　　　　　　（指定中心点）

选择夹点以编辑阵列或 [关联(AS)/基点(B)/项目(I)/项目间角度(A)/填充角度(F)/行(ROW)/层(L)/旋转项目(ROT)/退出(X)] <退出>:

其中，命令行中部分选项含义介绍如下：

- 中心点：指定分布阵列项目所围绕的点。旋转轴是当前 UCS 的 Z 轴。
- 旋转轴：指定由两个指定点定义的自定义旋转轴。
- 项目：使用值或表达式指定阵列中的项目数。
- 项目间角度：使用值或表达式指定项目之间的角度。
- 填充角度：使用值或表达式指定阵列中第一个和最后一个项目之间的角度。
- 旋转项目：控制在排列项目时是否旋转项目。

工程师点拨：巧妙填充角度正负值

默认情况下，填充角度若为正值，表示将沿逆时针方向环形阵列对象，若为负值则表示将沿顺时针方向环形阵列对象。

示例 4-6：使用"环形阵列"命令，对餐椅图形对象进行阵列。

Step 01 单击"修改"面板中的"环形阵列"按钮，根据命令行的提示选择对象，指定餐桌圆心为阵列的中心点，如图 4-27 所示。

Step 02 系统自动将图形复制出 6 个，然后在命令行中输入 I 选择"项目"选项，如图 4-28 所示。

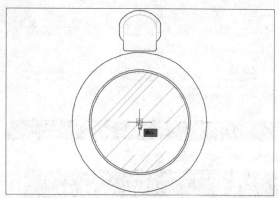

图 4-27 指定中心点

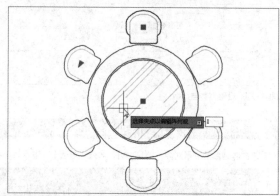

图 4-28 选择"项目"选项

Step 03 按回车键后，输入阵列中的项目数为 10，如图 4-29 所示。

Step 04 两次按回车键即可完成环形阵列操作，阵列效果如图 4-30 所示。

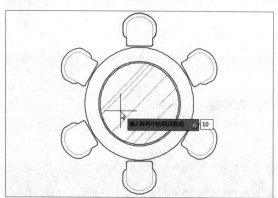

图 4-29 设置项目数

图 4-30 环形阵列效果

工程师点拨：环形阵列参数设置

单击环形阵列后的图形对象，即可打开"阵列"面板，进行阵列参数设置，如图 4-31 所示。

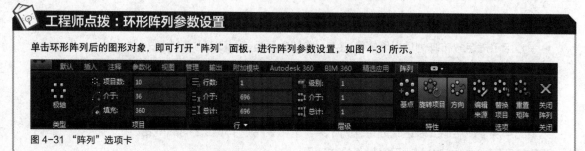

图 4-31 "阵列"选项卡

4.3.4 路径阵列图形

路径阵列是沿整个路径或部分路径平均分布对象副本，路径可以是曲线、弧线、折线等所有开放型线段。通过以下方法可以执行环形阵列命令。

- 在"默认"选项卡的"修改"面板中单击"路径阵列"按钮 。
- 在命令行中输入快捷命令 AR，选择"路径阵列"选项。

执行"路径阵列"命令后，命令行提示内容如下。

```
命令 : _arraypath
选择对象 : 找到 1 个
选择对象 :
类型 = 路径   关联 = 是
选择路径曲线 :
选择夹点以编辑阵列或 ［关联 (AS)/ 方法 (M)/ 基点 (B)/ 切向 (T)/ 项目 (I)/ 行 (R)/ 层 (L)/ 对齐项目 (A)/Z 方向 (Z)/
退出 (X)
```

其中，命令行中部分选项的含义介绍如下：

- 路径曲线 : 指定用于阵列路径的对象。选择直线、多段线、三维多段线、样条曲线、螺旋、圆弧、圆或椭圆。
- 方法 : 控制如何沿路径分布项目。"定数等分"是将指定数量的项目沿路径的长度均匀分布。"定距等分"是以指定的间隔沿路径分布项目。
- 切向 : 指定阵列中的项目如何相对于路径的起始方向对齐。
- 项目 : 根据"方法"设置，指定项目数或项目之间的距离。"沿路径的项目数"用于 (当"方法"为"定数等分"时可用) 使用值或表达式指定阵列中的项目数。"沿路径的项目之间的距离"用于 (当"方法"为"定距等分"时可用) 使用值或表达式指定阵列中的项目的距离。默认情况下，使用最大项目数填充阵列，这些项目使用输入的距离填充路径。也可以启用"填充整个路径"，以便在路径长度更改时调整项目数。
- 对齐项目 : 指定是否对齐每个项目以与路径的方向相切。对齐相对于第一个项目的方向。
- Z 方向 : 控制是否保持项目的原始 Z 方向或沿三维路径自然倾斜项目。

示例 4-7：使用"路径阵列"命令对图形对象进行阵列复制。

Step 01 单击"修改"面板中的"路径阵列"按钮，选择要阵列的对象，如图 4-32 所示。

Step 02 按回车键后，根据命令行的提示，选择路径曲线，如图 4-33 所示。

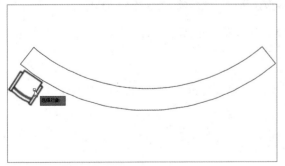

图 4-32 选择阵列对象

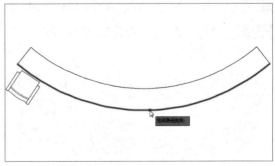

图 4-33 选择路径曲线

AutoCAD 2015中文版基础教程

Step 03 在临时出现的"阵列创建"选项卡中，设置项间距为 900，如图 4-34 所示。

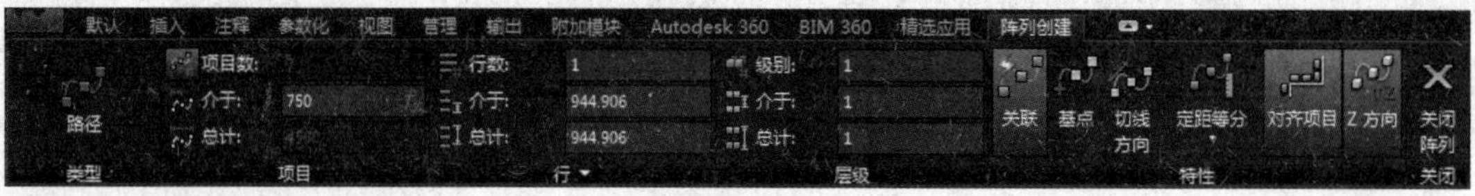

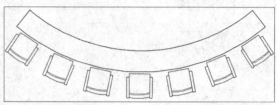

图 4-34 "阵列创建"选项卡

Step 04 设置完成后，按两次回车键即可完成路径阵列操作，阵列效果如图 4-35 所示。

图 4-35 路径阵列效果

✛ 4.4 缩放图形

比例缩放是将选择的对象按照一定的比例来进行放大或缩小。在 AutoCAD 2015 中，用户可以通过以下方法执行"缩放"命令。

● 在"默认"选项卡的"修改"面板中单击"缩放"按钮🔲。

● 在命令行中输入快捷命令 SC，然后按回车键。

执行"缩放"命令后，命令行提示内容如下。

```
命令：_scale
选择对象：指定对角点：找到 1 个                                    （选择对象）
选择对象：                                                    （按回车键）
指定基点：                                                    （指定一点）
指定比例因子或 [复制(C)/参照(R)]：
```

其中，命令行中各选项含义介绍如下：

● 比例因子：按指定的比例放大选定对象的尺寸。大于 1 的比例因子使对象放大。介于 0 和 1 之间的比例因子使对象缩小。

● 复制：创建要缩放的选定对象的副本。

● 参照：按参照长度和指定的新长度缩放所选对象。

示例 4-8：将如图 4-36 所示的植物图形中的一个放大 2 倍。

Step 01 执行"修改 > 缩放"命令，选择缩放对象，并指定基点，然后输入比例因子为 2。

Step 02 设置好参数后，按回车键即可将图形对象放大，效果如图 4-37 所示。

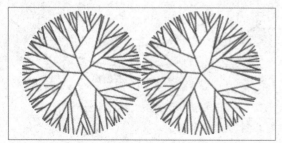

图 4-36 植物图形

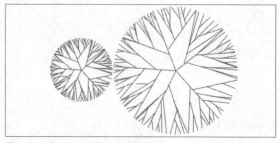

图 4-37 将其中一个放大 2 倍的效果

4.5 拉伸图形

拉伸命令是拉伸窗交窗口部分包围的对象。移动完全包含在窗交窗口中的对象或单独选定的对象。圆、椭圆和块无法拉伸。

在 AutoCAD 2015 中，用户可以通过以下方法执行"拉伸"命令。

- 在"默认"选项卡的"修改"面板中单击"拉伸"按钮。
- 在命令行中输入快捷命令 S，然后按回车键。

执行"拉伸"命令后，命令行提示内容如下。

```
命令：_stretch
以交叉窗口或交叉多边形选择要拉伸的对象...
选择对象：指定对角点：找到 3 个                                （选择对象）
选择对象：                                                  （按回车键）
指定基点或 ［位移 (D)］ < 位移 >：                             （指定一点）
指定第二个点或 < 使用第一个点作为位移 >：                       （指定第二点）
```

在"选择对象"命令提示下，可输入 C（交叉窗口方式）或 CP（不规则交叉窗口方式），对位于选择窗口之内的对象进行位移，与窗口边界相交的对象按规则拉伸、压缩和移动。

对于直线、圆弧、区域填充等图形对象，如果所有部分均在选择窗口内被移动，或只有一部分在选择窗口内，有以下拉伸规则：

- 直线：位于窗口外的端点不动，位于窗口内的端点移动。
- 圆弧：与直线类似，但在圆弧改变的过程中，圆弧的弦高保持不变，同时调整圆心的位置和圆弧的起始角、终止角的值。
- 区域填充：位于窗口外的端点不动；位于窗口内的端点移动。
- 多段线：与直线和圆弧相似，但多段线两端的宽度、切线方向及曲线拟合信息均不变。
- 其他对象：如果其定义点在选择窗口内，则对象发生移动；否则不动。其中，圆的定义点为圆心，形和块的定义点为插入点，文字和属性的定义点为字符串基线的左端点。

示例 4-9：将如图 4-36 所示的电视机图形中 900mm 的长度拉伸为 1200mm。

Step 01 执行"修改 > 拉伸"命令，以窗交方式选择电视机中间至右侧所有线段，并指定第一点，光标向右移动输入 300，如图 4-38 所示。

Step 02 按回车键完成拉伸命令，将 logo 移动至合适位置，结果如图 4-39 所示。

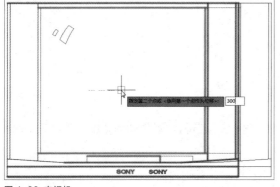

图 4-38 电视机

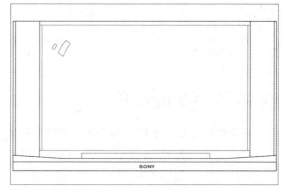

图 4-39 拉伸后图形

✛ 4.6 镜像图形

镜像可以按指定的镜像线翻转对象，创建出对称的镜像图像，该功能经常用于绘制对称图形。在 AutoCAD 2015 中，用户可以通过以下方法执行"镜像"命令。

- 在"默认"选项卡的"修改"面板中单击"镜像"按钮⚑。
- 在命令行中输入快捷命令 MI，然后按回车键。

执行"镜像"命令后，命令行提示内容如下。

```
命令：_mirror
选择对象：找到 1 个                                                    （选择对象）
选择对象：  指定镜像线的第一点：指定镜像线的第二点：               （指定镜像点）
要删除源对象吗? [ 是 (Y)/ 否 (N)] <N>：
```

示例 4-10：使用"镜像"命令对图形进行镜像操作。

Step 01 执行"修改 > 镜像"命令，选择图形对象，如图 4-40 所示。

Step 02 按回车键后，指定圆桌的象限点为镜像线的第一点，如图 4-41 所示。

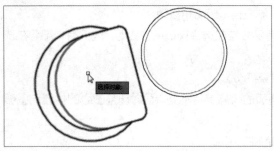

图 4-40　选择对象

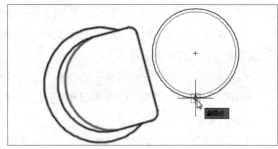

图 4-41　指定镜像第一点

Step 03 圆心为镜像线的第二点，如图 4-42 所示。

Step 04 确定是否删除源对象，按回车键并选择"否"选项，执行完命令后，镜像效果如图 4-43 所示。

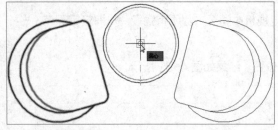

图 4-42　保留源对象

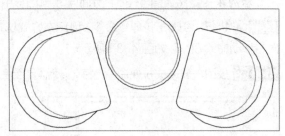

图 4-43　镜像效果

✛ 4.7 移动图形

移动图形对象是指在不改变对象的方向和大小的情况下，从当前位置移动到新的位置。在 Auto CAD 2015 中，用户可以通过以下方法执行"移动"命令。

- 在"默认"选项卡的"修改"面板中单击"移动"按钮✥。
- 在命令行中输入快捷命令 M，然后按回车键。

示例 **4-11**：使用"移动"命令对图形进行移动。

Step 01 单击"修改"面板中的"移动"按钮，选择座椅为要移动的对象，如图 4-44 所示。

Step 02 按回车键后，根据命令行的提示指定座椅中点为基点，如图 4-45 所示。

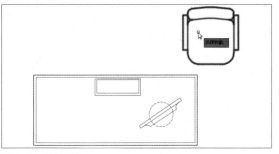

图 4-44　选择对象

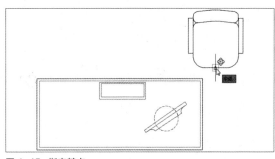

图 4-45　指定基点

Step 03 打开"对象捕捉追踪"按钮，捕捉桌面中点的垂直线段，与基点的交点为第二个点，如图 4-46 所示。

Step 04 命令执行完后，最终效果如图 4-47 所示。

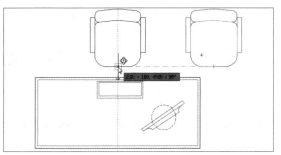

图 4-46　指定第二点

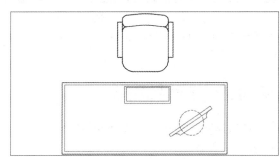

图 4-47　移动效果

4.8　偏移图形

偏移是对选择的对象进行偏移，偏移后的对象与原来对象具有相同的形状。在 AutoCAD 2015 中，用户可以通过以下方法执行"偏移"命令。

- 在"默认"选项卡的"修改"面板中单击"偏移"按钮 。
- 在命令行中输入快捷命令 O，然后按回车键。

执行上述偏移命令后，命令行提示内容如下。

指定偏移距离或　[通过 (T)/ 删除 (E)/ 图层 (L)] ＜通过＞：　10	（输入偏移距离）
选择要偏移的对象，或　[退出 (E)/ 放弃 (U)] ＜退出＞：	（选择对象）
指定要偏移的那一侧上的点，或　[退出 (E)/ 多个 (M)/ 放弃 (U)] ＜退出＞：	（指定一点）

使用该命令时要注意以下几点：

- 只能以直接拾取方式选择对象。
- 如果用给定偏移方式复制对象，距离值必须大于零。
- 如果给定的距离值或通过点的位置不合适，或者指定的对象不能由偏移命令确认，系统将会给出相应提示。
- 对不同对象执行偏移命令后会产生不同的结果。

示例 4-12：使用"偏移"命令对椭圆进行偏移。

Step 01 单击"修改 > 偏移"命令，指定偏移距离为 200，如图 4-48 所示。

Step 02 选择椭圆，然后在椭圆内单击，指定要偏移那一侧上的点，即可进行偏移，效果如图 4-49 所示。

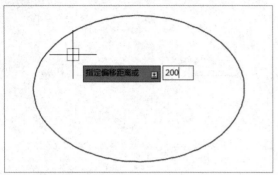

图 4-48　输入偏移值

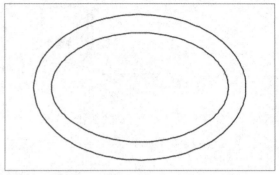

图 4-49　偏移效果

 工程师点拨：偏移复制圆、圆弧、椭圆

对圆弧进行偏移复制后，新圆弧与旧圆弧有同样的包含角，但新圆弧的长度发生了改变。当对圆或圆弧进行偏移复制后，新圆半径和新椭圆轴长会发生变化，圆心不会改变。

4.9　旋转图形

旋转图形是将图形以指定的角度绕基点进行旋转。在 AutoCAD 2015 中，用户可以通过以下方法执行"旋转"命令。

● 在"默认"选项卡的"修改"面板中单击"旋转"按钮◯。

● 在命令行中输入快捷命令 RO，然后按回车键。

示例 4-13：使用"旋转"命令对图形对象进行旋转，使其合理地摆放在室内。

Step 01 单击"修改"面板中的"旋转"按钮，选择所有图形为旋转对象，如图 4-50 所示。

Step 02 打开正交模式，将光标向上移动，如图 4-51 所示。

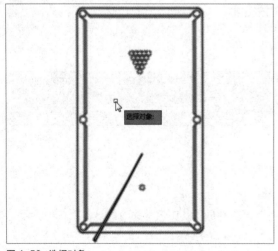

图 4-50　选择对象

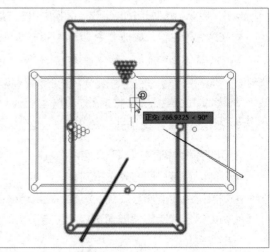

图 4-51　正交方式旋转

Step 03 或者输入旋转角度为 90，如图 4-52 所示。

Step 04 按回车键，即可得到旋转 90° 的图形，如图 4-53 所示。

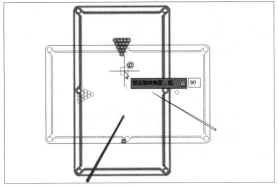

图 4-52　输入旋转角度

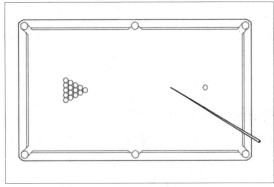

图 4-53　旋转效果

 4.10　打断图形

打断图形指的是删除图形上的某一部分或将图形分成两部分。在 AutoCAD 2015 中，用户可以通过以下方法执行"打断"命令。

● 在"默认"选项卡的"修改"面板中单击"打断"按钮 ▧。
● 在命令行中输入快捷命令 BR，然后按回车键。

执行上述打断命令后，命令行提示内容如下。

```
命令：_break
选择对象：                                          （选择对象）
指定第二个打断点 或 [第一点(F)]：                    （指定打断点）
```

其中，命令行中各选项含义介绍如下：

● 指定第二个打断点：确定第二个断点，即选择对象时的拾取点为第一断点，在此基础上确定第二断点。
● 第一点：用于重新确定第一个断点。

 工程师点拨："打断"命令的使用技巧

如果对圆执行打断命令，系统将沿逆时针方向将圆上从第一个打断点到第二个打断点之间的那段圆弧删除。

 工程师点拨："打断"和"打断于点"的区别

"打断"是删除图像上的某一部分，"打断于点"是将图形分成两个部分但不删除，详见示例 4-14。

示例 4-14：分别使用"打断"和"打断于点"的命令对矩形进行打断处理。

Step 01 单击"修改"面板中的"打断"按钮，选择矩形为打断对象，如图 4-54 所示。

Step 02 选择的位置即为第一个打断点，光标移动可显示打断后图形，单击鼠标左键即可完成操作，如图 4-55 所示。

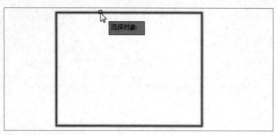

图 4-54　选择对象

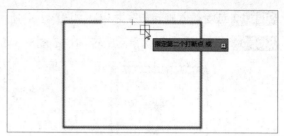

图 4-55　选择第二个打断点

Step 03 单击"修改"面板中的"打断于点"按钮，选择另一个矩形为打断对象，如图 4-56 所示。

Step 04 移动光标，即提示指定第一个打断点，单击鼠标左键完成操作，如图 4-57 所示。

图 4-56　选择对象

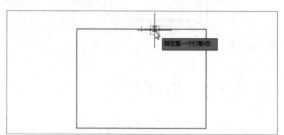

图 4-57　选择第二个打断点

Step 05 将打断后的两个矩形做对比，如图 4-58 所示。

Step 06 选择两个矩形，如图 4-59 所示。

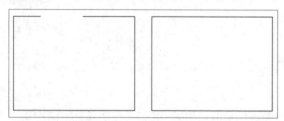

图 4-58　打断的矩形

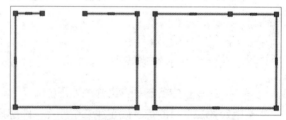

图 4-59　选择打断的矩形

✛ 4.11　修剪图形

修剪命令可对超出图形边界的线段进行修剪。在 AutoCAD 2015 中，用户可以通过以下方法执行"修剪"命令。

- 在"默认"选项卡的"修改"面板中单击"修剪"按钮。
- 在命令行中输入快捷命令 TR，然后按回车键。

执行"修剪"命令后，命令行提示内容如下。

```
命令： _trim
当前设置：投影 =UCS，边 = 无
选择剪切边 ...
选择对象或 ＜全部选择＞：                                         （按回车键可选择全部图形）
选择要修剪的对象，或按住 Shift 键选择要延伸的对象，或
[ 栏选 (F)/ 窗交 (C)/ 投影 (P)/ 边 (E)/ 删除 (R)/ 放弃 (U)]：
```

其中，命令行中各选项的含义介绍如下：

● 选择要修剪的对象或按住 Shift 选择要延伸的对象：选择对象进行修剪或延伸它到剪切边对象，此选项为默认项。

● 栏选：选择与选择栏相交的所有对象。选择栏是一系列临时线段，它们是用两个或多个栏选点指定的。选择栏不构成闭合环。

● 窗交：选择矩形区域（由两点确定）内部或与之相交的对象。

● 投影：指定修剪对象时使用的投影方式。"无"指定无投影，该命令只修剪与三维空间中的剪切边相交的对象。"UCS"指定在当前用户坐标系 XY 平面上的投影。该命令将修剪不与三维空间中的剪切边相交的对象。"视图"指定沿当前观察方向的投影。该命令将修剪与当前视图中的边界相交的对象。

● 边：确定对象是在另一对象的延长边处进行修剪，还是仅在三维空间中与该对象相交的对象处进行修剪。"延伸"沿自身自然路径延伸剪切边，使它与三维空间中的对象相交。"不延伸"指定对象只在三维空间中与其相交的剪切边处修剪。

示例 4-15：使用"修剪"命令对图形对象进行修剪。

Step 01 单击"修改"面板中的"修剪"按钮，根据命令行提示选择修剪对象，如图 4-60 所示。

Step 02 按回车键完成选择，根据提示删除圆外侧所有线段，如图 4-61 所示。按回车键完成修剪命令。

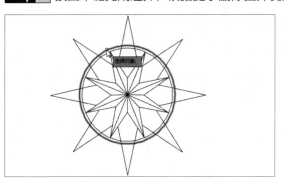

图 4-60 选择要修剪的对象

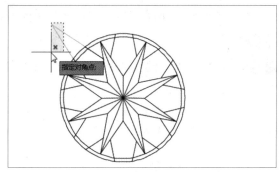

图 4-61 修剪效果

Step 03 继续按回车键执行"修剪"命令，按回车键选择所有对象为修剪对象，删除重叠部分，如图 4-62 所示。

Step 04 若修剪错线段，按 Ctrl+Z 键可撤销当前删除的线段，若完成删除命令后按 Ctrl+Z 键，可撤销此次的修剪命令，修剪结果如图 4-63 所示。

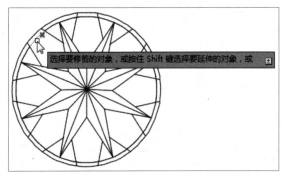

图 4-62 选择要修剪的对象

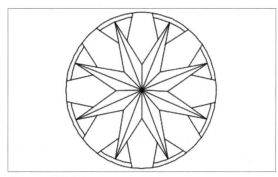

图 4-63 修剪效果

4.12 延伸图形

延伸命令是将指定的图形对象延伸到指定的边界。通过下列方法可执行延伸命令。

- 在"默认"选项卡的"修改"面板中单击"延伸"按钮━┛。
- 在命令行中输入快捷命令 EX，然后按回车键。

执行"修剪"命令后，命令行提示内容如下。

```
命令：_extend
当前设置：投影 =UCS，边 = 延伸
选择边界的边 ...
选择对象或 < 全部选择 >： 找到 1 个                              （选择结果）
选择对象：                                                      （按回车键）
选择要延伸的对象，或按住 Shift 键选择要修剪的对象，或
[ 栏选 (F)/ 窗交 (C)/ 投影 (P)/ 边 (E)/ 放弃 (U)]：
```

其中，命令行中各选项的含义介绍如下：

- 当前设置：投影 =UCS，边 = 延伸：当前延伸操作的模式。
- 选择边界的边：提示当前应该选择要延伸到的边界边。
- 选择对象或 < 全部选择 >：选择边界的结果。

示例 4-16：使用"延伸"命令对图形进行延伸操作。

Step 01 单击"修改"面板中的"延伸"按钮，选择内侧的圆为边界的边，如图 4-64 所示。

Step 02 按回车键选择要延伸的对象，单击要延伸一侧的线段，如图 4-65 所示。

图 4-64 选择边界

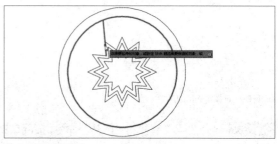

图 4-65 延伸效果

Step 03 若延伸错方向，按 Ctrl+Z 键可撤销当前延伸的线段，如图 4-66 所示。

Step 04 选择延伸对象，最终效果如图 4-67 所示。

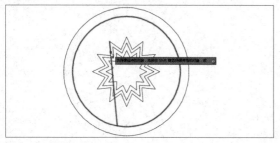

图 4-66 错误方向

图 4-67 最终效果

> **工程师点拨：能够作为边界边的对象**
>
> AutoCAD 2015 允许用直线、圆弧、圆、椭圆或椭圆弧、多段线、样条曲线、构造线、射线以及文字等对象作为边界的边。

4.13 对齐图形

指定一对、两对或三对源点和定义点以移动、旋转或倾斜选定的对象，从而将它们与其他对象上的点对齐，同时能够缩放其比例。通过下列方法可执行对齐命令。

● 在"默认"选项卡的"修改"面板中单击"对齐"按钮 。

● 在命令行中输入快捷命令 AL，然后按回车键。

执行"对齐"命令后，命令行提示内容如下。

```
命令：_align
选择对象：找到 1 个                          （选择源对象）
选择对象：
指定第一个源点：                            （源对象上对齐的第一点）
指定第一个目标点：                          （目标对象上对齐的第一点）
指定第二个源点：                            （源对象上对齐的第二点）
指定第二个目标点：                          （目标对象上对齐的第二点）
指定第三个源点或 〈继续〉：
是否基于对齐点缩放对象？[ 是 (Y)/ 否 (N)] 〈否〉：   （缩放命令）
```

示例 4-17：使用"对齐"命令对水桶和饮水机进行对齐操作。

Step 01 单击"修改"面板中的"对齐"按钮，选择水桶为选择对象，如图 4-68 所示。

Step 02 按回车键选择水桶左上方点为第一个源点，饮水机右上方点为第一个目标点，如图 4-69 所示。

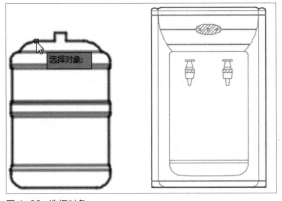

图 4-68 选择对象

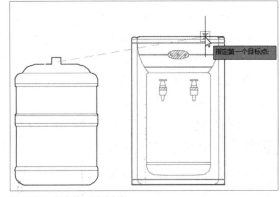

图 4-69 指定第一对对齐点

Step 03 按回车键选择水桶右上方点为第二个源点，饮水机左上方点为第二个目标点，按回车键根据命令行提示，选择不要缩放对象，如图 4-70 所示。

Step 04 按回车键完成对齐命令，将水桶移动至合适位置，结果如图 4-71 所示。

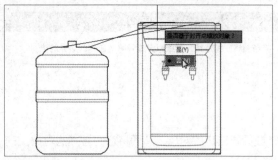

图 4-70 指定第二对对齐点

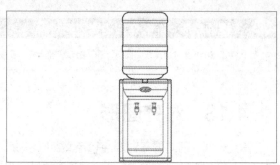

图 4-71 对齐效果

4.14 图形的倒角与圆角

图形的倒角与圆角主要是用来对图形进行修饰。倒角是将相邻的两条直角边进行倒角，而圆角则是通过指定的半径圆弧来进行倒角。

4.14.1 倒角

在 AutoCAD 2015 中，用户可以通过以下方法执行"倒角"命令。

● 在"默认"选项卡的"修改"面板中单击"倒角"按钮 。
● 在命令行中输入快捷命令 CHA，然后按回车键。

执行"倒角"命令后，命令行提示内容如下。

```
命令：_chamfer
（"修剪"模式）当前倒角距离 1 = 10.0000，距离 2 = 10.0000
选择第一条直线或 [放弃(U)/多段线(P)/距离(D)/角度(A)/修剪(T)/方式(E)/多个(M)]：
```

命令行中第二行说明了当前的倒角模式以及倒角距离。其中，命令行中部分选项含义介绍如下：

● 多段线：对整条多段线倒角。
● 角度：用第一条线的倒角距离和第二条线的角度设定倒角距离。
● 修剪：控制倒角命令是否将选定的边修剪到倒角直线的端点。
● 方式：控制倒角命令使用两个距离还是一个距离和一个角度来创建倒角。
● 多个：为多组对象的边倒角。

示例 4-18：使用"倒角"命令对矩形进行倒角，矩形尺寸为 400mm×300mm，倒角距离为 100mm。

Step 01 单击"修改"面板中的"倒角"按钮，根据命令行提示，选择"距离 D"选项，如图 4-72 所示。

Step 02 按回车键，根据提示输入倒角距离均为 100，如图 4-73 所示。

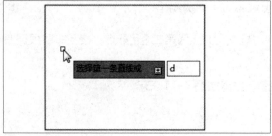

图 4-72 选择"距离"选项

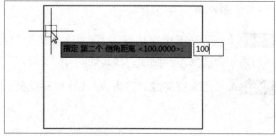

图 4-73 输入倒角距离

Step 03 选择要倒角的两条直线，如图 4-74 所示。

Step 04 执行完命令后，最终效果如图 4-75 所示。

图 4-74　选择直线

图 4-75　倒角效果

 工程师点拨：正确设置倒角

倒角时，如果倒角距离设置太大则距离角度无效，系统将会给出提示。平行的两条直线不能倒角。对相交的直线执行"倒角"命令后，AutoCAD 总会保留选择倒角对象时所选取的那一部分。将两个倒角距离均设为 0，则可以利用"倒角"命令延伸两条直线使它们相交。

4.14.2　圆角

在 AutoCAD 2015 中，用户可以通过以下方法执行"圆角"命令。

● 在"默认"选项卡的"修改"面板中单击"圆角"按钮 。

● 在命令行中输入快捷命令 F，然后按回车键。

执行"圆角"命令后，命令行提示内容如下。

```
命令：_fillet
当前设置：模式 = 修剪，半径 = 0.5000
选择第一个对象或 [放弃(U)/多段线(P)/半径(R)/修剪(T)/多个(M)]：
```

命令行中第二行说明了当前圆角的修剪模式和圆角半径。此外，命令行中部分选项含义介绍如下：

● 多段线：在二维多段线中两条直线段相交的每个顶点处插入圆角圆弧。

● 半径：定义圆角圆弧的半径。

● 修剪：控制圆角命令是否将选定的边修剪到圆角圆弧的端点。

 工程师点拨：设置圆角

在执行"圆角"命令前，查看设置的圆角半径的长度，是否在需要圆角线段的长度之内。

示例 4-19： 使用"圆角"命令将图形圆角，圆角半径设为 450mm。

Step 01 单击"修改"面板中的"圆角"按钮，根据命令行提示选择半径 R 选项，如图 4-76 所示。

Step 02 按回车键，输入指定的圆角半径 450，如图 4-77 所示。

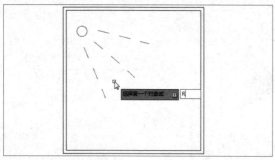

图 4-76　选择半径选项

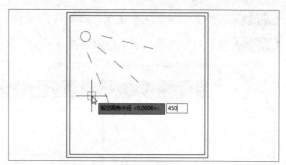

图 4-77　指定圆角半径

Step 03 按回车键，然后选择要圆角的线段，如图 4-78 所示。

Step 04 按回车键重复"圆角"命令，选择外侧矩形要圆角的线段，结果如图 4-79 所示。

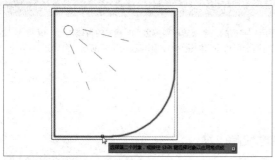

图 4-78　选择对象

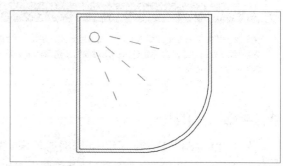

图 4-79　圆角效果

4.14.3　光顺曲线

在两条开放曲线的端点之间创建样条曲线，选择端点附近的每个对象；生成的样条曲线的形状取决于指定的连续性；选定对象的长度保持不变。选择的对象和点位置不同，创建的曲线也不同。

在 AutoCAD 2015 中，用户可以通过以下方法执行"光顺曲线"命令。

● 在"默认"选项卡的"修改"面板中单击"光顺曲线"按钮■。

● 在命令行中输入快捷命令 BL，然后按回车键。

执行"光顺曲线"命令后，命令行提示内容如下。

```
命令：_BLEND
连续性 = 平滑
选择第一个对象或 [连续性(CON)]:CON              （选择样条曲线起始端附近的直线或开放的曲线）
输入连续性 [相切(T)/平滑(S)]:T
选择第一个对象或 [连续性(CON)]:
选择第二个点：                                （样条曲线末端附近的另一条直线或开放的曲线）
```

命令行中第二行说明了当前光顺曲线的连接模式。

命令行中第四行可以选择连续性的模式相切和平滑，具体的区别见示例 4-20。

 工程师点拨：设置圆角

光顺曲线的有效对象包括直线、圆弧、椭圆弧、螺旋、开放的多段线和开放的样条曲线。

示例 **4-20**：使用"光顺曲线"命令将毛巾连接完整。

Step 01 单击"修改"面板中的"光顺曲线"按钮，根据命令行提示输入 CON，然后选择"相切"选项，如图 4-80 所示。

Step 02 分别在两条样条曲线上选择点，连接效果已经显示，如图 4-81 所示。

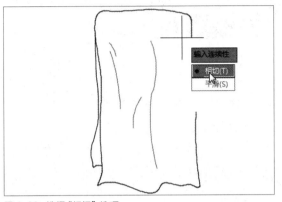

图 4-80 选择"相切"选项

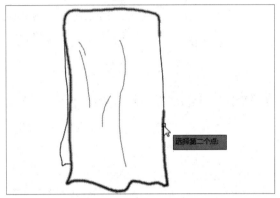

图 4-81 选择两个点

Step 03 按回车键重复"光顺曲线"命令，输入 CON，然后选择"平滑"选项，如图 4-82 所示。

Step 04 在另一个毛巾图形上选择点，连接完成后分别选择连接部分的曲线，对比连接部分曲线的结果如图 4-83 所示。

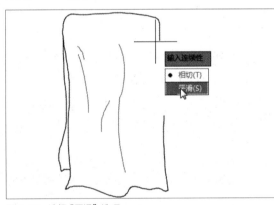

图 4-82 选择"平滑"选项

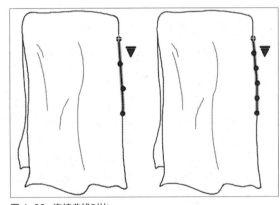

图 4-83 连接曲线对比

✛ 4.15 编辑夹点模式

　　夹点就是对象上的控制点。在 AutoCAD 中，夹点是一种集成的编辑模式。使用 AutoCAD 的夹点功能，可以将对象拉伸、移动、复制、缩放以及镜像等。

　　使用夹点功能编辑对象的操作步骤如下：选择要编辑的对象，此时在该对象上将会出现若干小方格，这些小方格称为对象的特征点。将光标移到希望设置为基点的特征点上，单击鼠标，该特征点会以默认红色显示，表示其为基点。选取基点后，利用 AutoCAD 2015 的夹点功能可以对相应的对象进行编辑操作，如图 4-84 所示。

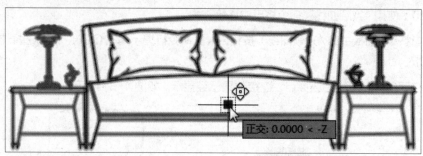

图 4-84　指定圆角半径

4.15.1　拉伸对象

默认情况下，激活夹点后夹点操作模式为拉伸。命令行提示内容如下。

```
命令：
** 拉伸 **
指定拉伸点或 [ 基点 (B)/ 复制 (C)/ 放弃 (U)/ 退出 (X)]：
```

4.15.2　移动对象

移动图形对象可以将图形对象从当前位置移动到新的位置，也可以进行多次复制。选择要移动的图形对象，进入夹点选择状态，按回车键即可进入移动编辑模式。

4.15.3　旋转对象

旋转图形对象可以将图形对象绕基点进行旋转，还可以进行多次旋转复制。选择要旋转的图形对象，进入夹点选择状态，连续两次按回车键，即可进入旋转编辑模式。命令行提示内容如下。

```
** 旋转 **
指定旋转角度或 [ 基点 (B)/ 复制 (C)/ 放弃 (U)/ 参照 (R)/ 退出 (X)]：
```

其中，命令行中部分选项含义介绍如下：
- 指定旋转角度：确定旋转角度，直接输入角度值，或采用拖动的方式确定旋转角度，系统将对象绕基点进行旋转。
- 参照：以参考方式旋转对象。

4.15.4　缩放对象

缩放图形对象可以将图形对象相对于基点缩放，同时也可以进行多次复制。选择要缩放的图形对象，进入夹点选择状态，连续三次按回车键，即可进入缩放编辑模式。

4.15.5　镜像对象

镜像图形对象与"镜像"命令的功能类似，可以将图形对象按指定的镜像线进行镜像。选择要镜像的图形对象，进入夹点选择状态，连续四次按回车键，即可进入镜像编辑模式。

4.16 编辑多段线

创建完多段线之后，可对多段线进行相应的编辑操作。单击"默认"选项卡的"修改"面板中的"编辑多段线"按钮，命令行提示内容如下。

```
命令: _pedit
选择多段线或 [多条(M)]:
输入选项 [打开(O)/合并(J)/宽度(W)/编辑顶点(E)/拟合(F)/样条曲线(S)/非曲线化(D)/线型生成(L)/反转(R)/放弃(U)]:
```

其中，命令行中部分选项含义介绍如下:

● 合并: 只用于二维多段线，该选项可把其他圆弧、直线、多段线连接到已有的多段线上，不过连接端点必须精确重合。

● 宽度: 只用于二维多段线，指定多段线宽度。当输入新宽度值后，先前生成的宽度不同的多段线都统一使用该宽度值。

● 编辑顶点: 用于提供一组子选项，是用户能够编辑顶点和与顶点相邻的线段。

● 拟合: 用于创建圆弧拟合多段线（即由圆弧连接每对定点），该曲线将通过多段线的所有顶点并使用指定的切线方向。

● 样条曲线: 可生成由多段线顶点控制的样条曲线，所生成的多段线并不一定通过这些顶点，样条类型分辨率由系统变量控制。

● 非曲线化: 用于取消拟合或样条曲线，回到初始状态。

● 线型生成: 可控制非连续线型多段线顶点处的线型。如"线型生成"为关，在多段线顶点处将采用连续线型，否则在多段线顶点处将采用多段线自身的非连续线型。

● 反转: 用于反转多段线。

如果在多段线编辑状态下，选择"编辑顶点"选项，此时系统将把当前顶点标记为 ×，如图 4-85 所示。

命令行提示内容如下。

```
[下一个(N)/上一个(P)/打断(B)/插入(I)/移动(M)/
重生成(R)/拉直(S)/切向(T)/宽度(W)/退出(X)] <N>:
```

图 4-85 编辑顶点

其中，各选项的含义介绍如下:

● 打断: 可将多段线一分为二，或删除一段多段线。其中，第一个打断点为选择打断选项时的当前顶点，接下来可选择下一个/上一个移动顶点标记，最后输入 G 可完成打断。

● 插入: 可在当前顶点与下一顶点之间插入一个新顶点。

● 重生成: 用于重生成多段线以观察编辑效果。

● 拉直: 删除当前顶点与所选顶点之间的全部顶点，并用直线段代替原线段。

● 切向: 调整当前标记顶点处的切向方向，以控制曲线拟合状态。

● 宽度: 设置当前顶点与下一个顶点之间的多段线的始末宽度。

示例 4-21: 使用"编辑多段线"命令对图 4-86 所示的多段线图形进行编辑操作。

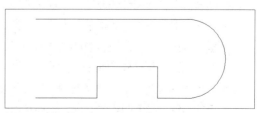

图 4-86 多段线

AutoCAD 2015中文版基础教程

Step 01 单击"修改"面板中的"编辑多段线"命令，选择图形对象后输入 W，选择"宽度"，如图 4-87 所示。

Step 02 按回车键后，输入新宽度值为 30，如图 4-88 所示。

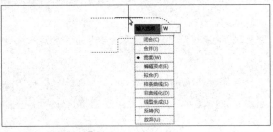

图 4-87 选择"宽度"选项

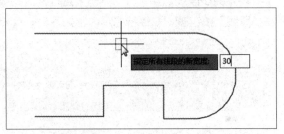

图 4-88 输入宽度值

Step 03 确定宽度值后，按回车键即可得到新增宽度的多段线，输入 C 选择"闭合"选项，如图 4-89 所示。

Step 04 然后按回车键即可将多段线进行闭合，再次按回车键完成多段线的编辑，如图 4-90 所示。

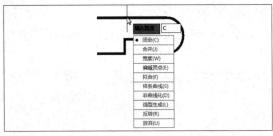

图 4-89 选择"闭合"选项

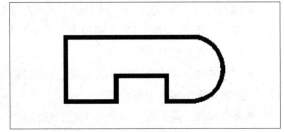

图 4-90 编辑多段线效果

✦ 4.17 编辑样条曲线

利用样条曲线命令绘制的图形不一定满足要求，这时就需要对其进行编辑。用户可以通过以下方法执行"编辑样条曲线"命令。

- 在"默认"选项卡的"修改"面板中单击"编辑样条曲线"按钮 。
- 在命令行中输入 SPLINEDIT，然后按回车键。
- 双击样条曲线。

执行"编辑样条曲线"命令后，命令行提示内容如下。

```
命令：_splinedit
选择样条曲线：
输入选项 [闭合(C)/合并(J)/拟合数据(F)/编辑顶点(E)/转换为多段线(P)/反转(R)/放弃(U)/退出(X)]〈退出〉
```

命令行中各选项的含义介绍如下：

- 闭合：用于封闭样条曲线。如样条曲线已封闭，此处显示"打开(O)"，用于打开封闭的样条曲线。
- 合并：用于将两条或两条以上的开放曲线进行合并。
- 拟合数据：用于修改样条曲线的拟合点。
- 编辑顶点：移动样条曲线的控制点，调节样条曲线形状。
- 转换为多段线：用于将样条曲线转化为多段线。
- 反转：反转样条曲线的方向，起点和终点互换。

工程师点拨：拟合数据各子选项的介绍

拟合数据包含众多子选项，如图 4-91 所示。
- "添加"表示将拟合点添加到样条曲线。
- "闭合"表示闭合样条曲线两个端点。
- "扭折"表示在样条曲线上的指定位置添加节点和拟合点，这不会保持在该点的相切或曲率连续性。
- "移动"表示移动拟合点到新位置。
- "切线"表示修改样条曲线的起点和端点切向。
- "公差"表示使用新的公差值将样条曲线重新拟合至现有的拟合点。

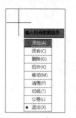

图 4-91　拟合数据子选项

 工程师点拨：编辑顶点各子选项的介绍

拟合数据包含众多子选项，如图 4-92 所示。
- "添加"用于添加顶点。
- "删除"用于删除顶点。
- "提高阶数"用于增大样条曲线的多项式阶数（阶数为 4 和 26 之间的整数）。
- "移动"用于重新定位选定的控制点。
- "权值"用于根据指定控制点的新权值重新计算样条曲线。权值越大，样条曲线越接近控制点。

图 4-92　编辑顶点的子选项

示例 4-22：使用"编辑样条曲线"命令给样条曲线增加拟合点，并转换为多段线。

Step 01 选择要编辑的样条曲线，将光标移动至夹点处，选择"添加拟合点"，如图 4-93 所示。

Step 02 将光标移动至合适位置，单击即可添加拟合点，如图 4-94 所示。

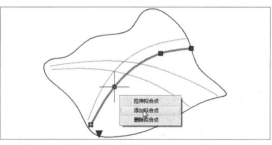

图 4-93　选择要编辑的样条曲线

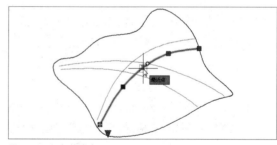

图 4-94　添加拟合点

Step 03 单击"修改 > 编辑样条曲线"按钮，选择样条曲线，根据提示选择"转换为多段线 P"，如图 4-95 所示。

Step 04 指定精度为 1，按回车键完成转换命令，效果如图 4-96 所示。

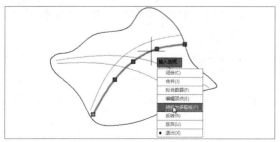

图 4-95　转换样条曲线

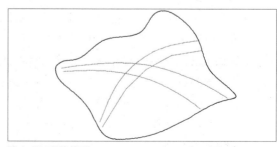

图 4-96　转换效果

4.18 视窗的缩放与平移

缩放命令用于增大或缩小视图区域，对象的真实性保持不变。平移命令用于查看当前视图中的不同部分，不用改变视图大小。

1. 视窗的缩放

缩放视图可以增大或缩小图形对象的屏幕显示尺寸，以便观察图形的整体结构和局部细节。缩放视图不改变对象的真实尺寸，只改变显示的比例。

在 AutoCAD 2015 中，用户可以通过以下方法执行"缩放"命令。

- 在右侧浮动面板中单击"缩放"按钮，如图 4-97 所示。

- 在命令行中输入快捷命令 Z，然后按回车键。

在命令行中输入快捷命令 Z，然后按回车键，命令行提示内容如下。

图 4-97 缩放命令

```
命令：Z
ZOOM
指定窗口的角点，输入比例因子 (nX 或 nXP)，或者
[全部 (A)/ 中心 (C)/ 动态 (D)/ 范围 (E)/ 上一个 (P)/ 比例 (S)/ 窗口 (W)/ 对象 (O)] ＜实时＞：
按 Esc 或 Enter 键退出，或单击右键显示快捷菜单。
```

其中，命令行中各选项含义介绍如下：

- 全部：显示整个图形中的所有对象。

- 中心点：在图形中指定一点，然后指定一个缩放比例因子或者指定高度值来显示一个新视图，指定的点将作为该视图的中心点。

- 动态：用于动态缩放视图。当进入动态模式时，在屏幕中将显示一个带"×"的矩形方框，如图 4-98 所示。单击鼠标左键，窗口中心的"×"消失，显示一个位于右边框的方向箭头，拖动鼠标可以改变选择窗口的大小，以确定选择区域，按回车键即可缩放图形。

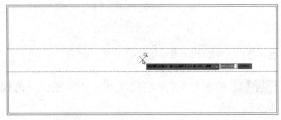

图 4-98 动态视图

- 范围：在绘图区中尽可能大地显示所有图形对象。与全部缩放模式不同的是，范围缩放使用的显示边界只是图形范围而不是图形界限。

- 窗口：通过用户在屏幕上拾取两个对角点以确定一个矩形窗口，系统将矩形范围内的图形放大至整个屏幕。

- 实时：在该模式下，光标变为放大镜符号。按住鼠标左键向上拖动光标可放大整个图形；向下拖动光标可缩小整个图形；释放鼠标停止缩放。

示例 4-23：使用"窗口"缩放命令放大图形对象。

Step 01 单击浮动面板中的"窗口"缩放按钮🔍，在图形左上角位置单击，指定第一个角点，然后向右下方移动光标，拉出一个矩形框指定放大图形的区域，该矩形的中心是新的显示中心，如图 4-99 所示。

Step 02 在合适位置单击，确定其对角点位置，同时 AutoCAD 将尽可能地将该矩形区域内的图形放大以充满整个绘图窗口，如图 4-100 所示。

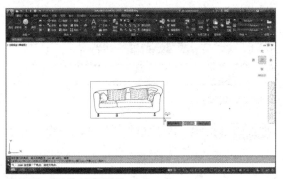

图 4-99 指定放大图形区域

图 4-100 窗口放大图形效果

2. 视窗的平移

在绘制图形的过程中，由于某些图形比较大，在放大进行绘制及编辑时，其余图形对象将不能进行显示，如果要显示绘图区边上或绘图区外的图形对象，但是不想改变图形对象的显示比例时，则可以使用平移视图功能，将图形对象进行移动。

在 AutoCAD 2015 中，用户可以通过以下方法执行"平移"命令。

● 在右侧浮动面板中单击"平移"按钮✋。

● 在命令行中输入快捷命令 P，然后按回车键。

光标指针变为手形形状✋，按住鼠标左键并拖动时形状变为✊，窗口内的图形就可以按移动的方向移动。释放鼠标，返回到平移的等待状态。

✛ 上机实践 ｜ 绘制组合沙发

✛ 实践目的	通过练习本实训，帮助读者掌握拉伸、偏移、修剪、圆角等命令的使用方法。
✛ 实践内容	应用本章所学的知识绘制组合沙发。
✛ 实践步骤	以矩形为基础，绘制圆弧、多段线等，使用本章所学的编辑图形的方式绘制图形，其具体操作过程介绍如下。

Step 01 执行"绘图 > 矩形"命令，绘制 2500mm×900mm 的矩形，执行"修改 > 偏移"命令，将矩形向内偏移 180mm，如图 4-101 所示。

Step 02 执行"修改 > 分解"命令，选择两个矩形作为分解对象，选择内侧矩形的顶边线段，执行"删除"命令，如图 4-102 所示。

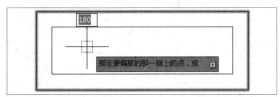

图 4-101 绘制及偏移矩形

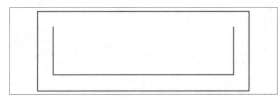

图 4-102 分解矩形并删除线段

Step 03 执行"修改 > 延伸"命令，选择外侧矩形顶边线段为边界，延伸内侧矩形左边和右边的线段，如图 4-103 所示。

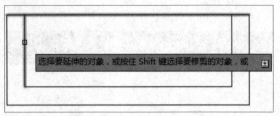

图 4-103　延伸直线

Step 05 按回车键，线段被等分，打开正交模式，捕捉点绘制垂直线段，如图 4-105 所示。

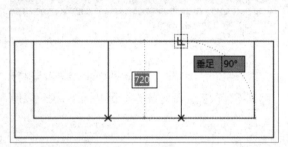

图 4-105　绘制直线

Step 07 执行"绘图 > 三点圆弧"命令，捕捉端点绘制圆弧，位置如图 4-107 所示。

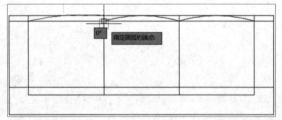

图 4-107　绘制圆弧

Step 09 执行"修改 > 镜像"命令，镜像把手位置的圆弧，根据命令行提示，选择矩形底边线段中点为第一镜像点，垂直位置为第二镜像点，如图 4-109 所示。

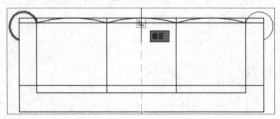

图 4-109　镜像圆弧

Step 04 执行"绘图 > 定数等分"命令，选择内部矩形的底边线段为等分线段，根据命令行提示，输入线段数目为 3，如图 4-104 所示。

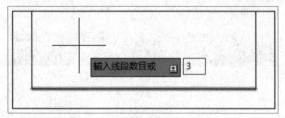

图 4-104　定数等分

Step 06 删除点，然后执行"偏移"命令，将矩形的顶边线段依次向下偏移 50mm、600mm，如图 4-106 所示。

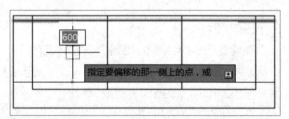

图 4-106　偏移线段

Step 08 继续执行"绘图 > 三点圆弧"命令，绘制把手位置的圆弧，效果如图 4-108 所示。

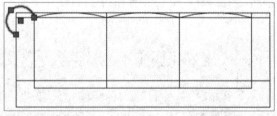

图 4-108　绘制圆弧

Step 10 根据提示，选择不删除源对象，删除顶部的两条水平线段，如图 4-110 所示。

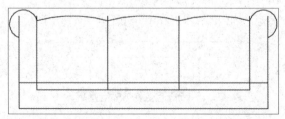

图 4-110　删除线段

Step 11 执行"修改＞修剪"命令，选择所有对象为修剪对象，删除多余的线段，修剪结果如图4-111 所示。

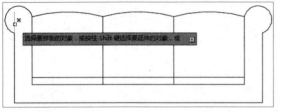

图 4-111 修剪线段

Step 13 按回车键，选择外侧的直角进行圆角处理，如图 1-113 所示。

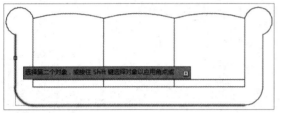

图 4-113 选择圆角对象

Step 15 执行"修改＞复制"命令，复制一个三人沙发，然后执行"修改＞旋转"命令，将沙发旋转 90°，如图 4-115 所示。

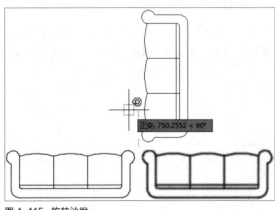

图 4-115 旋转沙发

Step 17 执行"修改＞拉伸"命令，窗交方式选择沙发上侧扶手位置的所有线段，指定圆弧与直线端点位置为基点，指定座椅位置圆弧端点为第二点，如图 4-117 所示。

Step 12 执行"修改＞圆角"命令，指定圆角半径为 180mm，如图 4-112 所示。

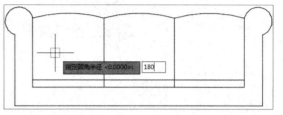

图 4-112 设置圆角半径

Step 14 按回车键重复"圆角"命令，指定圆角半径为 50mm，选择内侧的直角进行圆角处理，如图 4-114 所示。

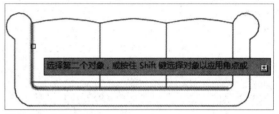

图 4-114 圆角处理

Step 16 执行"移动"命令，将旋转的沙发移动至合适位置，然后执行"删除"命令，删除沙发两个座椅的线段，效果如图 4-116 所示。

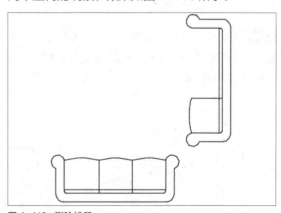

图 4-116 删除线段

Step 18 捕捉沙发底边线段绘制构造线做辅助线，执行"矩形"命令，绘制 600mm×600mm 的矩形作为沙发边柜，在矩形中心位置绘制半径为 200mm 的圆，如图 4-118 所示。

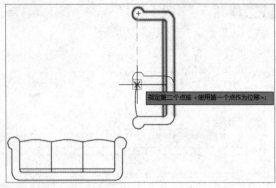

图 4-117 拉伸扶手

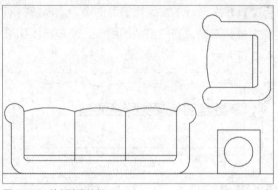

图 4-118 绘制沙发边柜

Step 19 执行"偏移"命令,将圆向内偏移 100mm,然后执行"直线"命令,捕捉圆心绘制两条垂直相交的直线,删除辅助线,如图 4-119 所示。

Step 20 执行"镜像"命令,选择单人沙发和沙发边柜为镜像对象,根据命令行提示选择三人沙发中点位置为镜像点,光标向上移动,即显示镜像结果,如图 4-120 所示。

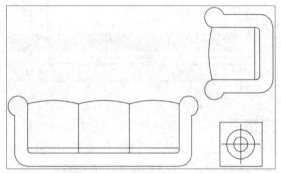

图 4-119 完成沙发边柜的绘制

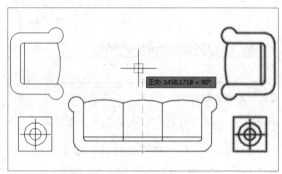

图 4-120 镜像单人沙发和边柜

Step 21 执行"矩形"命令,在中间位置绘制 1000mm×600mm 的矩形作为茶几,执行"偏移"命令,将矩形向内偏移 20mm,然后再执行"直线"命令,在茶几表面上绘制几条倾斜的直线,示意玻璃材质,如图 4-121 所示。

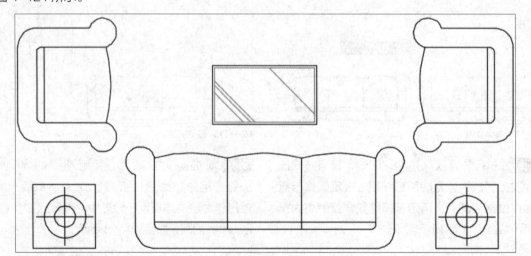

图 4-121 最终效果

课后练习

图形编辑是 AutoCAD 绘制图形中必不可少的一部分。下面再通过一些练习题来温习本章所学的知识点，如阵列、旋转、偏移、镜像等。

1. 选择题

(1) 使用"旋转"命令旋转对象时（　　）。

　　A. 必须指定旋转角度　　　　　　　　　B. 必须指定旋转基点

　　C. 必须使用参考方式　　　　　　　　　D. 可以在三维空间旋转对象

(2) 使用"延伸"命令进行对象延伸时（　　）。

　　A. 必须在二维空间中延伸　　　　　　　B. 可以在三维空间中延伸

　　C. 可以延伸封闭线框　　　　　　　　　D. 可以延伸文字对象

(3) 在执行"圆角"命令时，应先设置（　　）。

　　A. 圆角半径　　　　B. 距离　　　　　　C. 角度值　　　　　　D. 内部块

(4) 使用"拉伸"命令拉伸对象时，不能（　　）。

　　A. 把圆拉伸为椭圆　　　　　　　　　　B. 把正方形拉伸成长方形

　　C. 移动对象特殊点　　　　　　　　　　D. 整体移动对象

2. 填空题

(1) 使用_____命令可以增大或缩小视图区域，而使对象的真实尺寸保持不变。

(2) 偏移图形指对指定圆弧和圆等做_____复制。对于_____而言，由于圆心为无穷远，因此可以平行复制。

(3) 使用_____命令可以按指定的镜像线翻转对象，创建出对称的镜像图形。

3. 上机操作题

(1) 利用"圆角矩形""直线""椭圆"和"圆"命令绘制乒乓球台和球拍，然后利用"偏移""镜像"和"修剪"命令编辑图形，如图 4-122 所示。

(2) 绘制如图 4-123 所示的图形。首先执行"矩形""圆角矩形"和"圆弧"命令绘制一个单人床，然后执行"直线"和"圆"命令绘制床头柜，接着执行"圆角""偏移"命令对图形进行编辑，最后执行"复制"命令，水平复制另一个单人床。

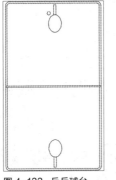

图 4-122 乒乓球台

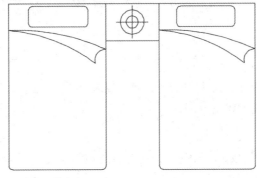

图 4-123 单人床

Chapter 05 为图形填充图案

课题概述 图案填充功能是使用线条或图案来填充指定的图形区域,这样可以清晰表达出指定区域的外观纹理,以增加所绘图形的可读性。

教学目标 本章将主要介绍图形的图案填充,以及创建和管理图案填充的方法,从而让读者了解并掌握在 AutoCAD 2015 中图案填充的操作方法与技巧。

◆ 章节重点	◆ 光盘路径
★★★☆ | 图案填充的可见性	**上机实践:**实例文件 \ 第 5 章 \ 上机实践 \ 绘制书桌
★★★☆ | 编辑图案填充	**课后练习:**实例文件 \ 第 5 章 \ 课后练习
★★☆☆ | "图案填充"选项卡	
★☆☆☆ | 创建图案填充	

✦ 5.1 创建图案填充

在绘图过程中,经常要将某种特定的图案填充到一个封闭的区域内,这就是图案填充。通过下列方法可以执行"图案填充"命令。

● 在"默认"选项卡的"绘图"面板中单击"图案填充"按钮。

● 在命令行中输入快捷命令 H,然后按回车键。

执行"图案填充"命令后,系统将自动打开"图案填充创建"选项卡,如图 5-1 所示。用户可以直接在该选项卡中设置图案填充的边界、图案、特性以及其他属性。

图 5-1 "图案填充创建"选项卡

✦ 5.2 使用"图案填充创建"选项卡

打开"图案填充创建"选项卡后,可根据作图需要,设置相关参数以完成填充操作。其中各面板作用介绍如下。

5.2.1 "边界"面板

"边界"面板是用来选择填充的边界点或边界线段,也可以通过对边界的删除或重新创建等操作来直接改变区域填充的效果。

1. 拾取点

单击"拾取点"按钮,可根据围绕指定点构成封闭区域的现有对象来确定边界。执行"图案填充"命令后,命令行提示内容如下。

```
命令：_hatch
拾取内部点或 [选择对象(S)/放弃(U)/设置(T)]：
```

其中命令行各选项含义介绍如下：

- 拾取内部点：该选项为默认选项，在填充区域左击即可对图形进行图案填充。
- 选择对象：选择该选项，单击图形对象进行图案填充。
- 放弃：选择该选项，可放弃上一次的填充操作。
- 设置：选择该选项，将打开"图案填充和渐变色"对话框，进行参数设置。

2. 选择

单击"选择"按钮，可根据构成封闭区域的选定对象确定边界。使用该按钮时，图案填充命令不自动检测内部对象。必须选择选定边界内的对象，以按照当前孤岛检测样式填充这些对象。每次单击"选择对象"时，图案填充命令将清除上一选择集。

3. 删除

单击"删除"按钮，可以从边界定义中删除之前添加的任何对象。

4. 重新创建

单击"重新创建"按钮，可围绕选定的图案填充或填充对象创建多段线或面域，并使其与图案填充对象相关联。

5.2.2 "图案"面板

该面板用于显示所有预定义和自定义图案的预览图像。打开下拉列表，从中选择图案的类型，如图 5-2 所示。

图 5-2　"图案"面板

5.2.3 "特性"面板

执行图案填充的第一步就是定义填充图案类型。在该面板中，用户可根据需要设置填充方式、填充颜色、填充透明度、填充角度以及填充比例值等功能，如图 5-3 所示。

图 5-3　"特性"面板

其中，常用选项的功能如下所示。

1. 图案填充类型

用于指定是创建实体填充、渐变填充、预定义填充图案，还是创建用户自定义的填充图案。

2. 图案填充颜色或渐变色 1

用于替代实体填充和填充图案的当前颜色，或指定两种渐变色中的第一种，如图 5-4 所示为实体填充。

3. 背景色或渐变色 2

用于指定填充图案背景的颜色，或指定第二种渐变色。"图案填充类型"设定为"实体"时，"渐变色2"不可用。如图 5-5 所示填充类型为渐变色，渐变色 1 为红色，渐变色 2 为黄色。

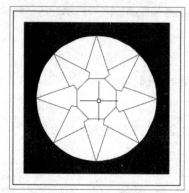

图 5-4　实体填充

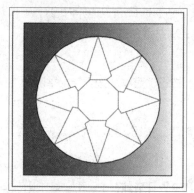

图 5-5　渐变色填充

4. 填充透明度

设定新图案填充或填充的透明度，替代当前对象的透明度。选择"使用当前值"可使用当前对象的透明度设置。

5. 填充角度与比例

"图案填充角度"选项用于指定图案填充或填充的角度（相对于当前 UCS 的 X 轴）。它的有效值为0 到 359。

"填充图案比例"选项用于确定填充图案的比例值，默认比例为 1。用户可以在该文本框中输入相应的比例值来放大或缩小填充的图案。只有将"图案填充类型"设定为"图案"，此选项才可用。

如图 5-6 所示，填充角度为 0°，比例为 8。如图 5-7 所示，填充角度为 45°，比例为 15。

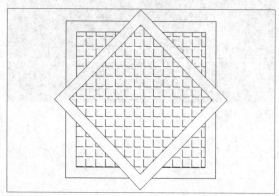

图 5-6　角度为 0，比例为 8

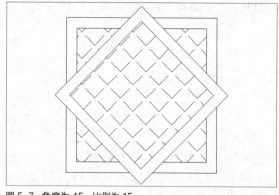

图 5-7　角度为 45，比例为 15

6. 相对图纸空间

相对于图纸空间单位缩放填充图案。使用此选项可以按适合于布局的比例显示填充图案。该选项仅适用于布局。

5.2.4 "原点"面板 ←————————————————————→

该面板用于控制填充图案生成的起始位置。某些图案填充（例如砖块图案）需要与图案填充边界上的一点对齐。默认情况下，所有图案填充原点都对应于当前的 UCS 原点。

5.2.5 "选项"面板 ←————————————————————→

控制几个常用的图案填充或填充选项，如选择是否自动更新图案、自动视口大小调整填充比例值，以及填充图案属性的设置等。

1. 关联

指定图案填充或填充为关联图案填充。关联的图案填充或填充在用户修改其边界对象时将会更新。

2. 注释性

指定图案填充为注释性。此特性会自动完成缩放注释过程，从而使注释能够以正确的大小在图纸上打印或显示。

3. 特性匹配

特性匹配分为使用当前原点和使用源图案填充的原点两种。

- 使用当前原点：使用选定图案填充对象设定图案填充的特性，除图案填充原点外。
- 使用源图案填充的原点：使用选定图案填充对象设定图案填充的特性，其中包括图案填充原点。

4. 创建独立的图案填充

控制当指定多条闭合边界时，是创建单个图案填充对象，还是创建多个图案填充对象。

5. 孤岛

孤岛填充方式属于填充方式中的高级功能。在扩展列表中，该功能分为四种类型。

- 普通孤岛检测：从外部边界向内填充。如果遇到内部孤岛，填充将关闭，直到遇到孤岛中的另一个孤岛，如图 5-8 所示。
- 外部孤岛检测：从外部边界向内填充。此选项仅填充指定的区域，不会影响内部孤岛，如图 5-9 所示。
- 忽略孤岛检测：忽略所有内部的对象，填充图案时将通过这些对象，如图 5-10 所示。
- 无孤岛检测：关闭孤岛检测。

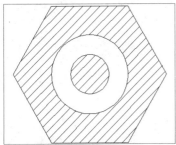 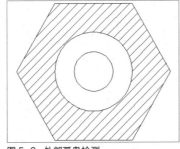 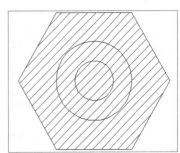

图 5-8　普通孤岛检测　　　　　图 5-9　外部孤岛检测　　　　　图 5-10　忽略孤岛检测

工程师点拨：孤岛的定义

在进行图案填充时，位于一个已定义好的填充区域内的封闭区域称为孤岛。

6. 绘图次序

为图案填充或填充指定绘图次序。图案填充可以放在所有其他对象之后、所有其他对象之前、图案填充边界之后或图案填充边界之前。

- 后置：选中需设置的填充图案，选择"后置"选项，即可将当前填充的图案置于其他图形后方，如图 5-11 所示。
- 前置：同样选择需设置的填充图案，选择"前置"选项，即可将选中的填充图案置于其他图形的前方，如图 5-12 所示。

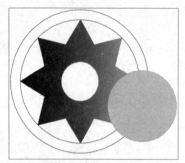

图 5-11　后置示意图

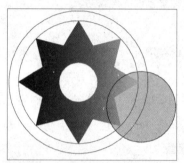

图 5-12　前置示意图

- 置于边界之前：填充的图案置于边界前方，不显示图形边界线，如图 5-13 所示。
- 置于边界之后：填充的图案置于边界后方，显示图形边界线，如图 5-14 所示。

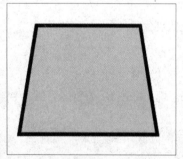

图 5-13　置于边界之前

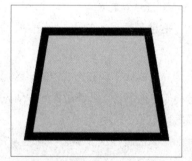

图 5-14　置于边界之后

 工程师点拨：图案填充和渐变色

若要打开"图案填充和渐变色"对话框，可在"图案填充创建"选项卡中，单击"选项"面板右下角按钮，即可打开该对话框，如图 5-15 所示。

- 类型：设置填充图案的类型，包括"预定义""用户定义"和"自定义"三个选项。
- 图案：设置填充的图案。
- 样例：显示当前选中的图案样例。
- 角度：设置填充的图案旋转角度。
- 比例：设置图案填充的比例值。
- 边界：选择填充的边界点或边界线段。

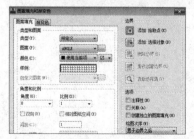

图 5-15　"图案填充和渐变色"对话框

5.3 编辑图案填充

填充图形后，若用户觉得效果不满意，则可通过图案填充编辑命令对其进行修改编辑。

在 AutoCAD 2015 中，用户可通过以下方法执行图案填充编辑命令。

- 单击"图案填充"选项卡中"选项"面板右下角按钮。
- 在命令行中输入 HATCHEDIT，然后按回车键。

选择需要编辑的图案填充对象，执行以上任意一种操作后，都将打开"图案填充编辑"对话框，如图 5-16 所示。

在该对话框中，用户可以修改图案、比例、旋转角度和关联性等，但对定义填充边界和对孤岛操作的按钮不可用。

图 5-16 "图案填充编辑"对话框

另外，也可单击需要编辑的图案填充的图形，打开"图案填充创建"选项卡，如图 5-17 所示。在此可根据需要对图案填充执行相应的编辑操作。

图 5-17 "图案填充创建"选项卡

5.4 控制图案填充的可见性

图案填充的可见性是可以控制的。用户可以用两种方法来控制图案填充的可见性：一种是利用 FILL 命令；另一种是利用图层。

5.4.1 使用 FILL 命令

在命令行中输入 FILL 命令按回车键，此时命令行提示内容如下。

```
命令：FILL
输入模式 [ 开 (ON)/ 关 (OFF)] 〈开〉：
```

此时，如果选择"开"选项，则可以显示图案填充；如果选择"关"选项，则不显示图案填充。如图 5-18 所示为打开图案填充，如图 5-19 所示为关闭图案填充。

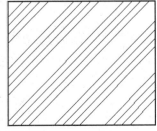

图 5-18 打开图案填充

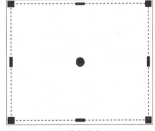

图 5-19 关闭图案填充

工程师点拨：FILL 命令

在使用 FILL 命令设置填充模式后，执行"视图 > 重生成"命令，重新生成图形观察效果。

5.4.2 使用图层控制

利用图层功能，将图案填充单放在一个图层上。当不需要显示该图案填充时，将图案所在图层关闭或者冻结即可。使用图层控制图案填充的可见性时，不同的控制方式会使图案填充与其边界的关联关系有所不同，其特点如下。

- 当图案填充所在的图层被关闭后，图案与其边界仍保持着关联关系。即修改边界后，填充图案会根据新的边界自动调整位置。
- 当图案填充所在的图层被冻结后，图案与其边界脱离关联关系。即修改边界后，填充图案不会根据新的边界自动调整位置。
- 当图案填充所在的图层被锁定后，图案与其边界脱离关联关系。即修改边界后，填充图案不会根据新的边界自动调整位置。

✛ 上机实践　绘制书桌

✛ 实践目的	通过本实训，帮助用户掌握图案填充的操作方法。
✛ 实践内容	应用前面章节学习的内容绘制书桌，结合本章所学的知识使图形更丰富。
✛ 实践步骤	首先用矩形、圆弧、直线等命令绘制书桌、座椅和地毯，然后用偏移、镜像、修剪、图案填充等命令编辑图形，具体操作介绍如下。

Step 01 执行"矩形"命令，绘制尺寸为1200mm×550mm 的矩形作为书桌轮廓，然后执行"偏移"命令，将矩形向内偏移 20mm，如图 5-20 所示。

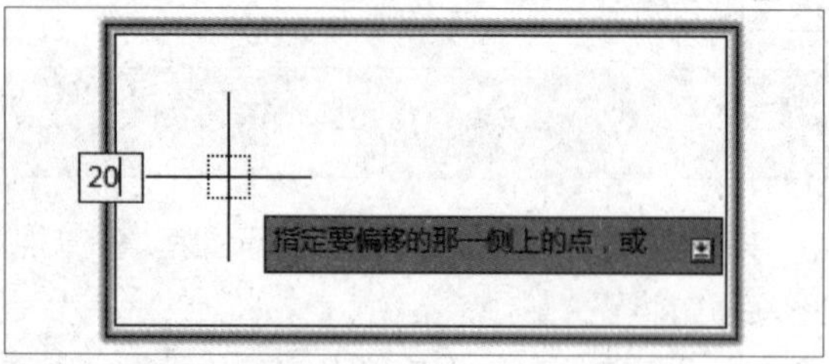

Step 02 继续执行"矩形"命令，绘制尺寸为600mm×250mm 的矩形为装饰板，然后执行"移动"命令，将其与桌面垂直居中对齐，位置如图 5-21 所示。

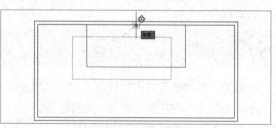

图 5-20　绘制书桌轮廓

图 5-21　绘制装饰板

Step 03 执行"图案填充"命令，单击小矩形内部作为填充部分，如图 5-22 所示。

Step 04 选择 AR-SAND 为填充图案，比例设为2，角度设为 0°，填充结果如图 5-23 所示。书桌部分绘制完成。

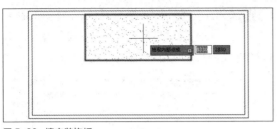

图 5-22 填充装饰板

图 5-23 填充结果

Step 05 执行"矩形"命令,绘制尺寸为 600mm× 600mm 的矩形,执行"偏移"命令,将矩形向内偏移 100mm,如图 5-24 所示。

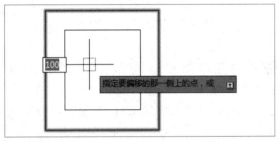

图 5-24 复制餐椅

Step 06 执行"分解"命令,将矩形分解,然后执行"延伸"命令,将内部矩形底边线段延伸,如图 5-25 所示。

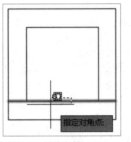

图 5-25 镜像餐椅

Step 07 执行"直线"命令,捕捉矩形端点绘制两条线段,然后执行"打断"命令,将线段打断,位置如图 5-26 所示。

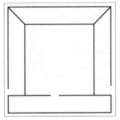

图 5-26 打断线段

Step 08 执行"圆角"命令,圆角半径设为 30mm,选择对象依次将其圆角处理,位置如图 5-27 所示。

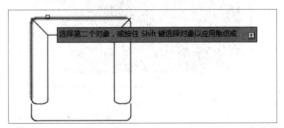

图 5-27 倒圆角

Step 09 执行"修剪"命令,修剪多余的线段,然后执行"拉伸"命令,将顶部两个圆角分别向内拉伸 50mm,如图 5-28 所示。

图 5-28 修剪效果

Step 10 继续执行"拉伸"命令,将底部的两个圆角分别向内拉伸 30mm,选择线段编辑夹点,拉伸至圆弧端点位置,如图 5-29 所示。

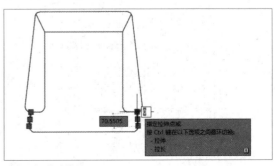

图 5-29 偏移线段

Step 11 执行"移动"命令,将座椅移动至书桌上方垂直居中对齐,如图 5-30 所示。

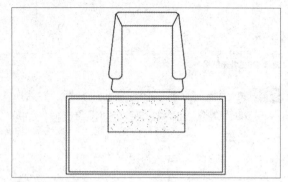

图 5-30 移动效果

Step 13 执行"图像填充"命令,先选择里面的矩形填充,拾取位置如图 5-32 所示。

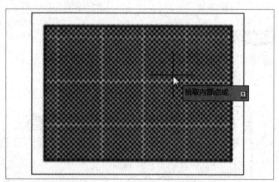

图 5-32 拾取内部点

Step 15 执行"移动"命令,将地毯移动至书桌位置,然后执行"修剪"命令,修剪掉被遮挡的部分,如图 5-34 所示。

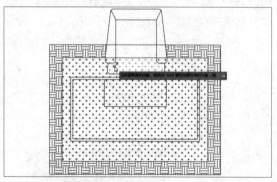

图 5-34 修剪效果

Step 12 执行"矩形"命令,绘制 1640mm×1200mm 的矩形做地毯,执行"偏移"命令,将矩形向内偏移 100mm,如图 5-31 所示。

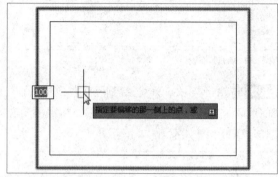

图 5-31 偏移矩形

Step 14 选择 CROSS 图案,设置比例为 5,角度为 0°,重复执行"图像填充"命令,对矩形未重合部分进行图案填充,选择图案 EARTH,设置比例为 10,角度为 0°,如图 5-33 所示。

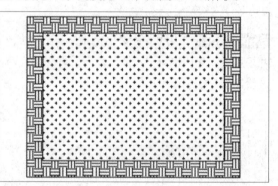

图 5-33 填充效果

Step 16 修剪完毕,按回车键完成书桌的绘制,如图 5-35 所示。

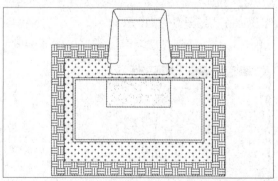

图 5-35 最终效果

课后练习

通过本章的学习，用户能够创建和编辑图案填充。为了能够很好地应用所学知识，下面再进行适当的练习。

1. 选择题

（1）图案填充操作中（　　）。

    A. 只能单击填充区域中任意一点来确定填充区域

    B. 所有的填充样式都可以调整比例和角度

    C. 图案填充可以和原来轮廓线关联或者不关联

    D. 图案填充只能一次生成，不可以编辑修改

（2）孤岛显示样式中以下哪项是不存在的（　　）。

    A. 内部　　　　　　　B. 普通　　　　　　　C. 外部　　　　　　　D. 忽略

（3）下列哪个选项不属于图形实体的通用属性（　　）。

    A. 颜色　　　　　　　B. 图案填充　　　　　C. 线宽　　　　　　　D. 线型比例

（4）在使用 FILL 命令设置填充模式后，需执行"视图"菜单中的哪项命令重新生成图形观察效果（　　）。

    A. 重画　　　　　　　B. 消隐　　　　　　　C. 重生成　　　　　　D. 平移

2. 填空题

（1）在进行图案填充时，通常将位于一个已定义好的填充区域内的封闭区域称为_____。

（2）在"图案填充创建"选项卡中，每种图案的旋转角度开始均为_____。

（3）利用 FILL 命令或系统变量 FILLMODE 控制图案可见性，将命令 FILL 设为_____，或将系统变量 FILLMODE 设为_____，则图形重新生成时，所填充的图案将消失。

3. 上机操作题

（1）使用"圆""矩形""偏移"等命令绘制休闲桌椅，然后使用"图案填充"命令对图形进行填充，棋盘间隔为 70mm，如图 5-36 所示。

（2）使用"矩形""旋转"和"修剪"等命令绘制图案外轮廓，然后使用"图案填充"命令对其进行填充，如图 5-37 所示。

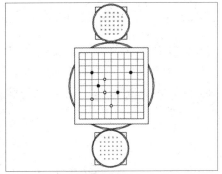

图 5-36　绘制休闲桌椅

图 5-37　绘制瓷砖

<table>
<tr><td>Chapter
06</td><td>块、外部参照及设计中心</td></tr>
</table>

课题概述 在绘制图形时如果图形中有大量相同的内容，或者所绘制的图形与已有的图形文件相似，则可以将重复绘制的图形创建成块然后插入到图形中。用户还可以把已有的图形文件以参照的形式插入到当前图形中（即外部参照），利用设计中心也可插入所需内容。

教学目标 通过对本章内容的学习，用户可以熟悉并掌握块的创建与编辑、块属性的设置、外部参照以及设计中心的应用。

╬ 章节重点	╬ 光盘路径
★★★★ ｜ 外部参照	上机实践：实例文件 \ 第 6 章 \ 上机实践 \ 绘制平面
★★★☆ ｜ 块属性、设计中心	布置图
★★☆☆ ｜ 块的创建与编辑	课后练习：实例文件 \ 第 6 章 \ 课后练习
★☆☆☆ ｜ 块的概念	

6.1 图块的概念和特点

　　块是一个或多个对象形成的对象集合，多用于绘制复杂、重复的图形。当生成块时，可以把处于不同图层上的具有不同颜色、线型和线宽的对象定义为块，使块中的对象仍保持原来的图层和特性信息。在 AutoCAD 中，使用图块具有如下优点。

　　（1）提高绘图速度

　　在绘制图形时，常常要绘制一些重复出现的图形，将这些图形创建成图块，当再次需要绘制它们时就可以用插入块方法实现，即把绘图变成了拼图，从而把大量重复的工作简化，提高绘图速度。

　　（2）便于修改图形

　　建筑工程图纸往往需要多次修改。比如，在建筑设计中要修改标高符号的尺寸，如果每一个标高符号都一一修改，既费时又不方便。但如果原来的标高符号是通过插入块的方法绘制的，那么只要简单地对块进行再定义，就可对图中的所有标高进行修改了。

　　（3）可以添加属性

　　很多块还要求有文字信息以进一步解释其用途。此外，还可以从图中提取这些信息并将它们传送到数据库中。

　　（4）节省存储空间

　　在保存图中每一个对象的相关信息时，如对象的类型、位置、图层、线型及颜色等，这些信息都要占用存储空间。如果一幅图中包含有大量相同的图形，就会占据较大的磁盘空间。但如果把相同的图形事先定义成一个块，绘制它们时直接把块插入到图中的相应位置，这样就能避免重复存储，从而节省存储空间了。

6.2 创建与编辑图块

　　创建块首先要绘制组成块的图形对象，然后用块命令对其实施定义，这样在以后的工作中便可以重复使用该块了。因为块在图中是一个独立的对象，所以编辑块之前要对其进行分解。

6.2.1　创建块

　　内部图块是跟随定义它的图形文件一起保存的，存储在图形文件内部，因此只能在当前图形文件中调用，而不能在其他图形中调用。创建块可以通过以下几种方法来实现。

- 在"默认"选项卡的"块"面板中单击"创建"按钮 。
- 在命令行中输入快捷命令 B，然后按回车键。

　　执行以上任意一种操作后，即可打开"块定义"对话框，如图 6-1 所示。在该对话框中进行相关的设置，即可将图形对象创建成块。

图 6-1 "块定义"对话框

　　该对话框中一些主要选项的含义介绍如下：

- **基点**：该选项区中的选项用于指定图块的插入基点。系统默认图块的插入基点值为（0,0,0），用户可直接在 X、Y 和 Z 数值框中输入坐标相对应的数值，也可以单击"拾取点"按钮，切换到绘图区中指定基点。
- **对象**：该选项区中的选项用于指定新块中要包含的对象，以及创建块之后如何处理这些对象，是保留还是删除选定的对象，或者将它们转换成块实例。
- **方式**：该选项区中的选项用于设置插入后的图块是否允许被分解、是否统一比例缩放等。
- **在块编辑器中打开**：选中该复选框，当创建图块后，可进行"参数""参数集"等选项的设置。

　　示例 6-1：使用"创建"命令创建图块。

Step 01 执行"默认 > 块 > 创建"命令，打开"块定义"对话框，单击"选择对象"按钮，如图 6-2 所示。

Step 02 在绘图窗口中，选取所要创建的图块对象，如图 6-3 所示。

图 6-2 单击"选择对象"按钮

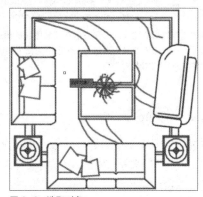

图 6-3 选取对象

113

Step 03 按回车键返回至"块定义"对话框,然后单击"拾取点"按钮,如图 6-4 所示。

Step 04 在绘图窗口中,指定图形一点为块的基准点,如图 6-5 所示。

图 6-4 单击"拾取点"按钮

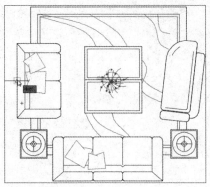

图 6-5 指定基准点

Step 05 选择好后,返回到对话框,输入块名称"组合沙发",将"块单位"设置为"毫米",如图 6-6 所示。

Step 06 单击"确定"按钮即可完成图块的创建,选择创建好的图块,效果如图 6-7 所示。

图 6-6 输入块名称并设置单位

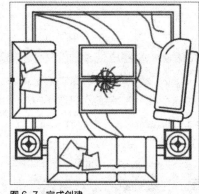

图 6-7 完成创建

工程师点拨:"块定义"对话框

在"插入"选项卡的"块定义"面板中单击"创建块"按钮,也可以打开"块定义"对话框。

工程师点拨:外部图块与内部图块的区别

用创建内部块命令定义的图块只能在定义图块的图形中调用,而不能在其他图形中调用。创建外部块命令可将图形文件中的整个图形、内部块或某些实体写入一个新的图形文件,其他图形文件均可以将它作为块调用,创建外部块命令定义的图块是一个独立存在的图形文件。

6.2.2 存储块

存储图块是将块、对象或者某些图形文件保存到独立的图形文件中,又称为外部块。在 AutoCAD 2015 中,使用"写块"命令,可以将文件中的块作为单独的对象保存为一个新文件,被保存的新文件可以被其他对象使用。用户可以通过以下方法执行"写块"命令。

- 在"插入"选项卡的"块定义"面板中单击"写块"按钮 。
- 在命令行中输入快捷命令 W,然后按回车键。

执行以上任一操作后，即可打开"写块"对话框，如图 6-8 所示。在该对话框中可以设置组成块的对象来源，其主要选项的含义介绍如下：

- 块：将创建好的块写入磁盘。
- 整个图形：将全部图形写入图块。
- 对象：指定需要写入磁盘的块对象，用户可根据需要使用"基点"选项组设置块的插入基点位置；使用"对象"选项组设置组成块的对象。

此外，在该对话框的"目标"选项组中，用户可以指定文件的新名称和新位置，以及插入块时所用的测量单位。

图 6-8 "写块"对话框

6.2.3 插入块

当图形被定义为块后，可使用"插入块"命令直接将图块插入到图形中。插入块时可以一次插入一个，也可一次插入呈矩形阵列排列的多个块参照。

在 AutoCAD 2015 中，用户可以通过以下方法执行"插入块"命令。

- 在"默认"选项卡的"块"面板中单击"插入"按钮🖼。
- 在命令行中输入快捷命令 I，然后按回车键。

执行以上任意一种操作后，即可打开"插入"对话框，如图 6-9 所示。利用该对话框可以把用户创建的内部图块插入到当前的图形中，或者把创建的图块从外部插入到当前的图形中。

该对话框中各主要选项的含义如下：

- 名称：用于选择块或图形的名称。单击其后的"浏览"按钮，可打开"选择图形文件"对话框，从中选择图块或外部文件，如图 6-10 所示。
- 插入点：用于设置块的插入点位置。
- 比例：用于设置块的插入比例。"统一比例"复选框用于确定插入块在 X、Y、Z 这 3 个方向的插入块比例是否相同。勾选该复选框，表示比例相同，即只需要在 X 文本框中输入比例值即可。
- 旋转：用于设置块插入时的旋转角度。
- 分解：用于将插入的块分解成组成块的各基本对象。

图 6-9 "插入"对话框

图 6-10 "选择图形文件"对话框

6.3 编辑与管理块属性

块的属性是块的组成部分，是包含在块定义中的文字对象，在定义块之前，要先定义该块的每个属性，然后将属性和图形一起定义成块。

6.3.1 块属性的特点

用户可以在图形绘制完成后（甚至在绘制完成前），调用 ATTEXT 命令将块属性数据从图形中提取出来，并将这些数据写入到一个文件中，这样就可以从图形数据库文件中获取数据信息。属性块具有如下特点。

- 块属性由属性标记名和属性值两部分组成。如可以把 Name 定义为属性标记名，而具体的姓名 Mat 就是属性值，即属性。
- 定义块前，应先定义该块的每个属性，即规定每个属性的标记名、属性提示、属性默认值、属性的显示格式（可见或不可见）及属性在图中的位置等。一旦定义了属性，该属性将以其标记名在图中显示出来，并保存有关信息。
- 定义块时，应将图形对象和表示属性定义的属性标记名一起用来定义块对象。
- 插入有属性的块时，系统将提示用户输入需要的属性值。插入块后，属性用它的值表示。因此，同一个块在不同点插入时，可以有不同的属性值。如果属性值在属性定义时规定为常量，系统将不再询问它的属性值。
- 插入块后，用户可以改变属性的显示可见性，对属性作修改，把属性单独提取出来写入文件，以统计、制表使用，还可以与其他高级语言或数据库进行数据通信。

6.3.2 创建并使用带有属性的块

属性块是由图形对象和属性对象组成的。对块增加属性，就是使块中的指定内容可以变化。要创建一个块属性，用户可以使用"定义属性"命令，先建立一个属性定义来描述属性特征，包括标记、提示符、属性值、文本格式、位置以及可选模式等。

在 AutoCAD 2015 中，用户可以通过以下方法执行"定义属性"命令。

- 在"默认"选项卡的"块"面板中单击"定义属性"按钮。
- 在命令行中输入 ATTDEF，然后按回车键。

执行以上任意一种操作后，系统将自动打开"属性定义"对话框，如图 6-11 所示。

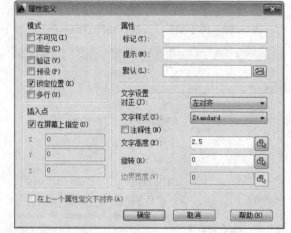

图 6-11 "属性定义"对话框

工程师点拨：插入块

插入块或图形文件时，用户一般需要确定块的四组特性参数：插入的块名、插入点位置、插入比例系数和旋转角度。

该对话框中各选项的含义介绍如下。

1. 模式

"模式"选项组用于在图形中插入块时，设定与块关联的属性值选项。

- 不可见：指定插入块时不显示或打印属性值。
- 固定：在插入块时赋予属性固定值。勾选该复选框，插入块时属性值不发生变化。
- 验证：插入块时提示验证属性值是否正确。勾选该复选框，插入块时系统将提示用户验证所输入的属性值是否正确。
- 预设：插入包含预设属性值的块时，将属性设定为默认值。勾选该复选框，插入块时，系统将把"默认"文本框中输入的默认值自动设置为实际属性值，不再要求用户输入新值。
- 锁定位置：锁定块参照中属性的位置。解锁后，属性可以相对于使用夹点编辑的块的其他部分移动，并且可以调整多行文字属性的大小。
- 多行：指定属性值可以包含多行文字。选定此选项后，可以指定属性的边界宽度。

2. 属性

"属性"选项组用于设定属性数据。

- 标记：标识图形中每次出现的属性。
- 提示：指定在插入包含该属性定义的块时显示的提示。如果不输入提示，属性标记将用作提示。如果在"模式"区域选择"常数"模式，"属性提示"选项将不可用。
- 默认：指定默认属性值。单击后面的"插入字段"按钮，显示"字段"对话框，可以插入一个字段作为属性的全部或部分值；选定"多行"模式后，显示"多行编辑器"按钮，单击此按钮将弹出具有"文字格式"工具栏和标尺的文字编辑器。

3. 插入点

"插入点"选项组用于指定属性位置。输入坐标值或者选择"在屏幕上指定"，并使用定点设备根据与属性关联的对象指定属性的位置。

4. 文字设置

"文字设置"选项组用于设定属性文字的对正、样式、高度和旋转角度。

- 对正：用于设置属性文字相对于参照点的排列方式。
- 文字样式：指定属性文字的预定义样式。显示当前加载的文字样式。
- 注释性：指定属性为注释性。如果块是注释性的，则属性将与块的方向相匹配。
- 文字高度：指定属性文字的高度。
- 旋转：指定属性文字的旋转角度。
- 边界宽度：换行至下一行前，指定多行文字属性中一行文字的最大长度。此选项不适用于单行文字属性。

5. 在上一个属性定义下对齐

该选项用于将属性标记直接置于之前定义的属性的下面。如果之前没有创建属性定义，则此选项不可用。

6.3.3 块属性管理器

当图块中包含属性定义时，属性将作为一种特殊的文本对象一同被插入。此时即可使用"块属性管理器"工具编辑之前定义的块属性，然后使用"增强属性编辑器"工具对属性标记赋予新值，使之符合相似图形对象的设置要求。

1."块属性管理器"对话框

当编辑图形文件中多个图块的属性定义时，可以使用"块属性管理器"对话框重新设置属性定义的构成、文字特性和图形特性等属性。

在"插入"选项卡的"块定义"面板中单击"管理属性"按钮，将打开"块属性管理器"对话框，如图 6-12 所示。

在该对话框中各选项含义介绍如下：

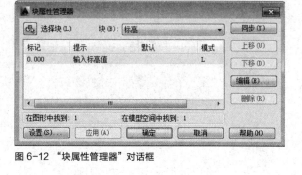

图 6-12 "块属性管理器"对话框

- 块：列出具有属性的当前图形中的所有块定义。选择要修改属性的块。
- 属性列表：显示所选块中每个属性的特性。
- 同步：更新具有当前定义的属性特性的选定块的全部实例。
- 上移：在提示序列的早期阶段移动选定的属性标签。选定固定属性时，"上移"按钮不可用。
- 下移：在提示序列的后期阶段移动选定的属性标签。选定常量属性时，"下移"按钮不可用。
- 编辑：可打开"编辑属性"对话框，从中可以修改属性特性，如图 6-13 所示。
- 删除：从块定义中删除选定的属性。
- 设置：打开"块属性设置"对话框，从中可以自定义"块属性管理器"中属性信息的列出方式，如图 6-14 所示。

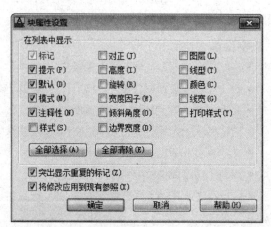

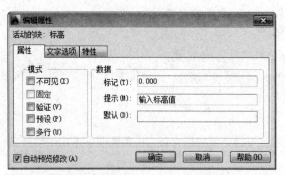

图 6-13 "编辑属性"对话框

图 6-14 "块属性设置"对话框

 工程师点拨："块属性管理器"对话框

图形文件中必须包含带属性的块，才能打开"块属性管理器"对话框，输入 BATTMAN 命令，命令行会提示图形是否包含带属性的块。

2. "增强属性编辑器"对话框

增强属性编辑器功能主要用于编辑块中定义的标记和值属性，与块属性管理器设置方法基本相同。

在"插入"选项卡的"块"面板中单击"编辑属性"下拉按钮，在展开的下拉列表中单击"单个"按钮 ，然后选择属性块，或者直接双击属性块，都将打开"增强属性编辑器"对话框，如图 6-15 所示。

在该对话框中可指定属性块标记，在"值"文本框为属性块标记赋予值。此外，还可以分别利用"文字选项"和"特性"选项卡设置图块不同的文字格式和特性，如更改文字的格式、文字的图层、线宽以及颜色等属性。

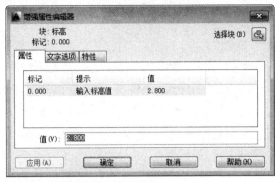

图 6-15　"增强属性编辑器"对话框

> **工程师点拨："块属性管理器"和"增强属性编辑器"的区别**
>
> "块属性管理器"用于编辑块定义，"而增强属性编辑器"使您能够编辑单个块中的属性。

6.4　外部参照的使用

外部参照是指在绘制图形过程中，将其他图形以块的形式插入，并且可以作为当前图形的一部分。外部参照和块不同，外部参照提供了一种更为灵活的图形引用方法。使用外部参照可以将多个图形链接到当前图形中，并且作为外部参照的图形会随着原图形的修改而更新。

6.4.1　附着外部参照

要使用外部参照图形，先要附着外部参照文件。在"插入"选项卡的"参照"面板中单击"附着"按钮 ，打开"参照文件"对话框，选择合适的文件，单击"打开"按钮，即可打开"附着外部参照"对话框，如图 6-16 所示。从中可将图形文件以外部参照的形式插入到当前的图形中。

在"附着外部参照"对话框中，各主要选项的含义介绍如下：

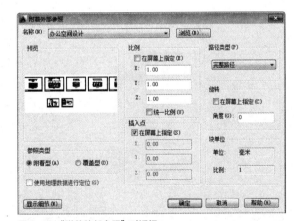

图 6-16　"附着外部参照"对话框

- 浏览：单击该按钮将打开"选择参照文件"对话框，可为当前图形选择新的外部参照。
- 参照类型：用于指定外部参照为"附着型"还是"覆盖型"。与"附着型"的外部参照不同，当选择"附着型"作为外部参照附着到另一图形时，将忽略该覆盖型外部参照。
- 比例／插入点：比例用于指定所选外部参照的比例因子；插入点用于指定所选外部参照的插入点。
- 路径类型：设置是否保存外部参照的完整路径。如果选择该选项，外部参照的路径将保存到数据库中，否则将只保存外部参照的名称而不保存其路径。
- 旋转：为外部参照引用指定旋转角度。

6.4.2 裁剪外部参照

附加一个图形作为外部参照后，可通过"裁剪"外部参照命令来定义一个截取边界，定义的截取边界可以只显示一部分的外部参照，并压缩边界外几何对象的显示。可以通过以下方式执行"裁剪"外部参照命令。

● 在"插入"选项卡的"参照"面板中单击"裁剪"按钮 。

● 在命令行中输入 XCLIP 命令，然后按回车键。

执行以上任意一种操作后，可出现如图 6-17 所示的快捷菜单。该菜单中一些主要选项的含义介绍如下：

● 剪裁深度：设置剪裁深度时，可根据命令行提示分别指定前、后剪裁点，或直接指定前后剪裁到边界的距离。

● 删除剪裁边界：如果不再需要外部参照的剪裁边界的时候，可以将其删除。

● 新建边界：指定矩形窗口的剪裁边界或选择多段线、多边形来定义剪裁边界。

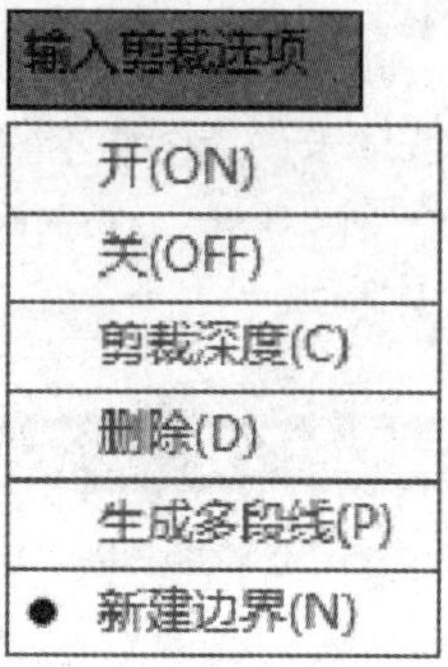

输入剪裁选项
开(ON)
关(OFF)
剪裁深度(C)
删除(D)
生成多段线(P)
● 新建边界(N)

图 6-17 裁剪的快捷菜单

示例 6-2：使用"裁剪"外部参照命令来截取边界。

Step 01 执行"插入 > 参照 > 裁剪"命令，根据命令行提示，选择所有图形为裁剪对象，按回车键选择"新建边界"选项，如图 6-18 所示。

Step 02 根据提示选择"矩形"选项，选择要保留的部分，如图 6-19 所示。

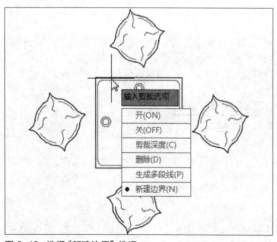

图 6-18 选择"新建边界"选项

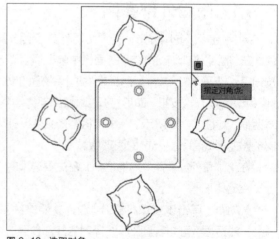

图 6-19 选取对象

Step 03 选择修剪后结果，如图 6-20 所示。

Step 04 单击箭头部分，显示结果如图 6-21 所示。

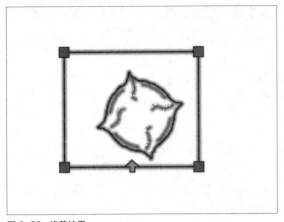

图 6-20　修剪结果

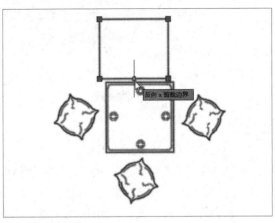

图 6-21　反向边界

6.5　设计中心的使用

通过 AutoCAD 设计中心用户可以访问图形、块、图案填充及其他图形内容，可以将原图形中的任何内容拖动到当前图形中使用。还可以在图形之间复制、粘贴对象属性，以避免重复操作。

6.5.1　"设计中心"选项板

"设计中心"选项板用于浏览、查找、预览以及插入内容，包括块、图案填充和外部参照。

在 AutoCAD 2015 中，用户可以通过以下方法打开如图 6-22 所示的选项板。

- 在"视图"选项卡的"选项板"面板中单击"设计中心"按钮 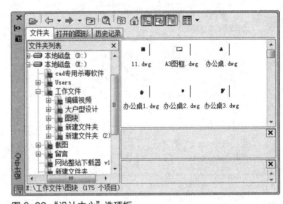。
- 按 Ctrl+2 组合键。

图 6-22　"设计中心"选项板

从上图 6-22 中可以看到，"设计中心"选项板主要由工具栏、选项卡、内容窗口、树状视图窗口、预览窗口和说明窗口 6 个部分组成。

1. 工具栏

工具栏控制着树状图和内容区中信息的显示。各选项作用如下：

- 加载：显示"加载"对话框（标准文件选择对话框）。使用"加载"浏览本地和网络驱动器或 Web 上的文件，然后选择内容加载到内容区域。
- 上一级：单击该按钮将会在内容窗口或树状视图中显示上一级内容、内容类型、内容源、文件夹、驱动器等。
- 主页：将设计中心返回到默认文件夹。可以使用树状图中的快捷菜单更改默认文件夹。

- 树状图切换：显示和隐藏树状视图。若绘图区域需要更多的空间，则可以隐藏树状图。树状图隐藏后，可以使用内容区域浏览容器并加载内容。在树状图中使用"历史记录"列表时，"树状图切换"按钮不可用。
- 预览：显示和隐藏内容区域窗格中选定项目的预览。
- 说明：显示和隐藏内容区域窗格中选定项目的文字说明。

2. 选项卡

设计中心共有三个选项卡组成，分别为"文件夹""打开的图形"和"历史记录"。

- 文件夹：该选项卡可方便地浏览本地磁盘或局域网中所有的文件夹、图形和项目内容。
- 打开的图形：该选项卡显示了所有打开的图形，以便查看或复制图形内容。
- 历史记录：该选项卡主要用于显示最近编辑过的图形名称及目录。

6.5.2 插入设计中心内容

通过 AutoCAD 2015 设计中心，可以很方便地在当前图形中插入图块、引用图像和外部参照，及在图形之间复制图层、图块、线型、文字样式、标注样式和用户定义等内容。

打开"设计中心"对话框，在"文件夹列表"中，查找文件的保存目录，并在内容区域选择需要插入为块的图形，右击鼠标，在打开的快捷菜单中选择"插入为块"命令，如图 6-23 所示。打开"插入"对话框，从中进行相应的设置，单击"确定"按钮即可，如图 6-24 所示。

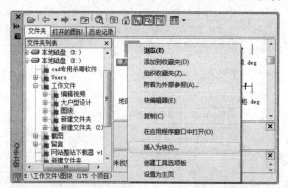

图 6-23 选择"插入为块"命令

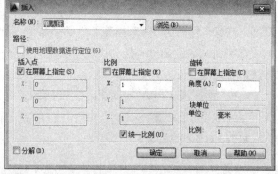

图 6-24 "插入"对话框

工程师点拨："设计中心"的作用

(1) 浏览不同图形内容源，从经常打开的图形文件到网页上的符号库。

(2) 查看图形文件中的对象（例如块和图层）的定义，将定义插入、附着、复制和粘贴到当前图形中。

(3) 创建指向常用图形、文件夹和 Internet 地址的快捷方式。

(4) 在本地和网络驱动器上查找图形内容。

(5) 将图形文件（DWG）从控制板拖放到绘图区域中即可打开图形。

(6) 将光栅文件从控制板拖放到绘图区域中即可查看和附着光栅图像。

(7) 通过在大图标、小图标、列表和详细资料视图之间切换控制板的内容显示，也可以在控制板中显示预览图像和图形内容的说明文字。

上机实践 │ 绘制平面布置图

- **实践目的**　通过本实训练习使用"插入"命令插入块，或运用"设计中心"插入块等操作。
- **实践内容**　应用本章所学的知识绘制平面布置图。
- **实践步骤**　首先打开所需的户型图文件，然后用"插入"命令或"设计中心"选项板在图形中插入图块，具体操作介绍如下。

Step 01 打开"实例文件 \ 上机实践 \ 第 6 章 \ 户型图 .dwg"文件，如图 6-25 所示。

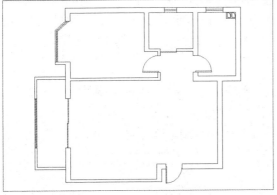

图 6-25　打开户型图

Step 03 打开"选择图形文件"对话框，选择"双人床"图形文件，然后单击"打开"按钮，如图 6-27 所示。

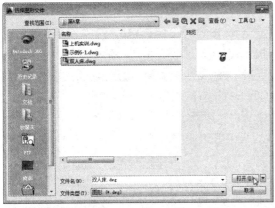

图 6-27　选择打开的文件

Step 05 执行"矩形"命令，绘制 1860mm×550mm 的矩形，执行"偏移"命令，将矩形向内偏移 20mm，然后绘制相交的两条直线，完成衣柜的绘制，如图 6-29 所示。

Step 02 单击"常用"选项卡"块"面板中的"插入"按钮，在打开的"插入"对话框中，单击"浏览"按钮，如图 6-26 所示。

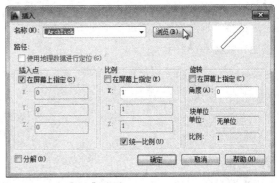

图 6-26　打开"插入"对话框

Step 04 返回上一对话框，单击"确定"按钮，在绘图窗口中指定基点，将插入的图形对象放置于合适位置，如图 6-28 所示。

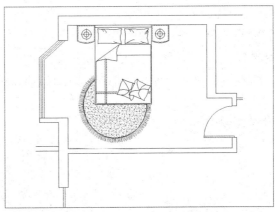

图 6-28　插入双人床

Step 06 按照同样的操作方法，绘制尺寸为 4260mm×550mm 的柜子，并将其放置在客厅沙发背景墙位置，如图 6-30 所示。

123

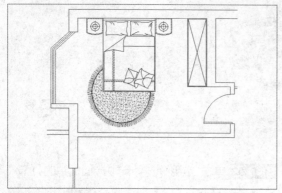

图 6-29 绘制衣柜

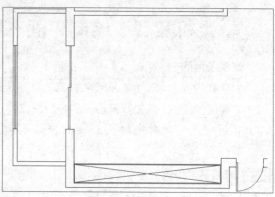

图 6-30 绘制客厅柜子

Step 07 执行"插入"命令，再次打开"插入"对话框。单击"浏览"按钮，打开相应的对话框，然后选择"组合沙发"图形文件，再单击"打开"按钮，如图 6-31 所示。

Step 08 返回上一对话框，单击"确定"按钮，在绘图区窗口中指定基点，将插入的图形对象放置于合适位置，如图 6-32 所示。

图 6-31 选择图形文件

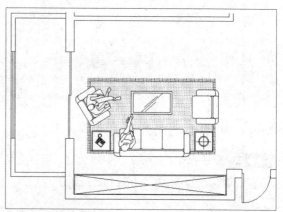

图 6-32 插入组合沙发

Step 09 执行"矩形"和"直线"命令，绘制电视柜和鞋柜，然后执行"插入"命令，将"电视机"图块插入至电视柜合适位置，如图 6-33 所示。

Step 10 按 Ctrl+2 组合键，打开"设计中心"选项板，在左侧树状图中，打开相关文件夹，单击想要选中的文件，程序将显示该文件的预览图像，如图 6-34 所示。

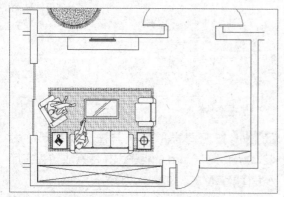

图 6-33 绘制电视柜和鞋柜并插入电视机

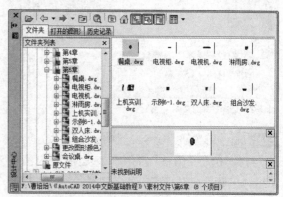

图 6-34 选择图形文件

Step 11 右击图形文件，然后从快捷菜单中选择"插入为块"命令，如图 6-35 所示。

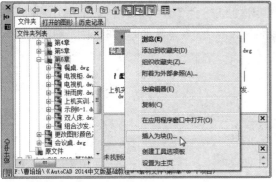

图 6-35 选择"插入为快"命令

Step 13 在绘图窗口中指定基点，将"餐桌"图形放置于合适位置，如图 6-37 所示。

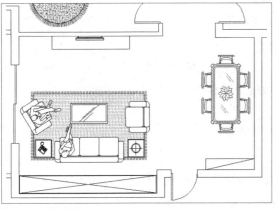

图 6-37 插入餐桌

Step 15 执行"插入"命令，将水槽放置于合适的位置，如图 6-39 所示。

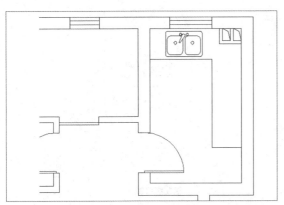

图 6-39 插入水槽

Step 12 系统将弹出"插入"对话框，然后单击"确定"按钮，如图 6-36 所示。

图 6-36 打开"插入"对话框

Step 14 执行"偏移"和"修剪"命令，绘制宽为 600mm 的橱柜台面，留出 700mm 长度放置冰箱，如图 6-38 所示。

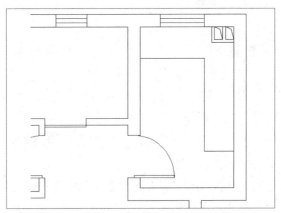

图 6-38 绘制橱柜台面

Step 16 继续执行"插入"命令，将其他图形对象插入到当前户型图合适位置，如图 6-40 所示。至此，完成该平面布置图的绘制。

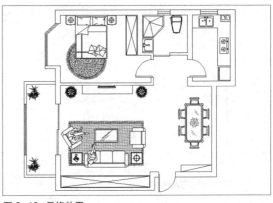

图 6-40 最终效果

课后练习

在绘图过程中常常需要绘制一些重复的、经常使用的图形，为了避免重复绘制一些常用图形，提高绘图效率，AutoCAD 提供了一项功能，即将图形创建成块，在需要的时候插入图形即可。

1. 选择题

(1) AutoCAD 中块定义属性的快捷键是（　　）。

    A. Ctrl+1　　　　　　　B. W　　　　　　　　C. ATT　　　　　　　　D. B

(2) 下列哪个项目不能用块属性管理器进行修改（　　）。

    A. 属性的可见性　　　　　　　　　　　　B. 属性文字如何显示

    C. 属性所在的图层和属性行的颜色、宽度及类型　　　D. 属性的个数

(3) 创建对象编组和定义块的不同在于（　　）。

    A. 是否定义名称　　　　　　　　　　　　B. 是否选择包含对象

    C. 是否有基点　　　　　　　　　　　　　D. 是否有说明

(4) 在 AutoCAD 中，打开"设计中心"选项板的快捷键是（　　）。

    A. Ctrl+1　　　　　B. Ctrl+2　　　　　C. Ctrl+3　　　　　　D. Ctrl+4

2. 填空题

(1) 块是一个或多个对象组成的_____，常用于绘制复杂、重复的图形。

(2) 使用_____命令，可以将文件中的块作为单独的对象保存为一个新文件，被保存的新文件可以被其他对象使用。

(3) _____功能主要用于编辑块中定义的标记和值属性。

3. 上机操作题

(1) 块的使用不仅提高了绘图效率，还节省了存储空间，便于修改图形并能够为其添加相应的属性。下面将衣服、包、被子等图块插入到衣柜中，如图 6-41 所示。

(2) 利用"设计中心"选项板，将餐椅外部参照至餐桌旁，然后对其进行复制、旋转、镜像设置，并摆放在合适位置，如图 6-42 所示。

图 6-41　插入块

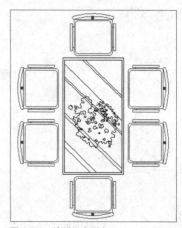

图 6-42　绘制组合餐桌

Chapter 07 文本标注与编辑

课题概述 文字对象是 AutoCAD 图形中很重要的图形元素，是建筑绘图中不可缺少的组成部分。添加文字标注的目的是为了表达各种信息，如使用材料列表或添加技术要求等都需要使用到文字注释。

教学目标 通过对本章内容的学习，用户可以熟悉并掌握文字标注与编辑、文字样式的设置、单行和多行文本的应用等内容，从而轻松绘制出更加完善的图纸。

✦ 章节重点	✦ 光盘路径
★★★★｜编辑多行文本	**上机实践：**实例文件＼第 7 章＼上机实践＼在图纸中
★★★☆｜创建多行文本、编辑单行文本	插入文字注释
★★☆☆｜创建单行文本	**课后练习：**实例文件＼第 7 章＼课后练习
★★☆☆｜创建和编辑文字样式	

✛ 7.1　创建文字样式

在进行文字标注之前，应先对文字样式进行设置，从而方便、快捷地对图形对象进行标注，得到统一、标准、美观的文字注释。定义文字样式包括选择字体文件，设置文字高度、宽度比例等。

在 AutoCAD 2015 中，可以使用"文字样式"对话框来创建和修改文本样式。用户可以通过以下方法打开"文字样式"对话框。

● 在"默认"选项卡的"注释"面板中单击"文字样式"按钮 Ａ 。

● 在"注释"选项卡的"文字"面板中单击右下角箭头 ↘ 。

● 在命令行中输入快捷命令 ST，然后按回车键。

执行以上任意一种操作后，都将打开"文字样式"对话框，如图 7-1 所示。在该对话框中，用户可创建新的文字样式，也可对已定义的文字样式进行编辑。

图 7-1　"文字样式"对话框

　工程师点拨：为何不能删除 Standard 文字样式

Standard 是 AutoCAD 默认的文字样式，既不能删除，也不能重命名。另外，当前图形文件中正在使用的文字样式不能删除。

7.1.1 设置样式名

在 AutoCAD 2015 中,对文字样式名的设置包括新建文本样式名,以及对已定义的文字样式更改名称。其中,"新建"和"删除"按钮的作用如下。

- 新建:用于创建新文字样式。单击该按钮,打开"新建文字样式"对话框,如图 7-2 所示。在该对话框的"样式名"文本框中输入新的样式名,然后单击"确定"按钮即可。
- 删除:用于删除在样式名下拉列表中所选择的文字样式。单击此按钮,在弹出的对话框中单击"确定"按钮即可,如图 7-3 所示。

图7-2 "新建文字样式"对话框

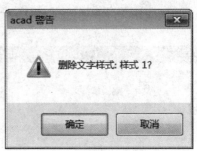

图7-3 单击"确定"按钮

7.1.2 设置字体

在 AutoCAD 2015 中,对文本字体的设置主要是指选择字体文件和定义文字的高度。系统中可使用的字体文件分为两种:一种是普通字体,即 TrueType 字体文件;另一种是 AutoCAD 特有的字体文件(.shx)。

在"字体"和"大小"选项组中,各选项功能介绍如下:

- 字体名:在该下拉列表中,列出了 Windows 注册的 TrueType 字体文件和 AutoCAD 特有的字体文件(.shx)。
- 字体样式:指定字体格式,比如斜体、粗体或者常规字体。选定"使用大字体"后,该选项变为"大字体",用于选择大字体文件。
- 使用大字体:指定亚洲语言的大字体文件。只有(.shx)文件可以创建"大字体"。
- 注释性:指定文字为注释性。
- 使文字方向与布局匹配:指定图纸空间视口中的文字方向与布局方向匹配。如果未选择"注释性"选项,则该选项不可用。
- 高度:用于设置文字的高度。AutoCAD 2015 的默认值为 0,如果设置为默认值,在文本标注时,AutoCAD 2015 定义文字高度为 2.5mm,用户可重新进行设置。

在字体名中,有一类字体前带有 @,如果选择了该类字体样式,则标注的文字效果为向左旋转 90°的样式。

 工程师点拨:中文标注前提

AutoCAD 2015 中加强了对中文字体的显示效果,比如宋体。以前的版本中,如果图纸有大量的 Windows 字体,运行速度明显变慢。

7.1.3　设置文本效果 ←

在 AutoCAD 2015 中，对修改字体的特性，例如高度、宽度因子、倾斜角以及是否颠倒显示、反向或垂直对齐均可轻松设置。"效果"选项组中各选项功能介绍如下：

- 颠倒：颠倒显示字符。用于将文字旋转 180°，如图 7-4 所示。
- 反向：用于将文字以镜像方式显示，如图 7-5 所示。

图 7-4　颠倒效果

图 7-5　反向效果

- 垂直：显示垂直对齐的字符。只有在选定字体支持双向时"垂直"才可用。TrueType 字体的垂直定位不可用。
- 宽度因子：设置字符间距。输入小于 1.0 的值将压缩文字，输入大于 1.0 的值则扩大文字。如图 7-6 所示字体的宽度为 1.3。
- 倾斜角度：设置文字的倾斜角。输入一个 -85 和 85 之间的值将使文字倾斜。如图 7-7 所示字体的倾斜角度为 30。

图 7-6　宽度为 1.3

图 7-7　倾斜角度为 30

工程师点拨：设置"颠倒"和"反向"文字效果范围

在"效果"选项组中进行的"颠倒"和"反向"文字效果设置只限于单行文字标注。

7.1.4　预览与应用文本样式 ←

在 AutoCAD 2015 中，对文字样式的设置效果可在"文字样式"对话框的相应区域进行预览。单击"应用"按钮，将当前设置的文字样式应用到 AutoCAD 正在编辑的图形中，作为当前文字样式。

- 应用：用于将当前的文字样式应用到 AutoCAD 正在编辑的图形中。
- 取消：放弃文字样式的设置，并关闭"文字样式"对话框。
- 关闭：关闭"文字样式"对话框，同时保存对文字样式的设置。

示例 7-1： 定义名为"文字标注"的文字样式，字体为宋体，字高为 8，宽度为 2。

Step 01 执行"注释 > 文字样式"命令，打开"文字样式"对话框，单击"新建"按钮，如图 7-8 所示。

Step 02 打开"新建文字样式"对话框，输入样式名"文字标注"，如图 7-9 所示。

图 7-8　单击"新建"按钮

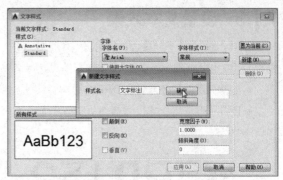

图 7-9　输入样式名

Step 03 单击"确定"按钮返回到上一对话框，在"字体名"下拉列表中选择"宋体"，如图 7-10 所示。

Step 04 设置高度为 20，宽度因子为 1.5，如图 7-11 所示。

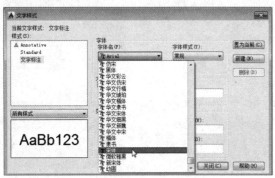

图 7-10　选择字体名

图 7-11　设置高度和宽度因子

Step 05 依次单击"应用""置为当前""关闭"按钮，即可完成文字样式的创建，如图 7-12 所示。

Step 06 在命令行中输入 text 命令，输入文字内容"AutoCAD 2015"，如图 7-13 所示。命令行提示内容如下。

```
命令：_text
当前文字样式："文字标注" 文字高度： 20.0000 注释性： 否 对正： 左
指定文字的起点 或 [对正(J)/样式(S)]:
指定文字的旋转角度 <0>:
```

图 7-12　单击"置为当前"按钮

图 7-13　输入文字内容

7.2　创建与编辑单行文本

单行文字就是将每一行作为一个文字对象，一次性地在图纸中的任意位置添加所需的文本内容，并且可对每个文字对象进行单独修改。下面将向用户介绍单行文本的标注与编辑，以及在文本标注中使用控制符输入特殊字符的方法。

7.2.1　创建单行文本

在 AutoCAD 2015 中，用户可以通过以下方法执行"单行文字"命令。

● 在"默认"选项卡的"注释"面板中单击"单行文字"按钮 。

● 在"注释"选项卡的"文字"面板中单击"单行文字"按钮 。

● 在命令行中输入命令 TEXT，然后按回车键。

执行上述命令后，命令行提示内容如下。

```
命令：_text
当前文字样式："Standard"  文字高度：2.5000  注释性：否  对正：左
指定文字的起点 或 [对正(J)/样式(S)]：
指定高度 <2.5000>：
指定文字的旋转角度 <0>：
```

其中，命令行中各选项的含义介绍如下。

1. 指定文字的起点

在绘图区域单击一点，确定文字的高度后，然后指定文字的旋转角度，按回车键即可完成创建。

在执行"单行文字"命令过程中，用户可随时用光标确定下一行文字的起点，也可按回车键换行，但输入的文字与前面的文字属于不同的实体。

> **工程师点拨：设置文字高度**
>
> 如果用户在当前使用的文字样式中设置文字高度，那么在文本标注时，AutoCAD 将不提示"指定高度 <2.5000>"。文字高度可以根据命令行提示直接输入，也可以直接用鼠标单击绘图区指定高度。

2."对正"选项

该选项用于确定标注文本的排列方式和排列方向。AutoCAD 2015 用一条直线确定标注文本的位置，分别是顶线、中线、基线和底线。选择该选项后，命令行提示内容如下。

```
输入选项 [对齐(A)/布满(F)/居中(C)/中间(M)/右对齐(R)/左上(TL)/中上(TC)/右上(TR)/左中(ML)/正中(MC)/
右中(MR)/左下(BL)/中下(BC)/右下(BR)]：
```

● 对齐：通过指定基线端点来指定文字的高度和方向。

● 布满：指定文字按照由两点定义的方向和一个高度值布满一个区域。

> **工程师点拨：夹点的作用**
>
> 用"对齐"和"布满"方式标注的文本都有两个夹点，即基线的起点和终点，拖动夹点可以快速改变文本字符的高度和宽度。

● 居中：用于确定标注文本基线的中点。选择该选项后，输入的文本均匀分布在该中点的两侧。

工程师点拨：决定文字大小的因素

包括"居中"和后面介绍的各种对正方式中，文字大小由输入的高度值和当前文字样式的高度系数确定。

- 中间：文字在基线的水平中点和指定高度的垂直中点上对齐。中间对齐的文字不保持在基线上。"中间"选项与"正中"选项不同，"中间"选项使用的中点是所有文字包括下行文字在内的中点，而"正中"选项使用大写字母高度的中点。

3. "样式"选项

指定文字样式，文字样式决定文字字符的外观。创建的文字使用当前文字样式。输入？将列出当前文字样式、关联的字体文件、字体高度及其他参数。

在该提示下按回车键，系统将自动打开"AutoCAD 文本窗口"对话框，如图 7-14 所示，在此窗口列出了指定文字样式的具体设置。

若不输入文字样式名称直接按回车键，则窗口中列出的是当前 AutoCAD 图形文件中所有文字样式的具体设置。

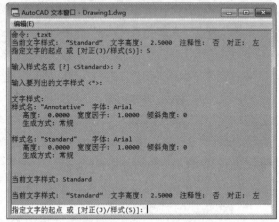

图 7-14 AutoCAD 文本窗口

7.2.2 编辑单行文本

若对已标注的文本进行修改，如文字的内容、对正方式以及缩放比例等，可通过 DDEDIT 命令和"特性"对话框进行编辑。

1. 利用 DDEDIT 命令编辑单行文本

在 AutoCAD 2015 中，可以通过以下方法执行文本编辑命令。

- 在命令行中输入 DDEDIT，然后按回车键。

执行以上操作后，在绘图窗口中单击要编辑的单行文字，即可进入文字编辑状态，也可以直接双击文字，对文本内容进行相应的修改，如图 7-15 所示。

图 7-15 文字编辑状态

2. 利用"特性"选项板编辑单行文本

选择要编辑的单行文本，右击弹出快捷菜单，选择"特性"选项，打开"特性"选项板，在"文字"卷展栏中，可对文字进行修改，如图 7-16 所示。

该选项板中各选项的作用如下：

- 常规：用于修改文本颜色和所属的图层。
- 三维效果：用于设置三维材质。
- 文字：用于修改文字的内容、样式、对正方式、高度、旋转角度、倾斜角度和宽度比例等。
- 几何图形：用于修改文本的起始点位置。

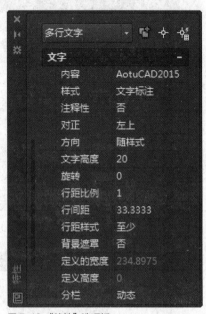

图 7-16 "特性"选项板

示例 7-2： 设置图 7-17 中文字的宽度因子为 0.8，并倾斜 30°。

Step 01 双击单行文本，系统自动打开"文字编辑器"选项卡，单击"格式"面板。在"文字"选项组的"宽度因子"文本框中输入 0.8，如图 7-18 所示。

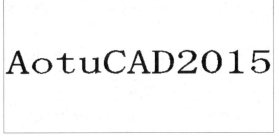

图 7-17 单行文本

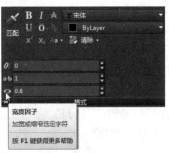

图 7-18 输入宽度因子

Step 02 在"倾斜"文本框中输入倾斜角度为 30°，如图 7-19 所示。编辑后的单行文本的效果如图 7-20 所示。

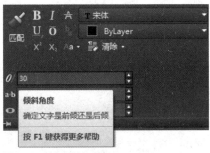

图 7-19 输入倾斜角度

图 7-20 编辑后的效果

7.3 创建与编辑多行文本

多行文本包含一个或多个文字段落，可作为单一的对象处理。在输入文字标注之前需要先指定文字边框的对角点，文字边框用于定义多行文字对象中段落的宽度。编辑多行文本可用"文字编辑器"面板进行编辑。

7.3.1 创建多行文本

在 AutoCAD 2015 中，用户可以通过以下方法执行"多行文字"命令。

● 在"默认"选项卡的"注释"面板中单击"多行文字"按钮 A。

● 在"注释"选项卡的"文字"面板中单击"多行文字"按钮 A。

● 在命令行中输入快捷命令 T，然后按回车键。

执行"多行文字"命令后，命令行提示内容如下。

```
命令：_mtext
当前文字样式："Standard" 文字高度： 100 注释性： 否
指定第一角点：
指定对角点或 [高度(H)/对正(J)/行距(L)/旋转(R)/样式(S)/宽度(W)/栏(C)]:
```

其中，命令行中各选项含义介绍如下：

- 对正：用于设置文本的排列方式。
- 行距：指定多行文字对象的行距。行距是一行文字的底部（或基线）与下一行文字底部之间的垂直距离。
- 样式：用于指定多行文字的文字样式。其中"样式名"用于指定文字样式名；"?—列出样式"用于列出文字样式名称和特性。
- 栏：指定多行文字对象的栏选项。"静态"指定总栏宽、栏数、栏间距宽度（栏之间的间距）和栏高；"动态"指定栏宽、栏间距宽度和栏高。动态栏由文字驱动。调整栏将影响文字流，而文字流将导致添加或删除栏。"不分栏"将不分栏模式设置给当前多行文字对象。

在绘图区域中通过指定对角点框选出文字输入范围，如图 7-21 所示，在文本框中即可输入文字，如图 7-22 所示。

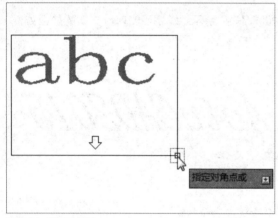

图 7-21 指定对角点

图 7-22 文本框

在系统自动打开的"文本编辑器"选项卡中可对文字的样式、字体、加粗以及颜色等属性进行设置，如图 7-23 所示。

图 7-23 "文字编辑器"选项卡

 工程师点拨：多行文字倾斜角度设置的区别

"特性"选项板中"旋转"角度设置的是整段文字的角度。"文字编辑器"选项卡中"旋转"角度设置的是每个文字的旋转角度。

7.3.2 编辑多行文本

编辑多行文本与编辑单行文本一样，用 DDEDIT 命令和"特性"选项板进行多行文字的编辑。

1. 利用 DDEDIT 命令编辑多行文本

输入 DDEDRT 命令，选择多行文字，将会弹出"文字编辑器"选项卡。同创建多行文字一样，在"文字编辑器"面板中，可对多行文字进行字体属性的设置。

2. 利用"特性"选项板编辑多行文本

选取多行文本后右击，在打开的快捷菜单中选择"特性"选项，打开"特性"选项板，如图7-24 所示。

与单行文本的"特性"选项板不同的是，没有"其他"选项组，"文字"选项组中增加了行距比例、行间距、行距样式三个选项。但缺少了"倾斜"和"宽度因子"选项。

图 7-24　多行文字"特性"选项板

示例 7-3：使用"多行文字"命令创建多行文本内容。

Step 01 执行"注释 > 文字样式"命令，打开"文字样式"对话框，设置字体为宋体，字高为 100，依次单击"应用""置为当前"和"关闭"按钮，如图 7-25 所示。

Step 02 执行"注释 > 多行文字"命令，通过指定对角点框选出文字输入范围，如图 7-26 所示。

图 7-25　设置文字样式

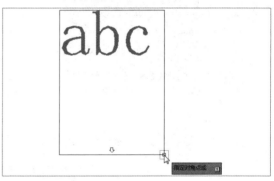

图 7-26　框选文字输入范围

Step 03 指定第二角点后，在文本框中输入"AotuCAD 2015"，如图 7-27 所示。

Step 04 按回车键另起一行继续输入文字内容，最终效果如图 7-28 所示。

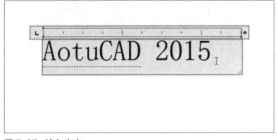

图 7-27　输入文本

图 7-28　继续输入文本

Step 05 选取第二行文字，然后在"文本编辑器"选项卡的"格式"面板中，设置颜色为"红色"，角度为 20°，如图 7-29 所示。

Step 06 在空白区域单击，即可完成多行文字的创建，效果如图 7-30 所示。

图 7-29 设置颜色和角度

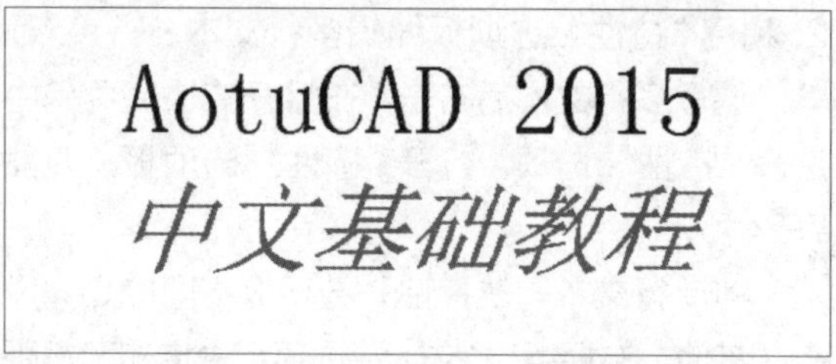

图 7-30 创建效果

Step 07 选取多行文本后右击，在弹出的快捷菜单中选择"特性"选项，然后在"文字"卷展栏中的"旋转"文本框中，输入数值 15，如图 7-31 所示。

Step 08 关闭选项板，完成多行文字的编辑，效果如图 7-32 所示。

图 7-31 设置旋转角度

图 7-32 编辑后的效果

7.4 使用文字控制符

在文本标注中，经常需要标注一些不能直接利用键盘输入的特殊字符，如直径"Φ"、角度"°"等。AutoCAD 2015 为输入这些字符提供了控制符，见表 7-1 所示。可以通过输入控制符来输入特殊的字符。在单行文本标注和多行文本标注中，控制符的使用方法有所不同。

表 7-1 特殊字符控制符

控制符	对应特殊字符	控制符	对应特殊字符
%%C	直径（Φ）符号	%%D	度（°）符号
%%O	上划线符号	%%P	正负公差（±）符号
%%U	下划线符号	\U+2238	约等于（≈）符号
%%%	百分号（%）符号	\U+2220	角度（∠）符号

工程师点拨：%%O 和 %%U 开关上下划线

%%O 和 %%U 是两个切换开关，第一次输入时打开上划线或下划线功能，第二次输入则关闭上划线或下划线功能。

1. 在单行文本中使用文字控制符

　　在需要使用特殊字符的位置直接输入相应的控制符，那么输入的控制符将会显示在图中特殊字符的位置上，当单行文本标注命令执行结束后，控制符将会自动转换为相应的特殊字符。

2. 在多行文本中使用文字控制符

　　标注多行文本时，可以灵活地输入特殊字符，因为其本身具有一些格式化选项。在"多行文字编辑器"选项卡的"插入"面板中单击"符号"下拉按钮，在展开的下拉列表中将会列出特殊字符的控制符选项，如图 7-33 所示。

　　另外，在"符号"下拉列表中选择"其他"选项，将弹出"字符映射表"对话框，从中选择所需字符进行输入即可，如图 7-34 所示。

图 7-33　控制符

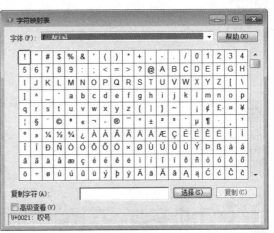

图 7-34　"字符映射表"对话框

　　在"字符映射表"对话框中，通过"字体"下拉列表可选择不同的字体，选择所需字符，单击该字符即可，如图 7-35 所示。然后单击"选择"按钮，选中的字符会显示在"复制字符"文本框中，单击"复制"按钮，选中的字符即被复制到剪贴板中，如图 7-36 所示。最后打开多行文本编辑框的快捷菜单，选择"粘贴"命令即可插入所选字符。

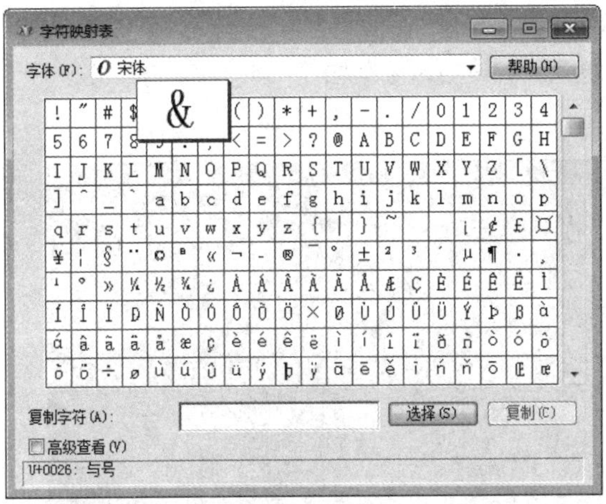

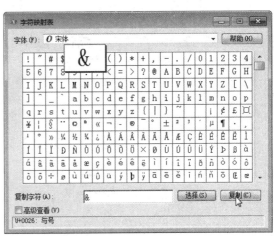

图 7-35　控制符

图 7-36　复制字符

7.5 拼写检查

在 AutoCAD 2015 中，用户可以对当前图形的所有文字进行拼音检查，包括单行文字、多行文本等内容。

在"注释"选项卡的"文字"面板中单击"拼写检查"按钮 ，将打开"拼写检查"对话框，如图 7-37 所示。在"要进行检查的位置"下拉列表框中设置要进行检查的位置，单击"开始"按钮，即可进行检查。

单击"拼写检查"对话框中的"设置"按钮，可以打开"拼写检查设置"对话框，在此可对检查的文字进行设置，如图 7-38 所示。

图 7-37 "拼写检查"对话框

图 7-38 "拼写检查设置"对话框

上机实践 | 在图纸中插入文字注释

实践目的	通过练习本实训，使读者更好地掌握单行文本和多行文本的创建与编辑操作。
实践内容	应用本章所学的知识在图纸中插入文字注释。
实践步骤	首先打开所需的图形文件，然后用多行文字和单行文字命令分别为图形添加文字注释，具体操作介绍如下。

Step 01 打开"实例文件\第 7 章\上机实践\两居室原始结构图 .dwg"文件，然后将其另存为"上机实训"图形文件，如图 7-39 所示。

Step 02 单击"图层特性"按钮，新建"文字注释"图层，并设置其图层属性，如图 7-40 所示。

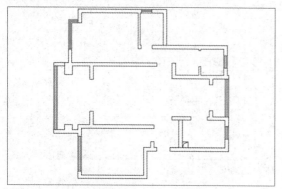

图 7-39 打开并另存图形文件

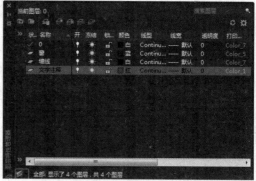

图 7-40 新建"文字注释"图层

Step 03 将"文字注释"图层设置为当前层。执行"注释 > 文字样式"菜单命令，新建"文字标注"样式，设置字体和大小，然后依次单击"应用""置为当前""关闭"按钮，如图 7-41 所示。

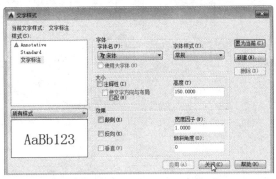

图 7-41　设置字体和大小

Step 05 指定第二角点后，在文本框中输入窗高、窗宽以及台高的尺寸数值，如图 7-43 所示。输入完毕后，在绘图区的空白处单击，即可完成输入。

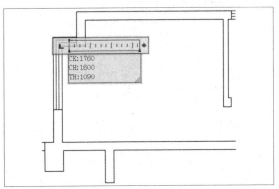

图 7-43　输入尺寸数值

Step 07 双击需要修改的尺寸数值，并选中要修改的内容，然后直接输入新内容即可，效果如图 7-45 所示。

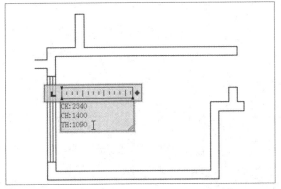

图 7-45　修改尺寸数值

Step 04 执行"注释 > 多行文字"菜单命令，在图形中框选出文字输入范围，如图 7-42 所示。

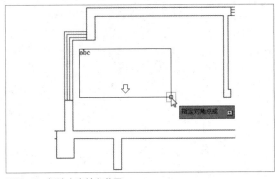

图 7-42　框选文字输入范围

Step 06 选中所输入的文字内容，执行"复制"命令，将该文字复制至各窗洞合适位置，如图 7-44 所示。

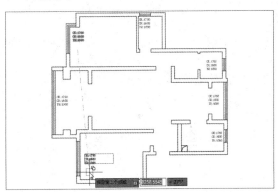

图 7-44　复制文字内容

Step 08 按照同样的操作方法，修改其他尺寸，效果如图 7-46 所示。

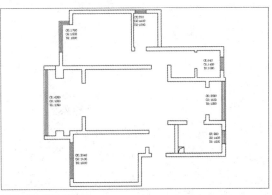

图 7-46　修改后效果

Step 09 执行"多行文字"命令,在其中一个门洞的合适位置输入门宽和门高的尺寸数值,如图7-47所示。

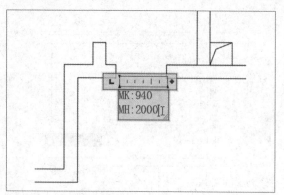

图 7-47 输入门洞尺寸数值

Step 10 执行"复制"命令,将输入好的尺寸复制至其他门洞合适的位置,如图 7-48 所示。

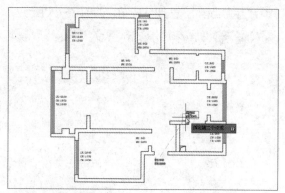

图 7-48 复制门洞尺寸

Step 11 双击其他门洞数值,对其尺寸进行修改,如图 7-49 所示。

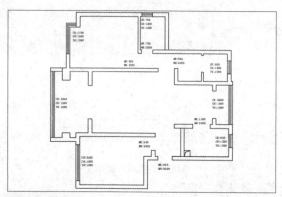

图 7-49 修改门洞尺寸

Step 12 执行"单行文字"命令,在房屋中心位置输入空间名称,然后选择文字,右击选择"特性"选项,将文字高度设置为 300,修改结果如图 7-50 所示。

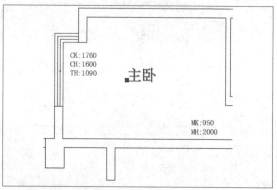

图 7-50 最终效果效果

Step 13 执行"复制"命令,将房间名称复制至其他房间中间位置,如图 7-51 所示。

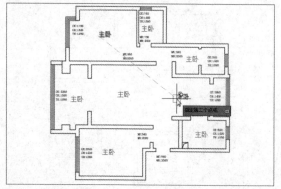

图 7-51 修改门洞尺寸

Step 14 双击文字,对其进行修改,最终效果如图 7-52 所示。至此完成名字标注。

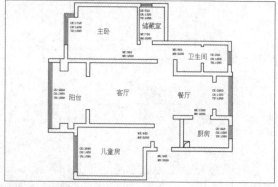

图 7-52 最终效果

课后练习

通过本章的学习，了解了文本标注的创建与编辑，能更直观地理解图形文件的表述。下面将通过练习巩固前面所学内容。

1. 选择题

（1）在 AutoCAD 中设置文字样式可以有很多效果，除了（　　）。

　　A. 垂直　　　　　　　　B. 水平　　　　　　　　C. 颠倒　　　　　　　　D. 反向

（2）定义文字样式时，符合国标 GB 要求的大字体是（　　）。

　　A. gbcbig.shx　　　　　B. chineset.shx　　　　　C. txt.shx　　　　　　D. bigfont.shx

（3）下列文字特性不能在"文字编辑器"选项卡中的"特性"面板下设置的是（　　）。

　　A. 高度　　　　　　　　B. 宽度　　　　　　　　C. 旋转角度　　　　　　D. 样式

（4）用"单行文字"命令书写直径符号时，应使用（　　）。

　　A. %%d　　　　　　　　B. %%p　　　　　　　　C. %%c　　　　　　　　D. %%u

（5）多行文字的命令是（　　）。

　　A. TEXT　　　　　　　　B. MTEXT　　　　　　　C. QTEXT　　　　　　　D. WTEXT

2. 填空题

（1）执行_____命令，可以打开"文字样式"对话框，且利用该对话框来创建和修改文本样式。

（2）创建单行文字的命令是_____，编辑单行文字的命令是_____。

（3）创建多行文字的命令是_____，编辑多行文字的命令是_____。

3. 上机操作题

（1）使用"单行文字"命令，为表格添加文字说明，数字和字母使用"文字控制符"添加，如图 7-53 所示。

（2）使用"多行文字"命令，为地面布置图添加文字说明。其中，字体为宋体，空间说明字体高度为 250，字体加黑，地面材质说明字体高度为 160，如图 7-54 所示。

序 号	图形符号	设备名称	型号规格	安装方式	备 注
1		单控单极暗装开关	250V 10A	距地1.3m处安装	
2		单控双极暗装开关	250V 10A	距地1.3m处安装	
3		单控三极暗装开关	250V 10A	距地1.3m处安装	
4		防水型单控单极暗装开关	250V 10A	距地1.3m处安装	
5		防水型单控双极暗装开关	250V 10A	距地1.3m处安装	
6		单控单极暗装开关	250V 10A	距地1.3m处安装	
7		单控双极暗装开关	250V 10A	距地1.3m处安装	
8		单控三极暗装开关	250V 10A	距地1.3m处安装	

图 7-53　为表格添加文字说明

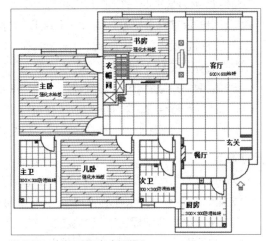

图 7-54　为平面图添加空间说明

Chapter 08 尺寸标注与编辑

课题概述 尺寸标注是绘图设计过程中的一个重要环节，它是图形的测量注释。在绘制图形时使用尺寸标注，能够为图形的各个部分添加提示和注释等辅助信息。

教学目标 本章将向读者介绍创建与设置标注样式、多重引线标注、编辑标注对象等内容，掌握好这些方法能够有效地节省我们的绘图时间。

章节重点	光盘路径
★★★★ 编辑尺寸标注 ★★★☆ 形位公差标注 ★★★☆ 角度标注 ★★★☆ 半径、直径和圆心标注 ★★★☆ 长度标注 ★★☆☆ 尺寸标注关联性 ★★☆☆ 创建和设置尺寸标注	上机实践：实例文件 \ 第 8 章 \ 上机实践 \ 为卧室平面 　　　　　布置图添加尺寸标注 课后练习：实例文件 \ 第 8 章 \ 课后练习

8.1 尺寸标注的规则与组成

尺寸标注是工程绘图设计中的一项重要内容，它描述了图形对象的真实大小、形状和位置，是实际生活和生产中的重要依据。下面将为用户介绍标注的规则、尺寸标注的组成以及尺寸标注的一般步骤。

8.1.1 尺寸标注的规则

国家标准《尺寸注法》(GB/4458.4–1984)，对尺寸标注时应遵循的有关规则作了明确规定。

1. 基本规则

在 AutoCAD 2015 中，对绘制的图形进行尺寸标注时，应遵循以下五个规则：

- 图样上所标注的尺寸数为图形的真实大小，与绘图比例和绘图的准确度无关。
- 图形中的尺寸以系统默认值 mm（毫米）为单位时，不需要计算单位代号或名称，如果采用其他单位，则必须注明相应计量的代号或名称，如度的符号"°"和英寸""等。
- 图样上所标注的尺寸数值应为工程图形完工的实际尺寸，否则需要另外说明。
- 建筑图像中的每个尺寸一般只标注一次，并标注在最能清晰表现该图形结构特征的视图上。
- 尺寸的配置要合理，功能尺寸应该直接标注，尽量避免在不可见的轮廓线上标注尺寸，数字之间不允许有任何图线穿过，必要时可以将图线断开。

2. 尺寸数字

- 线性尺寸的数字一般应注写在尺寸线的上方，也允许注写在尺寸线的中断处。
- 线性尺寸数字的方向，以平面坐标系的 Y 轴为分界线，左边按顺时针方向标注在尺寸线的上方，右边按逆时针方向标注在尺寸线的上方，但在与 Y 轴正负方向成 30° 角的范围内不标注尺寸数字。在不引起误解时，也允许采用引线标注。但在一张图样中，应尽可能采用一种方法。
- 角度的数字一律写成水平方向，一般注写在尺寸线的中断处。必要时也可使用引线标注。

- 尺寸数字不可被任何图线所通过，否则必须将该图线断开。

3. 尺寸线

- 尺寸线用细实线绘制，其终端可以用箭头和斜线两种形式。箭头适用于各种类型的图样，但在实践中多用于机械制图，斜线多用于建筑制图。斜线用细实线绘制，当尺寸线的终端采用斜线形式时，尺寸线与尺寸界线必须相互垂直。
- 当尺寸线与尺寸界线相互垂直时，同一张图样中只能采用一种尺寸线终端的形式。当采用箭头时，如果空间不足，允许用圆点或斜线代替箭头。
- 标注线性尺寸时，尺寸线必须与所标注的线段平行。尺寸线不能用其他图线代替，一般也不得与其他图线重合或画在其延长线上。
- 标注角度时，尺寸线应画成圆弧，其圆心是该角的顶点。
- 当对称机件的图形只画出一半或略大于一半时，尺寸线应略超过对称中心线或断裂处的边界线，此时仅在尺寸线的一端画出箭头。

4. 尺寸界线

- 尺寸界线用细实线绘制，并应由图形的轮廓线、轴线或对称中心线处引出。也可利用轮廓线、轴线或对称中心线作尺寸界线。
- 当表示曲线轮廓上各点的坐标时，可将尺寸线或其延长线作为尺寸界线。
- 尺寸界线一般应与尺寸线垂直，必要时才允许倾斜。在光滑过渡处标注尺寸时，必须用细实线将轮廓线延长，从它们的交点处引出尺寸界线。
- 标注角度的尺寸界线应沿径向引出。标注弦长或弧长的尺寸界线应平行于该弦的垂直平分线，当弧度较大时，可沿径向引出。

5. 标注尺寸的符号

- 标注直径时，应在尺寸数字前加注符号"Φ"；标注半径时，应在尺寸数字前加注符号"R"；标注球面的直径或半径时，应在符号"Φ"或"R"前再加注符号"S"。
- 标注弧长时，应在尺寸数字上方加注符号"⌒"。
- 标注参考尺寸时，应将尺寸数字加上圆括弧。
- 当需要指明半径尺寸是由其他尺寸所确定时，应用尺寸线和符号"R"标出，但不要注写尺寸数。

 工程师点拨：设置尺寸

一般情况下，尺寸线、尺寸界线用细实线，尺寸线（包括尺寸界线和尺寸文本）的颜色和线宽设置为 ByBlock。尺寸数据不一定是标注对象的实际尺寸，因为有时使用了绘图比例。

8.1.2　尺寸标注的组成

一个完整的尺寸标注具有尺寸界线、尺寸线、箭头和尺寸数字四个要素，如图 8-1 所示。

尺寸标注基本要素的作用与含义如下：

- 尺寸界线：也称为投影线，从被标注的对象延伸到尺寸线。尺寸界线一般与尺寸线垂直，特殊情况下也可以将尺寸界线倾斜。有时也用对象的轮廓线或中心线代替尺寸界线。

- 尺寸线：表示尺寸标注的范围。通常与所标注的对象平行，一端或两端带有终端号，如箭头或斜线，或角度标注的尺寸线圆弧线。

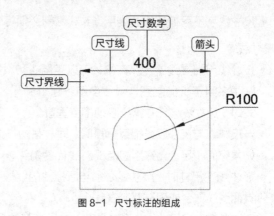
图 8-1 尺寸标注的组成

- 箭头：位于尺寸线两端，用于标记标注的起始和终止位置。箭头的范围很广，既可以是短划线、点或其他标记，也可以是块，还可以是用户创建的自定义符号。

- 尺寸数字：用于指示测量的字符串，一般位于尺寸线上方或中断处。标注文字可以反映基本尺寸，也可以包含前缀、后缀和公差，还可以按极限尺寸形式标注。如果尺寸界线内放不下尺寸文字，AutoCAD 将会自动将其放到外部。

8.1.3 创建尺寸标注的步骤

尺寸标注是一项系统化的工作，涉及尺寸线、尺寸界线、指引线所属的图层，尺寸文本的样式、尺寸样式、尺寸公差样式等。在 AutoCAD 中对图形进行尺寸标注时，通常按以下步骤进行。

（1）创建或设置尺寸标注图层，将尺寸标注在该图层上。

（2）创建或设置尺寸标注的文字样式。

（3）创建或设置尺寸标注样式。

（4）使用对象捕捉等功能，对图形中的元素进行相应的标注。

（5）设置尺寸公差样式。

（6）标注带公差的尺寸。

（7）设置形位公差样式。

（8）标注形位公差。

（9）修改调整尺寸标注。

8.2 创建与设置标注样式

标注样式可以控制尺寸标注的格式和外观，建立和强制执行图形的绘图标准，这样便于对标注格式和用途进行修改。在 AutoCAD 2015 中，利用"标注样式管理器"对话框可创建与设置标注样式。调出该对话框可以通过以下方法。

- 在"默认"选项卡的"注释"面板中单击"标注样式"按钮。
- 在"注释"选项卡的"标注"面板中单击右下角箭头。
- 在命令行中输入快捷命令 D，然后按回车键。

执行以上任意一种操作后，都将打开"标注样式管理器"对话框，如图 8-2 所示。在该对话框中，用户可以创建新的标注样式，也可以对已定义的标注样式进行修改。

"标注样式管理器"对话框中各选项的含义介绍如下：

- 样式：列出图形中的标注样式，当前样式被亮显。在列表中单击鼠标右键可显示快捷菜单及选项，可用于设定当前标注样式、重命名样式和删除样式。不能删除当前样式或当前图形使用的样式。

- 列出：在"样式"列表中控制样式显示。若要查看图形中所有的标注样式，则可选择"所有样式"。若只希望查看图形中标注当前使用的标注样式，则选择"正在使用的样式"。

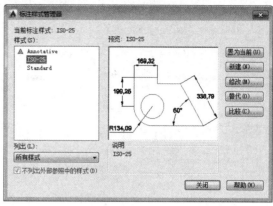

图 8-2 "标注样式管理器"对话框

- 预览：显示"样式"列表中选定样式的图示。

- 置为当前：将在"样式"下选定的标注样式设定为当前标注样式。当前样式将应用于所创建的标注。

- 新建：显示"创建新标注样式"对话框，从中可以定义新的标注样式。

- 修改：显示"修改标注样式"对话框，从中可以修改标注样式。对话框选项与"新建标注样式"对话框中的选项相同。

- 替代：显示"替代当前样式"对话框，从中可以设定标注样式的临时替代值。对话框选项与"新建标注样式"对话框中的选项相同。替代将作为未保存的更改结果显示在"样式"列表中的标注样式下。

- 比较：显示"比较标注样式"对话框，从中可以比较两个标注样式或列出一个标注样式的所有特性。

8.2.1　新建标注样式

在"标注样式管理器"对话框中，单击"新建"按钮，可以打开"创建新标注样式"对话框，如图 8-3 所示。其中各选项的含义介绍如下。

- 新样式名：指定新的标注样式名。

- 基础样式：设定作为新样式的基础的样式。对于新样式，仅更改那些与基础特性不同的特性。

- 用于：创建一种仅适用于特定标注类型的标注子样式。

图 8-3 "创建新标注样式"对话框

- 继续：单击该按钮可打开"新建标注样式"对话框，从中可以定义新的标注样式特性。

"新建标注样式"对话框中包含了七个选项卡，在各个选项卡中可对标注样式进行相关设置，如图 8-4、8-5 所示。

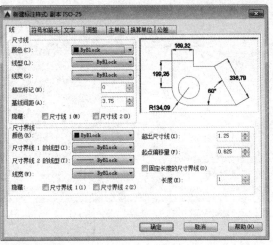

图 8-4 "线"选项卡

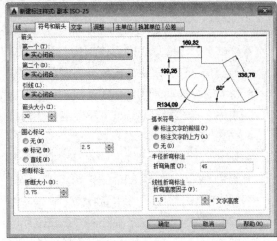

图 8-5 "符号和箭头"选项卡

其中,各选项卡的功能介绍如下:

- 线:主要用于设置尺寸线、尺寸界线的相关参数。
- 符号和箭头:主要用于设置箭头、圆心标记、弧长符号和折断标注的大小等。
- 文字:主要用于设置文字外观、文字位置和文字对齐方式等。
- 调整:主要用于调整文字位置、标注的特性比例、引线和尺寸线的放置。
- 主单位:主要用于设定主标注单位的格式和精度,并设定标注文字的前缀和后缀。
- 换算单位:主要用于指定标注测量值中换算单位的显示并设定其格式和精度。
- 公差:主要用于指定标注文字中公差的显示及格式。

 工程师点拨:编辑尺寸标注

尺寸标注创建完成后,用户可对其进行修改编辑。在命令行中输入 CH 命令,然后按回车键,即可打开"特性"选项板。在该选项板中,用户可以对尺寸标注进行修改。

8.2.2 设置"线""符号和箭头"

在"线"和"符号和箭头"选项卡中,用户可以设置尺寸线、尺寸界线、圆心标记和箭头等内容。

1. 尺寸线

该选项组用于设置尺寸线的特性,如颜色、线型、线宽、基线间距等特征参数,还可以控制是否隐藏尺寸线。

- 颜色:显示并设定尺寸线的颜色。如果单击"选择颜色",将显示"选择颜色"对话框。
- 线型:设定尺寸线的线型。
- 线宽:设定尺寸线的线宽。

 工程师点拨:设置尺寸线颜色和线宽

一般情况下,将尺寸线(包括尺寸界线和尺寸文本)的颜色和线宽设置为 ByBlock,便于图层控制。

● 超出标记：指定当箭头使用倾斜、建筑标记、积分和无标记时尺寸线超过尺寸界线的距离。如图 8-6 所示为尺寸线没有超出标记，如图 8-7 所示为超出标记 20mm。

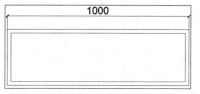

图 8-6 没有超出标记

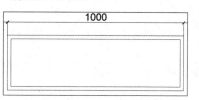

图 8-7 超出标记 20

● 基线间距：设定基线标注的尺寸线之间的距离。如图 8-8、8-9 所示。

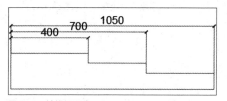

图 8-8 基线间距为 50

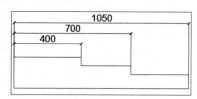

图 8-9 基线间距为 150

● 隐藏：显示一部分尺寸线。"尺寸线 1"不显示第一条尺寸线，"尺寸线 2"不显示第二条尺寸线，如图 8-10、8-11 所示。

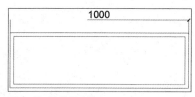

图 8-10 隐藏尺寸线 1

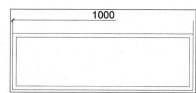

图 8-11 隐藏尺寸线 2

2. 尺寸界线

该选项组用于控制尺寸界线的外观。可以设置尺寸界线的颜色、线宽、超出尺寸线、起点偏移量等特征参数。

● 颜色：设置尺寸界线的颜色。

● 尺寸界线 1 的线型：设定第一条尺寸界线的线型。

● 尺寸界线 2 的线型：设定第二条尺寸界线的线型。

● 隐藏：不显示尺寸界线。"尺寸界线 1"不显示第一条尺寸界线，"尺寸界线 2"不显示第二条尺寸界线，如图 8-12、8-13 所示。

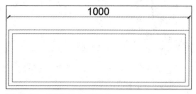

图 8-12 隐藏尺寸界线 1

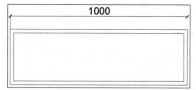

图 8-13 隐藏尺寸界线 2

● 超出尺寸线：指定尺寸界线超出尺寸线的距离。如图 8-14 所示，为没有超出尺寸线，图 8-15 所示，为超出尺寸线效果。

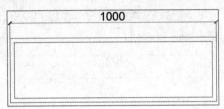

图 8-14　没有超出尺寸线

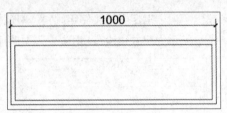

图 8-15　超出尺寸线

- 起点偏移量：设定自图形中定义标注的点到尺寸界线的偏移距离。如图 8-16 所示，起点偏移量为10，图 8-17 所示，起点偏移量为 30。

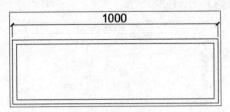

图 8-16　起点偏移量为 10

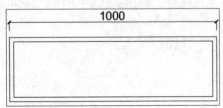

图 8-17　起点偏移量为 30

- 固定长度的尺寸界线：启用固定长度的尺寸界线，可使用"长度"选项，设定尺寸界线的总长度，起始于尺寸线，直到标注原点，如图 8-18、8-19 所示。

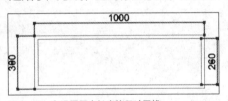

图 8-18　未设置固定长度的尺寸界线

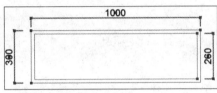

图 8-19　固定长度设置为 30

3. 箭头

在"符号和箭头"选项卡的"箭头"选项组中，用户可以选择尺寸线和引线标注的箭头形式，还可以设置箭头的大小。AutoCAD 2015 提供的箭头种类如图 8-20 所示。

图 8-20　箭头种类

- 第一个：设定第一条尺寸线的箭头。当改变第一个箭头的类型时，第二个箭头将自动改变以同第一个箭头相匹配。
- 第二个：设定第二条尺寸线的箭头。
- 引线：设定引线箭头。

4. 圆心标记

该选项组用于控制直径标注和半径标注的圆心标记和中心线的外观。

- 无：不创建圆心标记或中心线。
- 标记：创建圆心标记。选择该选项，圆心标记为圆心位置的小十字线，如图 8-21 所示。
- 直线：创建中心线。选择该选项时，表示圆心标记的标注线将延伸到圆外，如图 8-22 所示。

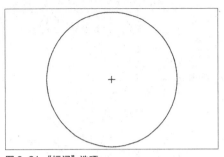

图 8-21 "标记"选项

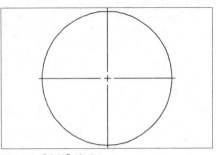

图 8-22 "直线"选项

8.2.3 设置文本

在"文字"选项卡中，用户可以设置标注文字的格式、位置和对齐，如图 8-23 所示。

 工程师点拨：分数制标注尺寸

只有在采用分数制标注尺寸时，分数高度比例才对尺寸数字有效。此处设置的分数高度比例与"公差"选项卡中的"高度比例"是相关联的，设置其中的任意一处，另一处将会自动与之相同。

图 8-23 "文字"选项卡

1. 文字外观

该选项组用于控制标注文字的样式、颜色、高度等属性。

- 文字样式：列出可用的文本样式。单击后面的"文字样式"按钮，可显示"文字样式"对话框，从中可以创建或修改文字样式。
- 文字颜色：设置标注文字的颜色。
- 填充颜色：设定标注中文字背景的颜色。
- 分数高度比例：设定相对于标注文字的分数比例。在此处输入的值乘以文字高度，可确定标注分数相对于标注文字的高度。

2. 文字位置

在该选项组中，用户可以设置文字的垂直、水平位置以及文字与尺寸线之间的距离。

（1）垂直

该选项用于控制标注文字相对尺寸线的垂直位置。垂直位置包括如下子选项：

- "居中"用于将标注文字放在尺寸线的两部分中间，如图 8-24 所示。
- "上方"用于将标注文字放在尺寸线上方，如图 8-25 所示。
- "外部"用于将标注文字放在尺寸线上远离第一个定义点的一边。
- "JIS"用于按照日本工业标准 (JIS) 放置标注文字。
- "下方"将标注文字放在尺寸线下方，如图 8-26 所示。

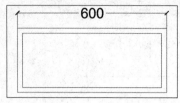

图 8-24 居中

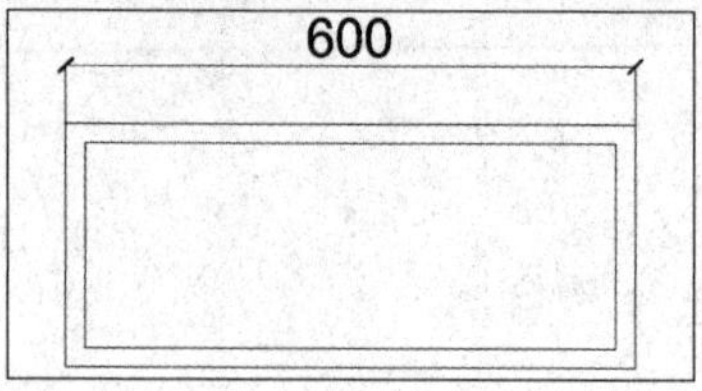

图 8-25 上方

图 8-26 下方

（2）水平

该选项用于控制标注文字在尺寸线上相对于尺寸界线的水平位置。水平位置子选项为：

● "居中"用于将标注文字沿尺寸线放在两条尺寸界线的中间，如图 8-27 所示。
● "第一条尺寸线"用于沿尺寸线与第一条尺寸界线左对正，如图 8-28 所示。
● "第二条尺寸线"用于沿尺寸线与第二条尺寸界线右对正，如图 8-29 所示。

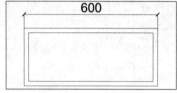

图 8-27 居中

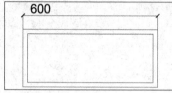

图 8-28 第一条尺寸界线

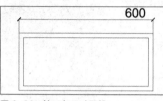

图 8-29 第二条尺寸界线

● "第一条尺寸界线上方"用于沿第一条尺寸界线放置标注文字或将标注文字放在第一条尺寸界线之上，如图 8-30 所示。
● "第二条尺寸界线上方"用于沿第二条尺寸界线放置标注文字或将标注文字放在第二条尺寸界线之上，如图 8-31 所示。

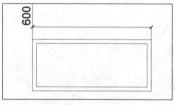

图 8-30 第一条尺寸界线上方

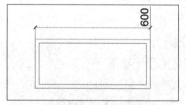

图 8-31 第二条尺寸界线上方

（3）观察方向

该选项用于控制标注文字的观察方向。"从左到右"选项是按从左到右阅读的方式放置文字，"从右到左"选项是按从右到左阅读的方式放置文字。

（4）从尺寸线偏移

该选项用于设定当前文字间距。文字间距是指当尺寸线断开以容纳标注文字时标注文字周围的距离。如图 8-32、8-33 所示。

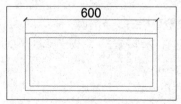

图 8-32 从尺寸线偏移 10

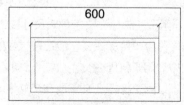

图 8-33 从尺寸线偏移 30

3. 文字对象

该选项组用于控制标注文字放在尺寸界线外边或里边时的方向是保持水平还是与尺寸界线平行。

- 水平：水平放置文字。
- 与尺寸线对齐：文字与尺寸线对齐。
- ISO 标准：当文字在尺寸界线内时，文字与尺寸线对齐。当文字在尺寸界线外时，文字水平排列。

8.2.4 设置调整

"调整"选项卡用于设置文字、箭头、尺寸线的标注方式、文字的标注位置和标注的特征比例等，如图 8-34 所示。

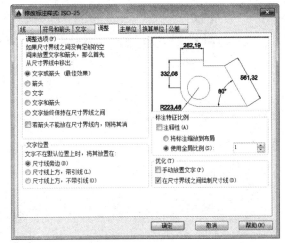

图 8-34 "调整"选项卡

1. 调整选项

该选项组用于控制基于尺寸界线之间可用空间的文字和箭头的位置。

- 文字或箭头（最佳效果）：按照最佳效果将文字或箭头移动到尺寸界线外，如图 8-35 所示。
- 箭头：先将箭头移动到尺寸界线外，然后移动文字，如图 8-36 所示。
- 文字：先将文字移动到尺寸界线外，然后移动箭头，如图 8-37 所示。

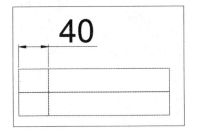

图 8-35 最佳效果

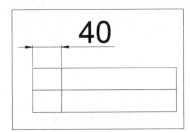

图 8-36 箭头

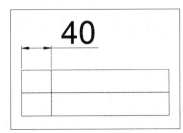

图 8-37 文字

- 文字和箭头：当尺寸界线间距离不足以放下文字和箭头时，文字和箭头都移到尺寸界线外，如图 8-38 所示。
- 文字始终保持在尺寸界线之间：始终将文字放在尺寸界线之间，如图 8-39 所示。
- 若不能放在尺寸界线内，则不显示箭头：如果尺寸界线内没有足够的空间，则不显示箭头，如图 8-40 所示。

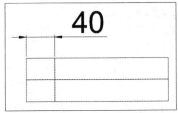

图 8-38 文字和箭头

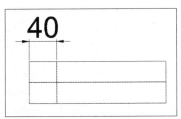

图 8-39 尺寸界线之间

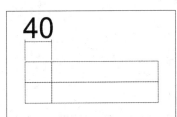

图 8-40 不显示箭头

2. 文字位置

该选项组用于设定标注文字从默认位置（由标注样式定义的位置）移动时标注文字的位置。

- 尺寸线旁边：如果选定，只要移动标注文字尺寸线就会随之移动，如图 8-41 所示。
- 尺寸线上方，加引线：如果选定，移动文字时尺寸线不会移动。如果将文字从尺寸线上移开，将创建一条连接文字和尺寸线的引线。当文字非常靠近尺寸线时，将省略引线，如图 8-42 所示。
- 尺寸线上方，不加引线：如果选定，移动文字时尺寸线不会移动。远离尺寸线的文字不与带引线的尺寸线相连，如图 8-43 所示。

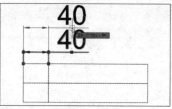

图 8-41　尺寸线旁边

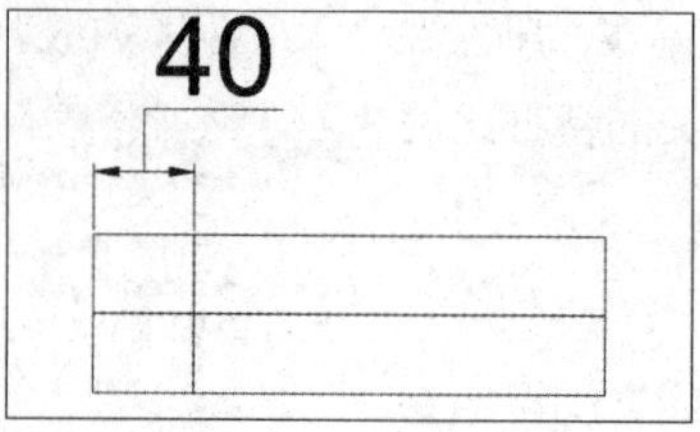

图 8-42　加引线

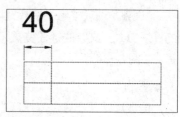

图 8-43　不加引线

3. 标注特征比例

该选项组用于设定全局标注比例值或图纸空间比例。

4. 优化

该选项组用于提供用于放置标注文字的其他选项。

8.2.5　设置主单位

"主单位"选项卡用于设定主标注单位的格式和精度，并设定标注文字的前缀和后缀，如图 8-44 所示。

1. 线性标注

该选项组用于设定线性标注的格式和精度。

- 单位格式：设定除角度之外的所有标注类型的当前单位格式。
- 精度：显示和设定标注文字中的小数位数，如图 8-45、8-46 所示。
- 分数格式：设定分数的格式。只有当单位格式为"分数"时，此选项才可用。

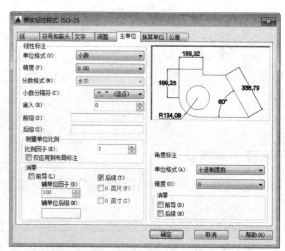

图 8-44　"主单位"选项卡

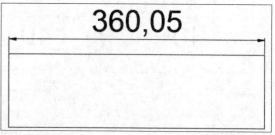

图 8-45　精度为 0

图 8-46　精度为 0.00

● 小数分隔符：有三种符号可以选择，逗点、句点、空格。如图 8-47、8-48 所示。

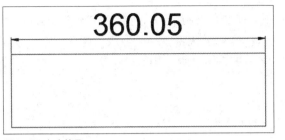

图 8-47　句点符号

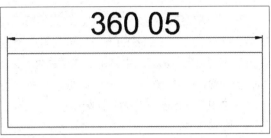

图 8-48　空格符号

● 舍入：为除"角度"之外的所有标注类型设置标注测量值的舍入规则。如果输入 0.25，则所有标注距离都以 0.25 为单位进行舍入。如果输入 1.0，则所有标注距离都将舍入为最接近的整数。小数点后显示的位数取决于"精度"设置。

● 前缀：在标注文字中包含前缀。可以输入文字或使用控制代码显示特殊符号。

● 后缀：在标注文字中包含后缀。可以输入文字或使用控制代码显示特殊符号。

2. 测量单位比例

该选项组用于定义线性比例选项，并控制该比例因子是否仅用于布局标注。

　工程师点拨：单位转换

Autocad 的默认单位是 mm，可以在此将比例因子更改为 1000，绘图单位即更改为 m。

3. 消零

该选项组用于控制是否禁止输出前导零和后续零以及零英尺和零英寸部分。

● 前导：不输出所有十进制标注中的前导零。

● 辅单位因子：将辅单位的数量设定为一个单位。它用于在距离小于一个单位时以辅单位为单位计算标注距离。

● 辅单位后缀：在标注值单位中包含后缀。可以输入文字或使用控制代码显示特殊符号。

● 后续：不输出所有十进制标注中的后续零。

● 0 英尺：如果长度小于一英尺，则消除英尺 - 英寸标注中的英尺部分。

● 0 英寸：如果长度为整英尺数，则消除英尺 - 英寸标注中的英寸部分。

4. 角度标注

该选项组用于显示和设定角度标注的当前角度格式。

● 单位格式：单击后出现"十进制度数""度 / 分 / 秒""百分度"和"弧度"四个选项可供选择。如图 8-49、8-50、8-51 所示。

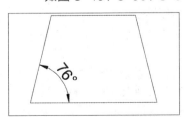

图 8-49　十进制度数

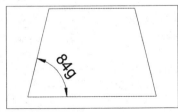

图 8-50　百分度

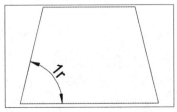

图 8-51　弧度

8.2.6 设置单位换算

在"换算单位"选项卡中，可以设置换算单位的格式，如图 8-52 所示。设置换算单位的单元格式、精度、前缀、后缀和消零的方法，与设置主单位的方法相同，但该选项卡中有两个选项是独有的。

- 换算单位倍数：指定一个乘数，作为主单位和换算单位之间的转换因子使用。例如，要将英寸转换为毫米，请输入 25.4。此值对角度标注没有影响，而且不会应用于舍入值或者正、负公差值。

- 位置：该选项组用于控制标注文字中换算单位的位置。其中"主值后"选项用于将换算单位放在标注文字中的主单位之后。"主值下"用于将换算单位放在标注文字中的主单位下面。

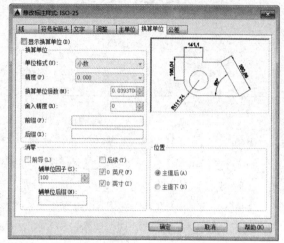

图 8-52 "换算单位"选项卡

8.2.7 设置公差

在"公差"选项卡中，可以设置指定标注文字中公差的显示及格式，如图 8-53 所示。

1. 公差格式

该选项组用于设置公差的方式、精度、公差值与高度比例等。

- 方式：设定计算公差的方法。其中，"无"表示不添加公差。"对称"表示公差的正负偏差值相同，如图 8-54 所示。"极限偏差"表示公差的正负偏差值不相同，如图 8-55 所示。"极限尺寸"表示公差值合并到尺寸值中，并且将上界显示在下界的上方，如图 8-56 所示。"基本尺寸"表示创建基本标注，这将在整个标注范围周围显示一个框，如图 8-57 所示。

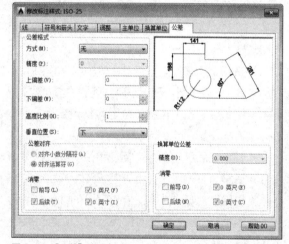

图 8-53 "公差"选项卡

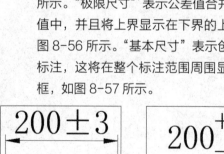

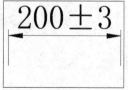

图 8-54 对称　　图 8-55 极限偏差

图 8-56 极限尺寸

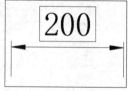

图 8-57 基本尺寸

- 精度：设定小数位数。
- 上偏差：设定最大公差或上偏差。如果在"方式"中选择"对称"选项，则此值将用于公差。
- 下偏差：设定最小公差或下偏差。
- 垂直位置：控制对称公差和极限公差的文字对正。

工程师点拨："公差"选项卡

该选项卡中的"高度比例"与"文字"选项卡中的"分数高度比例"是相关联的，设置其中的任一处，另一处将会自动与之相同。

2. 公差对齐

- 对齐小数分隔符：通过值的小数分隔符堆叠值。
- 对齐运算符：通过值的运算符堆叠值。

3. 消零

该选项组用于控制是否显示公差文字的前导零和后续零。

4. 换算单位公差

该选项组用于设置换算单位公差的精度和消零。

8.3　尺寸标注的类型

在 AutoCAD 2015 中，系统共提供了多种尺寸标注类型，它们可以在图形中标注任意两点间的距离、圆或圆弧的半径和直径、圆弧或相交直线的角度等。常用的标注类型如图 8-58 所示。

1. 线性标注

线性标注是最基本的标注类型，它可以在图形中创建水平、垂直或倾斜的尺寸标注。线性标注有三种类型。

- 水平：标注平行于 X 轴的两点之间的距离，如图 8-59 所示。
- 垂直：标注平行于 Y 轴的两点之间的距离，如图 8-60 所示。
- 旋转：标注指定方向上两点之间的距离，如图 8-61 所示。

图 8-58　标注类型

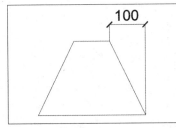

图 8-59　水平标注

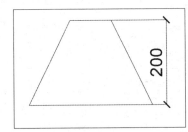

图 8-60　垂直标注

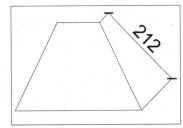

图 8-61　旋转标注

2. 对齐标注

对齐标注是指尺寸线平行于尺寸界线原点连成的直线，它是线性标注尺寸的一种特殊形式，如图 8-62 所示。

3. 角度标注

测量选定的对象或三个点之间的角度。可以选择的对象包括圆弧、圆和直线等，如图 8-63 所示。

4. 圆弧标注

弧长标注用于测量圆弧或多段线圆弧上的距离。弧长标注的尺寸界线可以正交或径向。在标注文字的上方或前面将显示圆弧符号，如图 8-64 所示。

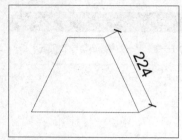

图 8-62 对齐标注

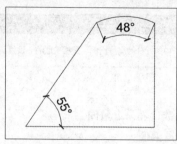

图 8-63 角度标注

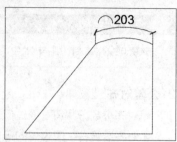

图 8-64 圆弧标注

5. 半径标注、直径标注

半径和直径标注用于测量选定的圆或圆弧的半径和直径，并显示前面带有半径或直径符号的标注文字，如图 8-65、8-66 所示。

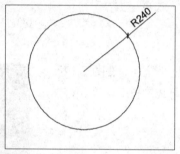

图 8-65 半径标注

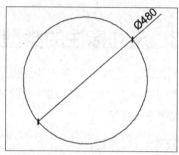

图 8-66 直径标注

6. 折弯标注

当圆弧或圆的中心位置位于布局之外并且无法在实际位置显示时，将创建折弯半径标注，可以在更方便的位置指定标注的原点，称为中心位置替代，如图 8-67 所示。

7. 坐标标注

坐标标注指的是标注指定点的坐标。执行该命令并选择标注点后，沿 X 轴方向移动光标将标注 Y 标注，如图 8-68 所示。

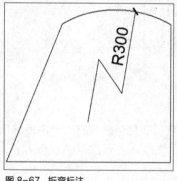

图 8-67 折弯标注

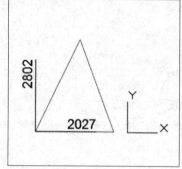

图 8-68 坐标标注

8. 基线标注

基线标注是从一个标注或选定标注的基线各创建线性、角度或坐标标注。系统会使每一条新的尺寸线偏移一段距离，以避免与前一段尺寸线重合，如图 8-69 所示。

9. 连续标注

连续标注可以创建一系列连续的线性、对齐、角度或坐标标注，如图 8-70 所示。

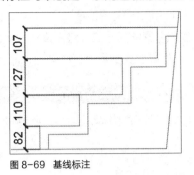

图 8-69 基线标注

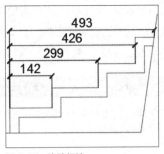

图 8-70 连续标注

8.4 长度尺寸标注

长度尺寸标注包括线性标注、对齐标注、基线标注和连续标注四种方式，下面将分别介绍。

8.4.1 线性标注

在 AutoCAD 2015 中，用户可以通过以下方法执行"线性"标注命令。

- 在"默认"选项卡的"注释"面板中单击"线性"按钮█。
- 在"注释"选项卡的"标注"面板中单击"线性"按钮█。
- 在命令行中输入快捷命令 DIM，然后按回车键。

执行"线性"标注命令后，命令行提示内容如下。

```
命令：_dimlinear
指定第一个尺寸界线原点或 〈选择对象〉：
指定第二条尺寸界线原点：
指定尺寸线位置或
[ 多行文字 (M)/ 文字 (T)/ 角度 (A)/ 水平 (H)/ 垂直 (V)/ 旋转 (R)]：
标注文字 =
```

其中，命令行中各选项的含义介绍如下：

- 第一条尺寸界线原点：指定第一条尺寸界线的原点之后，将提示指定第二条尺寸界线的原点。
- 指定尺寸线位置：指定点定位尺寸线并且确定尺寸界线的方向。
- 多行文字：显示文字编辑器，可用它来编辑标注文字。用尖括号 (< >) 表示生成的测量值。要给生成的测量值添加前缀或后缀，请在尖括号前后输入前缀或后缀。
- 文字：在命令提示下，自定义标注文字。生成的标注测量值显示在尖括号中。要包括生成的测量值，请用尖括号 (< >) 表示生成的测量值。如果标注样式中未打开换算单位，可以通过输入方括号 ([ ]) 来显示换算单位。

 工程师点拨：删除"< >"内容

用户可删除"< >"内容，自行输入完整的尺寸文本。

- 角度：用于设置标注文字 (测量值) 的旋转角度。

- 水平 / 垂直：用于标注水平尺寸和垂直尺寸。选择这两个选项时，用户可以直接确定尺寸线的位置。
- 旋转：用于放置旋转标注对象的尺寸线。
- 标注文字：显示尺寸界线之间的距离文字。
- 选择对象：在选择对象之后，自动确定第一条和第二条尺寸界线的原点。对多段线和其他可分解对象，仅标注独立的直线段和圆弧段。不能选择非统一比例缩放块参照中的对象。

 工程师点拨：拾取框的应用

在"选择对象"模式下，系统只允许用拾取框选择标注对象，不支持其他方式。选择标注对象后，AutoCAD 将自动把标注对象的两个端点作为尺寸界线的起点。

示例 8-1： 使用"线性"标注命令对图 8-71 所示的图形进行尺寸标注。

Step 01 执行"注释 > 标注样式"命令，打开"标注样式管理器"对话框，单击"新建"按钮，输入新样式名，单击"继续"按钮，如图 8-72 所示。

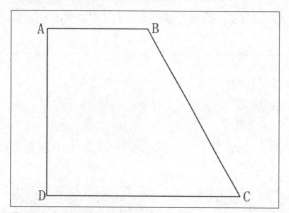

图 8-71 尺寸标注图形

图 8-72 新建标注样式

Step 02 打开"新建标注样式"管理器对话框，在"线"选项卡中将"基线间距"改为 50，将"起点偏移量"改为 5，如图 8-73 所示。

Step 03 在"符号和箭头"选项卡中，设置箭头样式为"建筑标记"，设置"箭头大小"为 20，单击"确定"按钮，如图 8-74 所示。

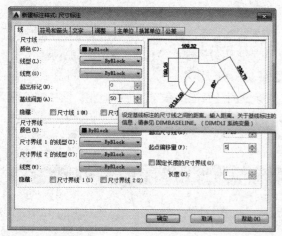

图 8-73 更改线属性

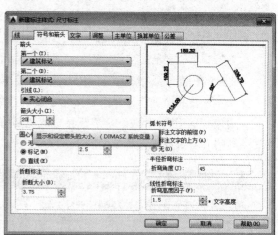

图 8-74 更改箭头属性

Step 04 在"文字"选项卡中单击"文字样式"按钮，设置字体为"宋体"，字高为 30，然后依次单击"应用""置为当前""关闭"按钮，如图 8-75 所示。

Step 05 将从尺寸线偏移距离改为 5，单击"主单位"选项卡，设置"精度"为 0，单击"确定"按钮，如图 8-76 所示。

图 8-75　设置文字样

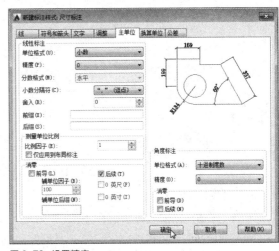

图 8-76　设置精度

Step 06 返回上一对话框，依次单击"置为当前""关闭"按钮，然后单击"线性"命令，对图形 AB 段进行尺寸标注，命令行提示如下，效果如图 8-77 所示。

```
命令：_dimlinear
指定第一个尺寸界线原点或 <选择对象>：                          （指定 A 点）
指定第二条尺寸界线原点：                                       （指定 B 点）
指定尺寸线位置或                                               （指定一点）
[ 多行文字 (M)/ 文字 (T)/ 角度 (A)/ 水平 (H)/ 垂直 (V)/ 旋转 (R)]：
标注文字 = 199                                                （AB 长度）
```

Step 07 按回车键重复执行"线性"命令，对斜线 BC 进行标注，命令行提示如下，然后继续执行"线性"命令，标注出其他线段的尺寸，如图 8-78 所示。

```
命令：_dimlinear
指定第一个尺寸界线原点或 <选择对象>：                          （指定 B 点）
指定第二条尺寸界线原点：                                       （指定 C 点）
指定尺寸线位置或                                               （指定一点）
[ 多行文字 (M)/ 文字 (T)/ 角度 (A)/ 水平 (H)/ 垂直 (V)/ 旋转 (R)]：R
指定尺寸线的角度 <0>：120                                      （旋转角度）
指定尺寸线位置或
[ 多行文字 (M)/ 文字 (T)/ 角度 (A)/ 水平 (H)/ 垂直 (V)/ 旋转 (R)]：
标注文字 = 370                                                （BC 长度）
```

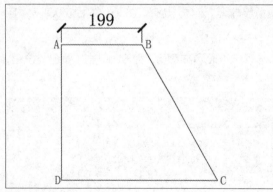

图 8-77　AB 长度

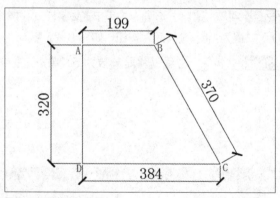

图 8-78　最终标注效果

8.4.2　对齐标注

在 AutoCAD 2015 中，用户可以通过以下方法执行"对齐"标注命令。

- 在"默认"选项卡的"注释"面板中单击"对齐"按钮■。
- 在"注释"选项卡的"标注"面板中单击"对齐"按钮■。
- 在命令行中输入快捷命令 DAL，然后按回车键。

执行"对齐"标注命令后，在绘图窗口中，分别指定要标注的第一个点和第二个点，并指定好标注尺寸位置，即可完成对齐标注。

示例 8-2 : 使用"对齐标注"命令对如图 8-79 所示的四边形的斜边 AC、BD 进行尺寸标注。

Step 01 单击"标注"面板中的"对齐"按钮，对线段 AC 进行对齐标注操作。命令行提示内容如下。

```
命令 : _dimaligned
指定第一个尺寸界线原点或 < 选择对象 >:
指定第二条尺寸界线原点 :
指定尺寸线位置或
[ 多行文字 (M)/ 文字 (T)/ 角度 (A)]:
标注文字 = 333
```

Step 02 按回车键继续执行对齐命令，对线段 BD 进行对齐标注，最终效果如图 8-80 所示。

```
命令 : _dimaligned
指定第一个尺寸界线原点或 < 选择对象 >:
指定第二条尺寸界线原点 :
指定尺寸线位置或
[ 多行文字 (M)/ 文字 (T)/ 角度 (A)]:
标注文字 = 370
```

 工程师点拨 : 在"文字"选项卡中设置文字高度

打开"新建标注样式"对话框，如果在"文字"选项卡的"文字样式"中设定了文字高度，则在"文字高度"数值框中定义的文字高度无效。如果要在"文字"选项卡上设定高度，需将"文字样式"中的文字高度设定为 0。

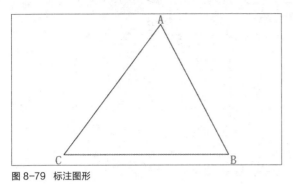

图 8-79 标注图形

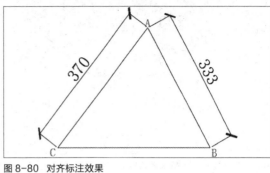

图 8-80 对齐标注效果

8.4.3 基线标注

在 AutoCAD 2015 中，用户可以通过以下方法执行"基线"标注命令。

● 在"注释"选项卡的"标注"面板中单击"基线"按钮█。

● 在命令行中输入快捷命令 DBA，然后按回车键。

执行以上任意一种操作后，系统将自动指定基准标注的第一条尺寸界线作为基线标注的尺寸界线原点，然后用户根据命令行的提示指定第二条尺寸界线原点。选择第二点之后，将绘制基线标注并再次显示"指定第二条尺寸界线原点"提示。

工程师点拨：基线标注的原则

基线标注要先选取一个基准标注，该尺寸只能是线性标注、角度标注或坐标标注。

示例 8-3：使用"基线标注"命令标注如图 8-81 所示图形。

Step 01 单击"注释"面板中的"基线"按钮，选取基准标注，如图 8-82 所示。

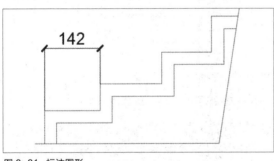

图 8-81 标注图形

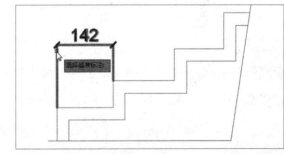

图 8-82 选取基准标注

Step 02 选取基准标注后，根据命令行的提示，指定第二条尺寸界线原点，如图 8-83 所示。继续完成基线标注操作，效果如图 8-84 所示。最终命令行提示内容如下。

```
命令：_dimbaseline
选择基准标注：                                       （选择线性标注第一条尺寸界线）
指定第二条尺寸界线原点或 [放弃(U)/选择(S)] <选择>：    （选择原点）
标注文字 = 299                                       （标注尺寸）
指定第二条尺寸界线原点或 [放弃(U)/选择(S)] <选择>：    （选择原点）
标注文字 = 426                                       （标注尺寸）
指定第二条尺寸界线原点或 [放弃(U)/选择(S)] <选择>：    （按退出键）
```

Chapter 05 为图形填充图案

Chapter 06 块、外部参照及设计中心

Chapter 07 文本标注与编辑

Chapter 08 尺寸标注与编辑

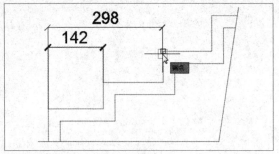

图 8-83 指定第二条尺寸界线原点

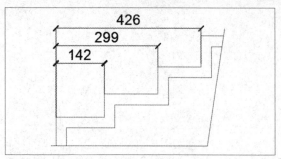

图 8-84 基线标注效果

8.4.4 连续标注

通过下列方法可执行连续标注命令。

- 在"注释"选项卡的"标注"面板中单击"连续"按钮■。
- 在命令行中输入快捷命令 DCO，然后按回车键。

连续标注用于绘制一连串尺寸，每一个尺寸的第二个尺寸界线的原点是下一个尺寸的第一个尺寸界线的原点，在使用"连续标注"之前要标注的对象必须有一个尺寸标注。

示例 8-4：使用"连续标注"命令对图 8-85 所示的图形进行连续标注操作。

Step 01 单击"标注"面板中的"连续"按钮，选择连续标注，如图 8-86 所示。

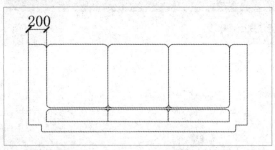

图 8-85 标注图形

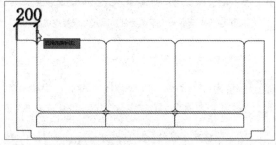

图 8-86 选择连续标注

Step 02 根据命令行的提示指定第二条尺寸界线原点，如图 8-87 所示。

Step 03 继续指定第二条尺寸标注原点，标注完成后，效果如图 8-88 所示。最终命令行提示内容如下。

```
命令：_dimcontinue
选择连续标注：                                              （选择已标注好的线性标注）
指定第二条尺寸界线原点或 ［放弃 (U)/ 选择 (S)]＜选择＞：        （指定第二点）
标注文字 = 680                                             （连续标注）
指定第二条尺寸界线原点或 ［放弃 (U)/ 选择 (S)]＜选择＞：        （指定第二点）
标注文字 =680                                              （连续标注）
指定第二条尺寸界线原点或 ［放弃 (U)/ 选择 (S)]＜选择＞：        （指定第二点）
标注文字 =680                                              （连续标注）
指定第二条尺寸界线原点或 ［放弃 (U)/ 选择 (S)]＜选择＞：        （指定第二点）
标注文字 = 200                                             （连续标注）
指定第二条尺寸界线原点或 ［放弃 (U)/ 选择 (S)]＜选择＞：        （按退出键）
```

工程师点拨：尺寸变量 DIMFIT 取值

当尺寸变量 DIMFIT 取默认值 3 时，半径和直径的尺寸线标注在圆外；当尺寸变量 DIMFIT 的值设置为 0 时，半径和直径的尺寸线标注在圆内。

示例 8-5：使用"半径""直径"和"折弯"命令进行圆和圆弧的标注操作。

Step 01 执行"标注 > 半径"命令，选择里面的圆进行半径标注，如图 8-89 所示。

Step 02 单击后移动光标，将尺寸线放置在一个合适的位置，单击即完成圆的半径标注，如图 8-90 所示。

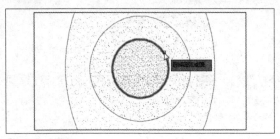

图 8-89 选择圆

图 8-90 半径标注

Step 03 执行"标注 > 直径"命令，选择外侧的圆进行直径标注，如图 8-91 所示。

Step 04 单击后移动光标，将尺寸线放置在一个合适的位置，单击即完成圆的直径标注，如图 8-92 所示。

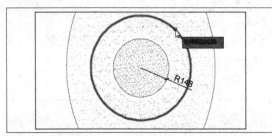

图 8-91 选择圆

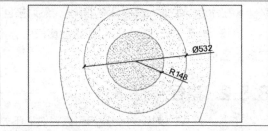

图 8-92 直径标注

Step 05 再执行"标注 > 折弯"命令，选择左侧的圆弧进行折弯标注，如图 8-93 所示。

Step 06 根据提示，指定图示的中心位置，如图 8-94 所示。

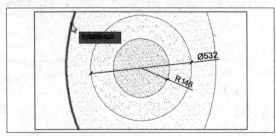

图 8-93 选择圆弧

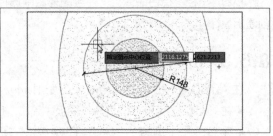

图 8-94 指定中心位置

Step 07 然后指定尺寸线的位置，如图 8-95 所示。

Step 08 最后指定折弯位置，即完成折弯标注的操作，如图 8-96 所示。

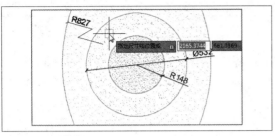

图 8-95 尺寸线位置

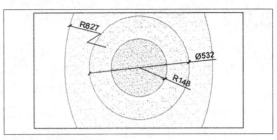

图 8-96 最终标注结果

⬙ 8.6 角度标注与其他类型的标注

下面将为用户介绍角度标注、弧长标注、坐标标注和快速标注。

8.6.1 角度标注 ←————————————————————————————→

在 AutoCAD 2015 中，用户可以通过以下方法执行"角度"标注命令。

- 在"默认"选项卡的"注释"面板中单击"角度"按钮▣。
- 在"注释"选项卡的"标注"面板中单击"角度"按钮▣。
- 在命令行中输入快捷命令 DAN，然后按回车键。

执行"角度"标注命令后，命令行提示内容如下。

```
命令：_dimangular
选择圆弧、圆、直线或 ‹指定顶点›：
```

- 选择圆弧：使用选定圆弧上的点作为三点角度标注的定义点。圆弧的圆心是角度的顶点，圆弧端点成为尺寸界线的原点。
- 选择圆：系统自动把该拾取点作为角度标注的第二条尺寸界线的起始点。
- 选择直线：用两条直线定义角度。程序通过将每条直线作为角度的矢量，将直线的交点作为角度顶点来确定角度。尺寸线跨越这两条直线之间的角度。如果尺寸线与被标注的直线不相交，将根据需要添加尺寸界线，以延长一条或两条直线。圆弧总是小于 180°。
- 指定三点：创建基于指定三点的标注。角度顶点可以同时为一个角度端点。如果需要尺寸界线，那么角度端点可用作尺寸界线的原点。

示例 8-6：使用"角度标注"命令对梯形进行角度标注。

Step 01 执行"标注 > 角度"命令，根据命令提示选取底边直线和斜线，如图 8-97 所示。

Step 02 选取完成后，在图形内侧指定一点，确定尺寸线的位置，如图 8-98 所示。

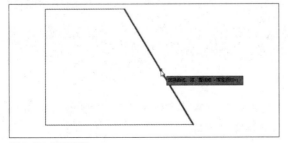

图 8-97 选取直线

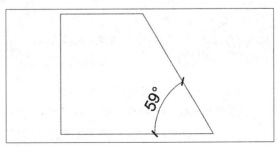

图 8-98 角度标注

8.6.2 弧长标注

在 AutoCAD 2015 中，用户可以通过以下方法执行"弧长"标注命令。

- 在"默认"选项卡的"注释"面板中单击"弧长"按钮▨。
- 在"注释"选项卡的"标注"面板中单击"弧长"按钮▨。
- 在命令行中输入快捷命令 DIMARC，然后按回车键。

执行"弧长"标注命令后，命令行提示内容如下。

```
命令：_dimarc
选择弧线段或多段线圆弧段：
指定弧长标注位置或 [多行文字(M)/文字(T)/角度(A)/部分(P)/引线(L)]：
标注文字 =
```

其中，命令行中主要选项含义介绍如下：

- 部分：选择"部分 P"选项后，可以在标注的圆弧上选取两点，只测量圆弧的一部分长度。
- 引线：选择"引线 L"选项后，在标注文字位置出现引线。

示例 8-7：使用"弧长"标注命令对沙发圆弧位置进行弧长标注。

Step 01 执行"标注 > 弧长"命令，根据命令行提示选择圆弧，如图 8-99 所示。

Step 02 选取完成后，在圆弧外侧指定一点，确定尺寸线的位置，即完成弧长标注，如图 8-100 所示。

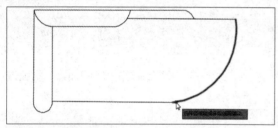

图 8-99 选取圆弧

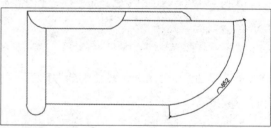

图 8-100 弧长标注

8.6.3 坐标标注

在 AutoCAD 2015 中，用户可以通过以下方法执行"坐标"标注命令。

- 在"默认"选项卡的"注释"面板中单击"坐标"按钮▨。
- 在"注释"选项卡的"标注"面板中单击"坐标"按钮▨。
- 在命令行中输入快捷命令 DOR，然后按回车键。

执行"坐标"标注命令后，命令行提示内容如下。

```
命令：_dimordinate
指定点坐标：
指定引线端点或 [X 基准(X)/Y 基准(Y)/多行文字(M)/文字(T)/角度(A)]：
标注文字 =
```

其中，命令行中主要选项含义介绍如下：

- 指定引线端点：使用点坐标和引线端点的坐标差可确定它是 X 坐标标注还是 Y 坐标标注。如果 Y 坐标的坐标差较大，标注就测量 X 坐标。否则就测量 Y 坐标。
- X 基准：测量 X 坐标并确定引线和标注文字的方向。

- Y 基准：测量 Y 坐标并确定引线和标注文字的方向。

示例 8-8：使用"坐标"标注命令对圆的圆心位置进行坐标标注。

Step 01 执行"标注 > 坐标"命令，根据命令行提示指定圆心为点坐标，光标向右移动拉伸引线指定引线端点位置，如图 8-101 所示。

Step 02 按回车键，继续指定圆心为点坐标，光标向上移动指定引线端点位置，标注结果如图 8-102 所示。

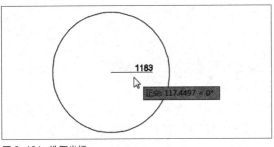

图 8-101　选取坐标

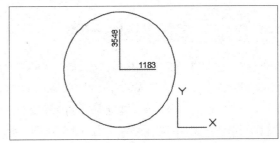

图 8-102　坐标标注

8.6.4　快速标注

在 AutoCAD 2015 中，用户可以通过以下方法执行"快速标注"命令。

- 在"注释"选项卡的"标注"面板中单击"快速标注"按钮▣。
- 在命令行中输入 QDIM，然后按回车键。

执行"快速标注"命令后，命令行提示内容如下。

```
命令：_qdim
关联标注优先级 = 端点
选择要标注的几何图形：
指定尺寸线位置或 [连续 (C)/ 并列 (S)/ 基线 (B)/ 坐标 (O)/ 半径 (R)/ 直径 (D)/ 基准点 (P)/ 编辑 (E)/ 设置 (T)]:
```

其中，命令行中各选项的含义介绍如下：

- 连续：创建一系列连续标注，其中线性标注线端对端地沿同一条直线排列。
- 并列：创建一系列并列标注，其中线性尺寸线以恒定的增量相互偏移。
- 基线：创建一系列基线标注，其中线性标注共享一条公用尺寸界线。
- 半径：创建一系列半径标注，其中将显示选定圆弧和圆的半径值。
- 直径：创建一系列直径标注，其中将显示选定圆弧和圆的直径值。
- 基准点：为基线和坐标标注设置新的基准点。
- 编辑：在生成标注之前，删除出于各种考虑而选定的点位置。

示例 8-9：使用"快速"标注命令标注出每阶楼梯的宽度。

Step 01 执行"标注 > 快速"标注命令，根据命令行提示，以窗交方式选择每阶楼梯的线段，如图 8-103 所示。

Step 02 按回车键，将光标向下移动指定尺寸界线位置，标注结果如图 8-104 所示。

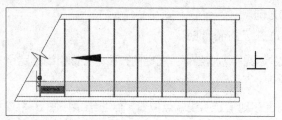

图 8-103 选取标注图形

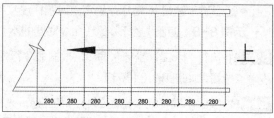

图 8-104 快速标注

8.7 多重引线标注

引线对象是一条线或样条曲线，其一端带有箭头或设置没有箭头，另一端带有多行文字对象或块。多重引线标注命令常用于对图形中的某些特定对象进行说明，使图形表达更清楚。

在向 AutoCAD 图形添加多重引线时，单一的引线样式往往不能满足设计的要求，这就需要预先定义新的引线样式，即指定基线、引线、箭头和注释内容的格式，用于控制多重引线对象的外观。

在 AutoCAD 2015 中，通过"标注样式管理器"对话框可创建并设置多重引线样式，用户可以通过以下方法调出该对话框。

- 在"默认"选项卡的"注释"面板中单击"多重引线样式"按钮 。
- 在"注释"选项卡的"引线"面板中单击右下角箭头 。
- 在命令行中输入 MLEADERSTYLE 命令，然后按回车键。

执行以上任意一种操作后，可打开如图 8-105 所示的"多重引线样式管理器"对话框。单击"新建"按钮，打开"创建新多重引线样式"对话框，输入样式名并选择基础样式，如图 8-106 所示。单击"继续"按钮，即可在打开的"修改多重引线样式"对话框中对各选项卡进行详细的设置。

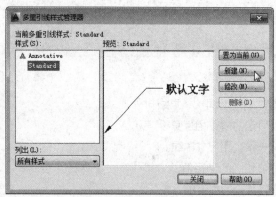

图 8-105 "多重引线样式管理器"对话框

图 8-106 输入新样式名

1. 引线格式

在"修改多重引线样式"对话框中，"引线格式"选项卡用于设置引线的类型及箭头的形状，如图 8-107 所示。其中各选项组的作用如下：

- 常规：主要用来设置引线的类型、颜色、线型、线宽等。其中在下拉列表中可以选择直线、样条曲线或无选项。
- 箭头：主要用来设置箭头的形状和大小。
- 引线打断：主要用来设置引线打断大小参数。

2. 引线结构

在"引线结构"选项卡中可以设置引线的段数、引线每一段的倾斜角度及引线的显示属性，如图8-108所示。其中各选项组的作用如下：

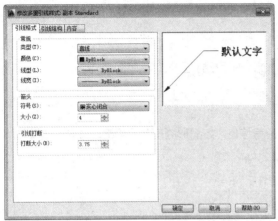

图 8-107 "引线格式"选项卡

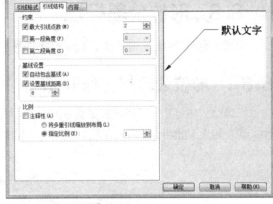

图 8-108 "引线结构"选项卡

- 约束：该选项组中启用相应的复选框可指定点数目和角度值。
- 基线设置：可以指定是否自动包含基线及多重引线的固定距离。
- 比例：启用相应的复选框或选择相应单选按钮，可以确定引线比例的显示方式。

3. 内容

在"内容"选项卡中，主要用来设置引线标注的文字属性，如图8-109所示。在引线中既可以标注多行文字，也可以在其中插入块，这两个类型的内容主要通过"多重引线类型"下拉列表来切换。

（1）多行文字

选择该选项后，则选项卡中各选项用来设置文字的属性，这方面与"文字样式"对话框基本类似，如图8-109所示。然后单击"文字选项"选项组中"文字样式"列表框右侧的按钮，可直接访问"文字样式"对话框。其中"引线连接"选项组用于控制多重引线的引线连接设置。引线可以水平或垂直连接。

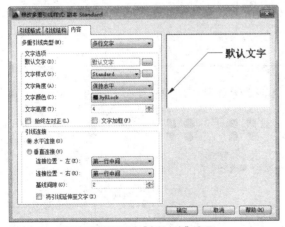

图 8-109 设置多重引线类型为"多行文字"选项

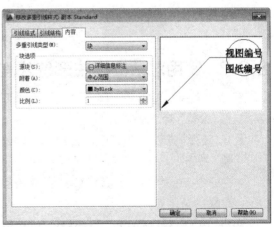

图 8-110 设置多重引线类型为"块"选项

（2）块

选择"块"选项后，即可在"源块"列表框中指定块内容，并在"附着"列表框中指定块的范围、插入点或中心点附着块类型，还可以在"颜色"列表框中指定多重引线块内容颜色，如图 8-110 所示。

8.8 形位公差标注

下面将为用户介绍公差标注，其中包括符号表示、使用对话框标注公差等内容。

8.8.1 形位公差的符号表示

在 AutoCAD 中，可通过特征控制框来显示形位公差信息，如图形的形状、轮廓、方向、位置和跳动的偏差等。下面将介绍几种常用公差符号，如表 8-1 所示。

表 8-1 公差符号

符 号	含 义	符 号	含 义
⊕	定位	▱	平坦度
◎	同心 / 同轴	○	圆或圆度
≐	对称	——	直线度
//	平行	⌒	平面轮廓
⊥	垂直	⌒	直线轮廓
∠	角	↗	圆跳动
⌿	柱面性	⌿	全跳动
⌀	直径	Ⓛ	最小包容条件（LMC）
Ⓟ	投影公差	Ⓢ	不考虑特征尺寸（RFS）
Ⓜ	最大包容条件（MMC）		

8.8.2 使用对话框标注形位公差

在 AutoCAD 2015 中，用户可以通过以下方法执行"公差"标注命令。

- 在"注释"选项卡的"标注"面板中单击"公差"按钮。
- 在命令行中输入快捷命令 TOL，然后按回车键。

执行"公差"标注命令后，系统将打开"形位公差"对话框，如图 8-111 所示。

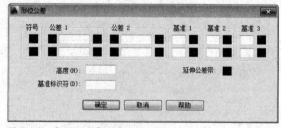

图 8-111 "形位公差"对话框

该对话框中各选项的功能介绍如下。

1. 符号

该选项组用于显示从"特征符号"对话框中选择的几何特征符号。选择一个"符号"框时，显示该对话框，如图 8-112 所示。

2. 公差 1

该选项组用于创建特征控制框中的第一个公差值。公差值指明了几何特征相对于精确形状的允许偏差量。可在公差值前插入直径符号，在其后插入包容条件符号。

- 第一个框：在公差值前面插入直径符号。单击该框插入直径符号。
- 第二个框：创建公差值。在框中输入值。
- 第三个框：显示"附加符号"对话框，从中选择修饰符号，如图 8-113 所示。这些符号可以作为几何特征和大小可改变的特征公差值的修饰符。在"形位公差"对话框中，将符号插入到的第一个公差值的"附加符号"框中。

图 8-112 "特征符号"对话框

图 8-113 "附加符号"对话框

3. 公差 2

该选项组用于在特征控制框中创建第二个公差值。以与第一个相同的方式指定第二个公差值。

4. 基准 1

该选项组用于在特征控制框中创建第一级基准参照。基准参照由值和修饰符号组成。基准是理论上精确的几何参照，用于建立特征的公差带。

- 第一个框：创建基准参照值。
- 第二个框：显示"附加符号"对话框，从中选择修饰符号。这些符号可以作为基准参照的修饰符。在"形位公差"对话框中，将符号插入到的第一级基准参照的"附加符号"框中。

5. 基准 2

在特征控制框中创建第二级基准参照，方式与创建第一级基准参照相同。

6. 基准 3

在特征控制框中创建第三级基准参照，方式与创建第一级基准参照相同。

7. 高度

创建特征控制框中的投影公差零值。投影公差带控制固定垂直部分延伸区的高度变化，并以位置公差控制公差精度。

8. 延伸公差带

在延伸公差带值的后面插入延伸公差带符号。

9. 基准标识符

创建由参照字母组成的基准标识符。基准是理论上精确的几何参照，用于建立其他特征的位置和公差带。点、直线、平面、圆柱或者其他几何图形都能作为基准。

工程师点拨：公差命令

用公差命令标注形位公差不能绘制引线，必须用引线命令绘制引线。另外一种解决方法是使用引线命令直接标注形位公差，操作时在"引线设置"对话框中将"注释类型"设置为"公差"，然后单击"确定"按钮，弹出"形位公差"对话框，便可标注形位公差。

示例 8-10：使用"公差"命令对图形进行形位公差标注。

Step 01 执行"直径"标注命令，对 3 个圆进行直径标注，如图 8-114 所示。

Step 02 执行"标注 > 公差"标注命令，打开"形位公差"对话框，单击"符号"选项组下的第一个黑色方框，如图 8-115 所示。

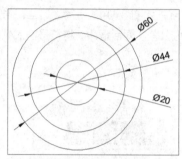

图 8-114　直径标注

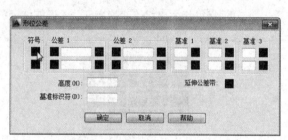

图 8-115　设置符号

Step 03 打开"特征符号"对话框，选择"同轴度"符号，如图 8-116 所示。

Step 04 返回上一对话框，单击"公差 1"选项组第一个黑色方框，即可显示同轴度符号，然后在其后文本框中输入 0.02，如图 8-117 所示。

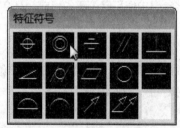

图 8-116　选择"同轴度"符号

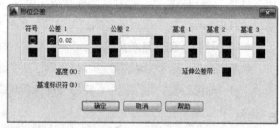

图 8-117　设置"公差 1"

Step 05 在"基准 1"选项组的第一个文本框中输入 A，单击"确定"按钮即可，如图 8-118 所示。

Step 06 在图形的合适位置放置形位公差标注，并单击"多重引线"命令，绘制形位公差的引线，如图 8-119 所示。

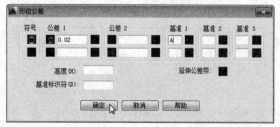

图 8-118　设置"基准 1"

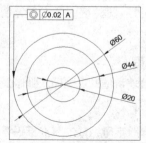

图 8-119　形位公差标注

8.9　编辑标注对象

下面将为用户介绍标注对象的编辑方法，包括编辑标注、替代标注、更新标注等内容。

8.9.1　编辑标注

使用编辑标注命令可以改变尺寸文本或者强制尺寸界线旋转一定的角度。通过下列方法可执行编辑标注文字命令。

- 单击"注释"选项卡中"标注"面板中的"倾斜"按钮 ▨。
- 在命令行中输入快捷命令 DED 并按回车键。

执行以上任意一种操作后，命令行提示内容如下。

```
命令：DED
DIMEDIT
输入标注编辑类型 [默认(H)/新建(N)/旋转(R)/倾斜(O)] <默认>：
```

- 默认：将旋转标注文字移回默认位置。选定的标注文字移回到由标注样式指定的默认位置和旋转角。
- 新建：可以更改标注文字。
- 旋转：用于旋转指定对象中的标注文字，选择该项后系统将提示用户指定旋转角度，如果输入 0 则将标注文字按缺省方向放置。
- 倾斜：调整线性标注尺寸界线的倾斜角度，选择该项后系统将提示用户选择对象并指定倾斜角度。当尺寸界线与图形的其他要素冲突时，"倾斜"选项将很有用处。

8.9.2　编辑标注文本的位置

编辑标注文字命令可以改变标注文字的位置或是放置标注文字。通过下列方法可执行编辑标注文字命令。

- 单击"注释"选项卡中"标注"面板中的"文字角度"按钮 ▨。
- 在命令行中输入 DIMTEDIT，然后按回车键。

执行以上任意一种操作后，命令行提示内容如下。

```
命令：DIMTEDIT
选择标注：
为标注文字指定新位置或 [左对齐(L)/右对齐(R)/居中(C)/默认(H)/角度(A)]：
```

其中，上述命令行中各选项的含义介绍如下：

- 标注文字的位置：移动光标更新标注文字的位置。
- 左：沿尺寸线左对正标注文字。
- 右：沿尺寸线右对正标注文字。
- 中：将标注文字放在尺寸线的中间。
- 默认：将标注文字移回默认位置。
- 角度：修改标注文字的角度。文字的圆心并没有改变。

工程师点拨：快速更改标注文本位置

单击"注释"选项卡中"标注"面板中"左对正" **▐═**、"居中对正" **▐═** 和"右对正" **▐═** 按钮，可以直接更改尺寸标注的文本位置。

8.9.3 替代标注

当少数尺寸标注与其他大多数尺寸标注在样式上有差别时，若不想创建新的标注样式，可以创建标注样式替代。

在"标注样式管理器"对话框中，单击"替代"按钮，打开"替代当前样式"对话框，如图 8-120 所示。从中可对所需的参数进行设置，比如将文字高度改为 50，然后单击"确定"按钮即可。返回到上一对话框，在"样式"列表中显示了"样式替代"，如图 8-121 所示。

图 8-120 "替代当前样式"对话框

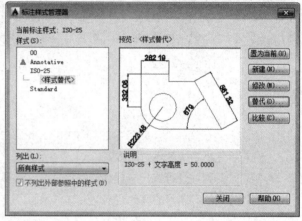

图 8-121 "样式替代"选项

 工程师点拨：创建样式替代

用户只能为当前的标注样式创建替代样式。当用户将其他标注样式置为当前样式后，样式替代将自动删除。

8.9.4 更新标注

在标注建筑图形中，用户可以使用更新标注功能，使其采用当前的尺寸标注样式。通过以下方法可调用更新尺寸标注命令。

● 在"注释"选项卡的"标注"面板中单击"更新"按钮 **▐**。

执行操作后，命令行提示内容如下。

```
命令：_-dimstyle
当前标注样式：尺寸标注    注释性：否
输入标注样式选项
[注释性 (AN)/ 保存 (S)/ 恢复 (R)/ 状态 (ST)/ 变量 (V)/ 应用 (A)/?] <恢复>：
```

8.10　尺寸标注的关联性

下面将为用户介绍尺寸标注的关联性，包括设置关联标注模式、重新关联、查看尺寸标注的关联关系等。

8.10.1　设置关联标注模式

在 AutoCAD 2015 中，尺寸标注的各组成元素之间的关系有两种，一种是所有组成元素构成一个块实体，另一种是各组成元素构成各自的单独实体。

作为一个块实体的尺寸标注与所标注对象之间的关系也有两种，一种是关联标注，一种是无关联标注。在关联标注模式下，尺寸标注随被标注对象的变化而自动改变。

AutoCAD 用系统变量 DIMASSOC 来控制尺寸标注的关联性。DIMASSOC=2，为关联性标注；DIMASSOC=1，为无关联性标注；DIMASSOC=0，为分解的尺寸标注，即各组成元素构成单独的实体。

8.10.2　重新关联

在 AutoCAD 2015 中，用户可以通过以下方法执行"重新关联"标注命令。

● 在"注释"选项卡的"标注"面板中单击"重新关联"按钮 ▦。

● 在命令行中输入 DIMREASSOCIATE，然后按回车键。

在状态栏中单击"注释监测器"按钮 ✛，可跟踪关联标注，并亮显任何无效的或解除关联的标注，单击此图标，可打开快捷菜单，进行关联设置。

示例 8-11：使用"关联"命令对标注进行重新关联。

`Step 01` 单击状态栏"注释检测器"按钮，无关联的标注即可显示，如图 8-122 所示。

`Step 02` 单击黄色亮显部分，即出现快捷菜单，然后选择"重新关联"选项，如图 8-123 所示。

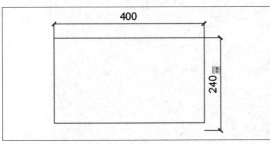

图 8-122　注释监测器

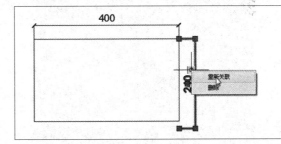

图 8-123　选择"重新关联"

`Step 03` 根据命令行提示，选择标注的线段顶点位置为第一个尺寸界线原点，线段下侧端点为指定的第二个尺寸界线原点，如图 8-124 所示。

`Step 04` 单击端点后，重新关联命令即完成，如图 8-125 所示。命令行提示如下。

```
命令：__.DIMREASSOCIATE
选择要重新关联的标注 ...找到 1 个
指定第一个尺寸界线原点或 [选择对象(S)] <下一个>：
标注点没有重新关联。
指定第二个尺寸界线原点 <下一个>：
```

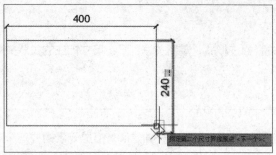

图 8-124　指定尺寸界线原点

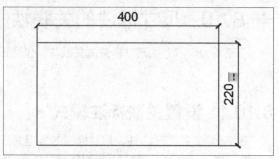

图 8-125　关联后结果

8.10.3　查看尺寸标注的关联关系

选中尺寸标注后，打开"特性"选项板，可查看尺寸标注的关联关系。在"特性"选项板的"常规"卷展栏中，有一个关联项，如果是关联性尺寸标注，其后显示"是"，如图 8-126 所示。如果是非关联尺寸标注，显示"否"，如图 8-127 所示。如果是分解的尺寸标注，则没有关联项。

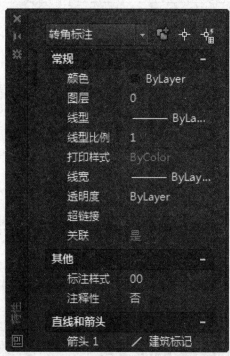

图 8-126　关联性尺寸标注

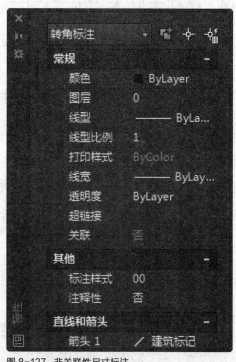

图 8-127　非关联性尺寸标注

 工程师点拨：更改关联性

改为关联：选择需要修改的尺寸标注，执行 DIMREASSOCIATE 命令即可。改为非关联：选择需要修改的尺寸标注，执行 DIMDISASSOCIATE 命令即可。

✛ 上机实践 ┃ 为卧室平面布置图添加尺寸标注

✛ **实践目的**	帮助用户掌握尺寸标注样式的创建与管理，以及各类尺寸标注的标注方法。
✛ **实践内容**	应用本章所学的知识为户型图添加尺寸标注。
✛ **实践步骤**	首先打开需要标注的图形文件，然后新建尺寸标注样式，最后运用尺寸标注命令对图形进行标注，具体操作介绍如下。

Step 01 打开"实例文件\第 8 章\上机实践\卧室平面布置图 .dwg"文件，然后将其另存为"添加尺寸标注"，如图 8-128 所示。

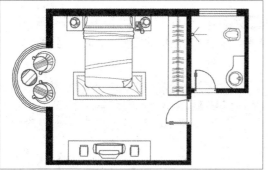

图 8-128　打开素材文件

Step 03 单击"继续"按钮，打开"新建标注样式"对话框，然后在"线"选项卡中，设置"超出尺寸线"为 50，"起点偏移量"为 200，如图 8-130 所示。

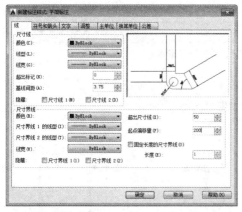

图 8-130　"线"选项卡

Step 05 在"文字"选项卡中，单击"文字样式"按钮，打开"文字样式"对话框，设置字体为"宋体"，字高为 200，然后依次单击"应用""关闭"按钮，如图 8-132 所示。

Step 02 单击"默认"选项卡"注释"面板中的"标注样式"命令，打开"标注样式管理器"对话框。单击"新建"按钮，打开相应的对话框，输入新样式名，如图 8-129 所示。

图 8-129　新建标注样式

Step 04 在"符号和箭头"选项卡中，设置样式为"建筑标记"，大小为"80"，如图 8-131 所示。

图 8-131　"符号和箭头"选项卡

Step 06 返回上一对话框，设置"从尺寸线偏移"为 50，如图 8-133 所示。

图 8-132 "文字样式"对话框

图 8-133 "文字"选项卡

Step 07 在"调整"选项卡的"文字位置"选项组中，选择"尺寸线上方，不带引线"单选按钮，如图 8-134 所示。

Step 08 在"主单位"选项卡的"线性标注"选项组中，设置"单位格式"为"小数"，设置"精度"为 0，如图 8-135 所示。

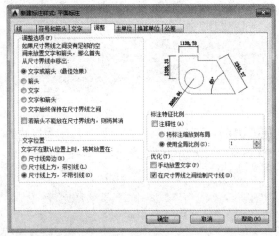

图 8-134 "调整"选项卡

图 8-135 "主单位"选项卡

Step 09 单击"确定"按钮，返回上一对话框，依次单击"置为当前""关闭"按钮。执行"线性"标注命令，对图形进行线性标注，如图 8-136 所示。

Step 10 执行"连续"标注命令，进行连续标注操作，如图 8-137 所示。

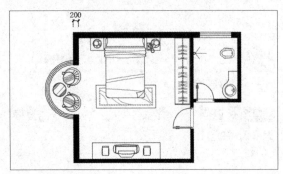

图 8-136 线性标注

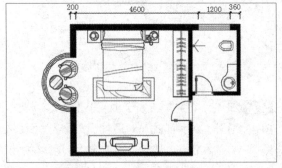

图 8-137 连续标注

Step 11 再次执行"线性"标注命令，标注墙体总长度值，如图 8-138 所示。

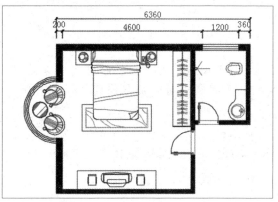

图 8-138 线性标注

Step 12 执行"线性"和"连续"标注命令，按照以上相同的操作方法，对图形中其他部分进行标注，如图 8-139 所示。

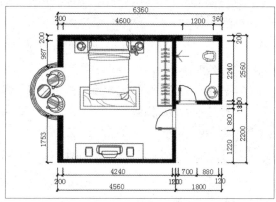

图 8-139 线性、连续标注

Step 13 选中要编辑的尺寸标注，将光标停留在尺寸数字夹点上，然后在快捷菜单中选择"仅移动文字"选项，如图 8-140 所示。

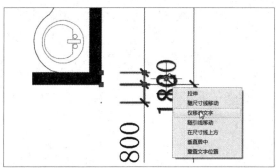

图 8-140 编辑文字位置

Step 14 将文字移动至合适位置，目的是看清每个尺寸标注，如图 8-141 所示。

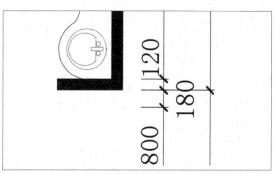

图 8-141 尺寸数字移动效果

Step 15 按照以上相同的操作方法，编辑其他标注文字的位置，效果如图 8-142 所示。

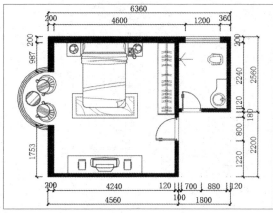

图 8-142 编辑尺寸数字位置效果

Step 16 执行"弧长"标注命令，标注左侧圆弧形阳台的弧长，如图 8-143 所示。至此完成所有尺寸标注的添加。

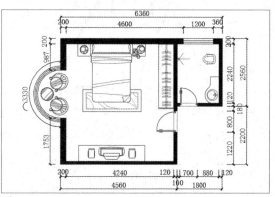

图 8-143 最终结果

课后练习

本章主要介绍了各种尺寸标注的概念、用途以及标注方法。熟练掌握尺寸标注，在绘图中是十分必要的。

1. 选择题

(1) 在"新建标注样式"对话框中，"文字"选项卡下的"分数高度比例"选项只有设置了以下哪个选项后才可生效（   ）。

A. 单位精度　　　　　B. 公差　　　　　C. 换算单位　　　　　D. 使用全局比例

(2) 在 AutoCAD 2015 中，使用哪个命令可以立刻标注多个圆、圆弧及编辑现有标注的布局（   ）。

A. 引线标注　　　　　B. 坐标标注　　　　　C. 快速标注　　　　　D. 折弯标注

(3) 尺寸标注的快捷键是（   ）。

A. DOC　　　　　B. DLI　　　　　C. D　　　　　D. DIM

(4) 使用"快速标注"命令标注圆或圆弧时，不能自动标注（   ）。

A. 半径　　　　　B. 基线　　　　　C. 圆心　　　　　D. 直径

2. 填空题

(1) 在 AutoCAD 2015 中，使用＿＿＿＿命令，可以打开"标注样式管理器"对话框，并利用该对话框创建、设置和修改标注样式。

(2) 在工程制图时，一个完整的尺寸标注应该由＿＿＿＿、尺寸线、箭头和尺寸数字四个要素组成。

(3) 在标注建筑图形中，用户可以使用＿＿＿＿功能，使其采用当前的尺寸标注样式。

3. 上机操作题

(1) 使用"线性""连续""基线""角度""对齐""半径"和"直径"标注命令，为机械图添加尺寸标注，如图 8-144 所示。

(2) 使用"多重引线"命令，对立面图进行引线标注说明，如图 8-145 所示。

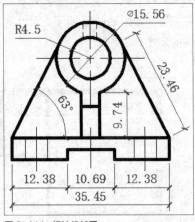

图 8-144　标注机械图

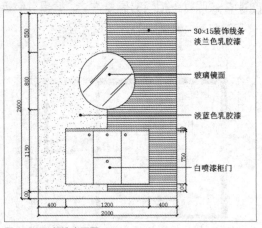

图 8-145　标注立面图

Chapter 09

创建三维模型

课题概述 使用 AutoCAD 2015 创建三维模型需要在三维建模空间中进行，与传统的二维草图空间相比，三维建模空间可以看作坐标系的 Z 轴。二维图形只能显示平面效果，三维实体模型则可以还原真实的模型效果。三维实体模型可以通过二维模型来创建，也可以直接使用三维模型命令来创建。

教学目标 熟悉并掌握三维绘图的基础知识，如三维视图、坐标系、视觉样式的使用，以及三维实体的绘制、二维图形生成三维实体的方法等内容。

⊹ 章节重点	⊹ 光盘路径
★★★★ ｜ 由二维图形生成三维模型	**上机实践**：实例文件＼第 9 章＼上机实践＼绘制墙体模型
★★★★ ｜ 创建三维实体	**课后练习**：实例文件＼第 9 章＼课后练习
★★★☆ ｜ 布尔运算	
★★☆☆ ｜ 设置视觉样式	
★★☆☆ ｜ 三维绘图基础	

⊹ 9.1　三维绘图基础

使用 AutoCAD 2015 进行三维模型的绘制时，首先要掌握三维绘图的基础知识，如三维视图、三维坐标系和动态 UCS 等，然后才能快速、准确地完成三维模型的绘制。

在 AutoCAD 2015 中绘制三维模型时，首先应将工作空间切换为"三维建模"工作空间，如图 9-1 所示。单击状态栏中的"切换工作空间"下拉按钮 ▨，在弹出的快捷菜单中选择"三维建模"选项，即可切换至"三维建模"工作空间。

图 9-1　"三维建模"工作界面

9.1.1 设置三维视图

绘制三维模型时，由于模型有多个面，仅从一个角度不能观看到模型的其他面，因此，应根据情况选择相应的观察点。三维视图样式有多种，其中包括俯视、仰视、左视、右视、前视、后视、西南等轴测、东南等轴测、东北等轴测和西北等轴测。

在 AutoCAD 2015 中，用户可以通过以下方法设置三维视图。

● 在"常用"选项卡的"视图"面板中单击"三维导航"下拉按钮，在打开的下拉列表中选择相应的视图选项即可，如图 9-2 所示。

● 在"可视化"选项卡的"视图"面板中，选择相应的视图选项即可，如图 9-3 所示。

● 在绘图窗口中单击"视图控件"图标，在打开的快捷菜单中选择相应的视图选项即可，如图 9-4 所示。

图 9-2 "三维导航"下拉列表

图 9-3 "视图"面板

图 9-4 "视图控件"快捷菜单

9.1.2 三维坐标系

三维坐标分为世界坐标系和用户坐标系两种。其中世界坐标系则为系统默认坐标系，它的坐标原点和方向为固定不变的。用户坐标系则可根据绘图需求，改变坐标原点和方向，使用起来较为灵活。

在 AutoCAD 2015 中，使用 UCS 命令可创建用户坐标系。用户可以通过以下方法执行"UCS"命令。

● 在"常用"选项卡的"坐标"面板中单击相关的 UCS 按钮，如图 9-5 所示。

● 在"可视化"选项卡的"坐标"面板中单击相关的 UCS 按钮。

● 在命令行中输入 UCS，然后按回车键。

图 9-5 "坐标"面板

 工程师点拨：动态 UCS 功能

使用动态 UCS 功能，可以在创建对象时使 UCS 的 XY 平面自动与实体模型上的平面临时对齐。在状态栏中单击"自定义"按钮，选择"动态 UCS"选项，此选项即出现在状态栏中，单击"动态 UCS"按钮 图，即可打开或关闭动态 UCS 功能。

执行 UCS 命令后，命令行提示内容如下。

```
命令：UCS
当前 UCS 名称：* 没有名称 *
指定 UCS 的原点或 [ 面 (F) / 命名 (NA) / 对象 (OB) / 上一个 (P) / 视图 (V) / 世界 (W) /X/Y/Z/Z 轴 (ZA)] ＜世界＞：
```

在命令行中，各选项的含义介绍如下：

- 指定 UCS 的原点：使用一点、两点或三点定义一个新的 UCS。指定单个点后，命令提示行将提示"指定 X 轴上的点或＜接受＞："，此时，按回车键选择"接受"选项，当前 UCS 的原点将会移动而不会更改 X、Y 和 Z 轴的方向；如果在此提示下指定第二个点，UCS 将绕先前指定的原点旋转，以使 UCS 的 X 正半轴通过该点；如果指定第三点，UCS 将绕 X 轴旋转，以使 UCS 的 Y 正半轴包含该点。
- 面：用于将 UCS 与三维对象的选定面对齐，UCS 的 X 轴将与找到的第一个面上最近的边对齐。
- 命名：按名称保存并恢复通常使用的 UCS 坐标系。
- 对象：根据选定的三维对象定义新的坐标系。新 UCS 的拉伸方向为选定对象的方向。此选项不能用于三维多段线、三维网格和构造线。
- 上一个：恢复上一个 UCS 坐标系。程序会保留在图纸空间中创建的最后 10 个坐标系和在模型空间中创建的最后 10 个坐标系。
- 视图：以平行于屏幕的平面为 XY 平面建立新的坐标系，UCS 原点保持不变。
- 世界：将当前用户坐标系设置为世界坐标系。UCS 是所有用户坐标系的基准，不能被重新定义。
- X/Y/Z：绕指定的轴旋转当前 UCS 坐标系。通过指定原点和正半轴绕 X、Y 或 Z 轴旋转。
- Z 轴：用指定的 Z 的正半轴定义新的坐标系。选择该选项后，可以指定新原点和位于新建 Z 轴正半轴上的点；或选择一个对象，将 Z 轴与离选定对象最近的端点的切线方向对齐。

9.2 设置视觉样式

在等轴测视图中绘制三维模型时，默认状况下是以线框方式显示的。用户可以使用多种不同的视图样式来观察三维模型，如真实、隐藏等。通过以下方法可执行视觉样式命令。

- 在"常用"选项卡的"视图"面板中单击"视觉样式"下拉按钮，在打开的下拉列表中选择相应的视觉样式选项即可，如图 9-6 所示。
- 在"可视化"选项卡的"视觉样式"面板中单击"视觉样式"下拉按钮，在打开的下拉列表中选择相应的视觉样式选项即可。
- 在绘图窗口中单击"视图样式控件"图标，在打开的快捷菜单中选择相应的视图样式选项即可，如图 9-7 所示。

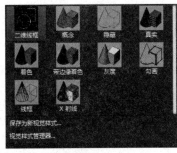

图 9-6 视觉样式面板

图 9-7 "视觉样式控件"快捷菜单

9.2.1 二维线框样式 ←

二维线框视觉样式使用表现实体边界的直线和曲线来显示三维对象。在该模式中光栅和嵌入对象、线型及线宽均是可见的，并且线与线之间都是重复叠加的，如图 9-8 所示。

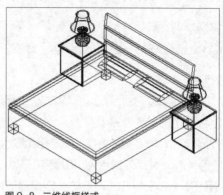

图 9-8 二维线框样式

9.2.2 概念样式 ←

概念视觉样式显示着色后的多边形平面间的对象，并使对象的边平滑化。该视觉样式缺乏真实感，但可以方便用户查看模型的细节，如图 9-9 所示。

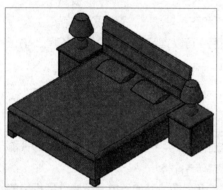

图 9-9 概念样式

9.2.3 真实样式 ←

真实视觉样式显示着色后的多边形平面间的对象，对可见的表面提供平滑的颜色过渡，其表达效果进一步提高，同时显示已经附着到对象上的材质效果，如图 9-10 所示。

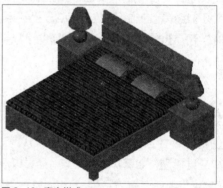

图 9-10 真实样式

9.2.4 其他样式 ←

在 AutoCAD 2015 中还包括隐藏、着色、带边框着色、灰度和线宽等视觉样式。

1. 隐藏样式

隐藏视觉样式与概念视觉样式相似，但是概念样式是以灰度显示，并略带有阴影光线；而隐藏样式则以白色显示，如图 9-11 所示。

2. 着色

着色视觉样式可使实体产生平滑的着色模型，如图 9-12 所示。

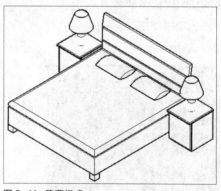

图 9-11 隐藏样式

3. 带边框着色样式

带边框着色视觉样式可以使用平滑着色和可见边显示对象，如图 9-13 所示。

4. 灰度样式

灰度视觉样式使用平滑着色和单色灰度显示对象，如图 9-14 所示。

图 9-12 着色样式

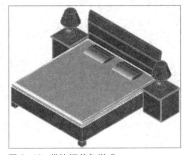

图 9-13 带边框着色样式

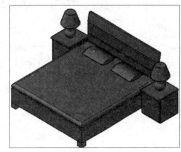

图 9-14 灰度样式

5. 勾画样式

勾画视觉样式使用线延伸和抖动边修改器显示手绘效果的对象，如图 9-15 所示。

6. 线框样式

线框视觉样式通过使用直线和曲线表示边界的方式显示对象，如图 9-16 所示。

7. X 射线样式

X 射线视觉样式可更改面的不透明度使整个场景变成部分透明，如图 9-17 所示。

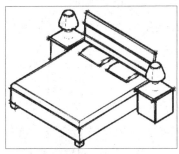

图 9-15 勾画样式

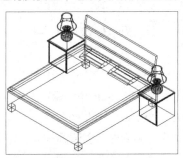

图 9-16 线框样式

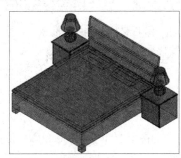

图 9-17 X 射线样式

 工程师点拨：了解视觉样式

视觉样式只是在视觉上产生了变化，实际上模型并没有改变。

✛ 9.3 绘制三维实体

基本的三维实体主要包括长方体、球体、圆柱体、圆锥体和圆环体等。下面将介绍这些实体的绘制方法。

9.3.1 长方体的绘制 ←

长方体是最基本的实体对象，用户可以通过以下方法执行"长方体"命令。

- 在"常用"选项卡的"建模"面板中单击"长方体"按钮▣。
- 在"实体"选项卡的"图元"面板中单击"长方体"按钮▣。
- 在命令行中输入 BOX，然后按回车键。

单击"视图"面板中"西南等轴测"选项，然后执行"长方体"命令，根据命令行的提示创建长方体，如图 9-18、9-19 所示。命令行提示内容如下。

```
命令：_box
指定第一个角点或 [中心(C)]：0,0,0                    （指定一点 ）
指定其他角点或 [立方体(C)/长度(L)]：@200,300,0       （输入 @200,300,0）
指定高度或 [两点(2P)]<200.0000>：300                 （输入 300）
```

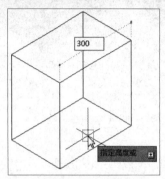

图 9-18 指定高度

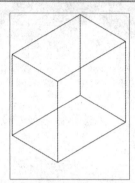

图 9-19 长方体

9.3.2 圆柱体的绘制

圆柱体是以圆或椭圆为截面形状，沿该截面法线方向拉伸所形成的实体特征。用户可以通过以下方法执行"圆柱体"命令。

- 在"常用"选项卡的"建模"面板中单击"圆柱体"按钮▣。
- 在"实体"选项卡的"图元"面板中单击"圆柱体"按钮▣。
- 在命令行中输入快捷命令 CYL，然后按回车键。

执行"圆柱体"命令后，根据命令行中的提示创建圆柱体，如图 9-20、9-21 所示。命令行提示内容如下。

```
命令：_cylinder
指定底面的中心点或 [三点(3P)/两点(2P)/切点、切点、半径(T)/椭圆(E)]：    （指定一点）
指定底面半径或 [直径(D)]：200                                      （输入 200）
指定高度或 [两点(2P)/轴端点(A)]<300.0000>：350                      （输入 350）
```

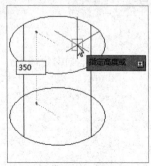

图 9-20 指定高度

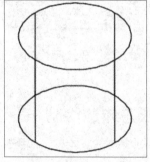

图 9-21 圆柱体

命令行中各选项的含义介绍如下：

- 三点：通过指定三个点来定义圆柱体的底面周长和底面。
- 两点：通过指定两个点来定义圆柱体的底面直径。
- 相切、相切、半径：定义具有指定半径，且与两个对象相切的圆柱体底面。
- 椭圆：定义圆柱体底面形状为椭圆，并生成椭圆柱体。
- 轴端点：指定圆柱体轴的端点位置。轴端点是圆柱体的顶面中心点。

9.3.3　圆锥体的绘制

圆锥体是以圆或椭圆为底面，以对称方式形成锥体表面，最后交于一点或交于一个圆或椭圆平面。用户可以通过以下方法执行"圆锥体"命令。

- 在"常用"选项卡的"建模"面板中单击"圆锥体"按钮▲。
- 在"实体"选项卡的"图元"面板中单击"圆锥体"按钮▲。
- 在命令行中输入快捷命令 CONE，然后按回车键。

执行"圆锥体"命令后，根据命令行提示创建圆锥体，如图 9-22、9-23 所示。命令行提示内容如下。

```
命令：_cone
指定底面的中心点或 [三点(3P)/两点(2P)/切点、切点、半径(T)/椭圆(E)]：          (指定一点)
指定底面半径或 [直径(D)]：                                              (输入200)
指定高度或 [两点(2P)/轴端点(A)/顶面半径(T)]：                            (输入400)
```

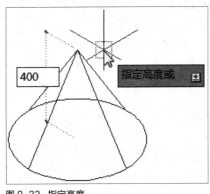

图 9-22　指定高度

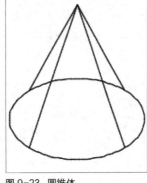

图 9-23　圆锥体

命令行中各选项的含义介绍如下：

- 轴端点：指定圆锥体轴的端点位置。轴端点是圆锥体的顶面中心点。
- 顶面半径：输入半径尺寸确定圆锥体顶面图形。

9.3.4　球体的绘制

球体是到一个点即球心的距离相等的所有点的集合所形成的实体。用户可以通过以下方法执行"球体"命令。

- 在"常用"选项卡的"建模"面板中单击"球体"按钮●。
- 在"实体"选项卡的"图元"面板中单击"球体"按钮●。
- 在命令行中输入命令 SPHERE，然后按回车键。

执行"球体"命令后，根据命令行中的提示创建球体，如图 9-24、9-25 所示。命令行提示内容如下。

```
命令：_sphere
指定中心点或 ［三点(3P)/ 两点(2P)/ 切点、切点、半径(T)]:        （指定一点）
指定半径或 ［直径(D)] <200.0000>: 200                         （输入半径值）
```

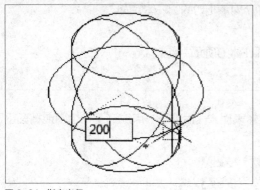

图 9-24 指定半径

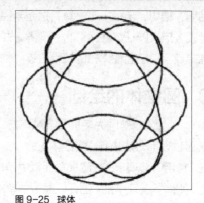

图 9-25 球体

9.3.5 棱锥体的绘制

棱锥体可以看作是以一个多边形面为底面，其余各面有一个公共顶点的具有三角形特征的面所构成的实体。用户可以通过以下方法执行"棱锥体"命令。

- 在"常用"选项卡的"建模"面板中单击"棱锥体"按钮◢。
- 在"实体"选项卡的"图元"面板中单击"棱锥体"按钮◢。
- 在命令行中输入快捷命令 PYR，然后按回车键。

执行"棱锥体"命令后，根据命令行中的提示创建棱锥体，如图 9-26、9-27 所示。命令行中提示内容如下。

```
命令：_pyramid
 4 个侧面  外切
指定底面的中心点或 ［边(E)/ 侧面(S)]:                          （指定一点）
指定底面半径或 ［内接(I)] <300.0000>: 300                      （输入半径值）
指定高度或 ［两点(2P)/ 轴端点(A)/ 顶面半径(T)] <300.0000>: 700   （输入高度值）
```

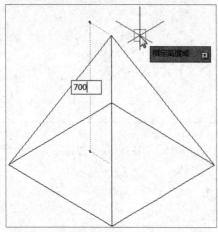

图 9-26 指定高度

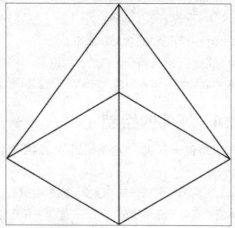

图 9-27 棱锥体

9.3.6 楔体的绘制

楔体可以看作是以矩形为底面，其一边沿法线方向拉伸所形成的具有楔状特征的实体，也就是 1/2 长方体。其表面总是平行于当前的 UCS，其斜面沿 Z 轴倾斜。用户可以通过以下方法执行"楔体"命令。

- 在"常用"选项卡的"建模"面板中单击"楔体"按钮◣。
- 在"实体"选项卡的"图元"面板中单击"楔体"按钮◣。
- 在命令行中输入快捷命令 WE，然后按回车键。

执行"楔体"命令后，根据命令行中的提示创建楔体，如图 9-28、9-29 所示。命令行提示内容如下。

```
命令：_wedge
指定第一个角点或 [中心(C)]:                          （指定一点）
指定其他角点或 [立方体(C)/长度(L)]: @-250,300,0      （输入点坐标值）
指定高度或 [两点(2P)] <30.0000>: 300                 （输入高度值）
```

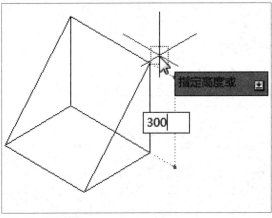
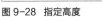

图 9-28 指定高度

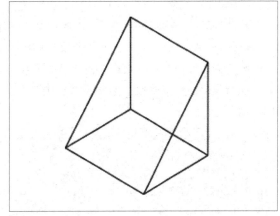

图 9-29 楔体

9.3.7 圆环体的绘制

圆环体可以看作是绕圆轮廓线与其共面的直线旋转所形成的实体特征。用户可以通过以下方法执行"圆环体"命令。

- 在"常用"选项卡的"建模"面板中单击"圆环体"按钮◉。
- 在"视图"选项卡的"图元"面板中单击"圆环体"按钮◉。
- 在命令行中输入快捷命令 TOR，然后按回车键。

执行"圆环体"命令后，根据命令行中的提示创建圆环体，如图 9-30、9-31 所示。命令行中提示内容如下。

```
命令：_torus
指定中心点或 [三点(3P)/两点(2P)/切点、切点、半径(T)]:      （指定一点）
指定半径或 [直径(D)] <200.0000>: 300                      （输入半径值）
指定圆管半径或 [两点(2P)/直径(D)]: 40                     （输入圆管半径值）
```

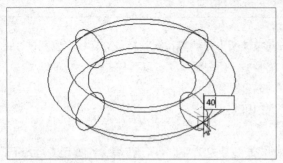

图 9-30　指定圆管半径

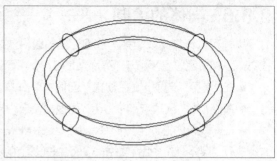

图 9-31　圆环体

9.3.8　多段体的绘制

在默认情况下，多段体始终带有一个矩形轮廓，可以指定轮廓高度和宽度。用户可以通过以下方法执行"多段体"命令。

- 在"常用"选项卡的"建模"面板中单击"多段体"按钮 。
- 在"实体"选项卡的"图元"面板中单击"多段体"按钮 。
- 在命令行中输入 POLYSOLID，然后按回车键。

执行"多段体"命令后，根据命令行中的提示创建多段体，如图 9-32、9-33 所示。命令行中提示内容如下。

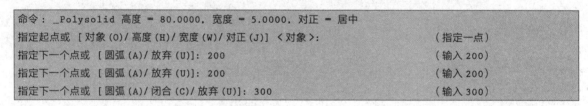

```
命令：_Polysolid 高度 = 80.0000，宽度 = 5.0000，对正 = 居中
指定起点或 ［对象 (O)/ 高度 (H)/ 宽度 (W)/ 对正 (J)］＜对象＞：            （指定一点）
指定下一个点或 ［圆弧 (A)/ 放弃 (U)］：200                           （输入 200）
指定下一个点或 ［圆弧 (A)/ 放弃 (U)］：200                           （输入 200）
指定下一个点或 ［圆弧 (A)/ 闭合 (C)/ 放弃 (U)］：300                 （输入 300）
```

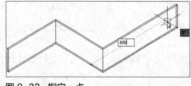

图 9-32　指定一点

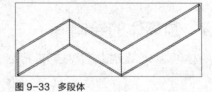

图 9-33　多段体

9.4　二维图形生成三维实体

在 AutoCAD 2015 中，除了使用三维绘图命令绘制实体模型外，还可以对绘制的二维图形进行拉伸、旋转、放样和扫掠等编辑，将其转换为三维实体模型。

9.4.1　拉伸实体

使用"拉伸"命令，可以绘制各种柱体、台形体和沿指定路径拉伸形成的拉伸实体。用户可以通过以下方法执行"拉伸"命令。

- 在"常用"选项卡的"建模"面板中单击"拉伸"按钮 。
- 在"曲面"选项卡的"创建"面板中单击"拉伸"按钮 。
- 在"实体"选项卡的"实体"面板中单击"拉伸"按钮 。

- 在命令行中输入快捷命令 EXT，然后按回车键。

执行"拉伸"命令后，根据命令行中的提示拉伸实体，如图 9-34、9-35 所示。命令行提示内容如下。

```
命令：_extrude
当前线框密度： ISOLINES=4，闭合轮廓创建模式 = 实体
选择要拉伸的对象或 [模式(MO)]：_MO 闭合轮廓创建模式 [实体(SO)/ 曲面(SU)] <实体>：_SO
选择要拉伸的对象或 [模式(MO)]：找到 1 个                              (选择对象)
选择要拉伸的对象或 [模式(MO)]：                                      (按回车键)
指定拉伸的高度或 [方向(D)/ 路径(P)/ 倾斜角(T)/ 表达式(E)] <93.4118>：300    (输入高度值)
```

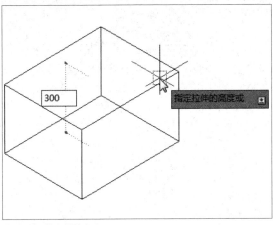

图 9-34 输入拉伸高度

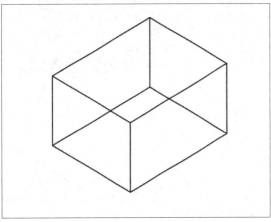

图 9-35 拉伸实体

其中，命令行中选项的含义介绍如下：

- 拉伸高度：表示沿正或负 Z 轴拉伸选定对象。
- 方向：表示用两个指定点指定拉伸的长度和方向。
- 路径：表示基于选定对象的拉伸路径。
- 倾斜角：表示拉伸的倾斜角。

工程师点拨：二维图形生成三维实体的必要条件

执行三维绘图命令必须要求二维图形是实体，图形可以通过生成面域的方式变成实体，生成面域必须要求图形是闭合的。

9.4.2 放样实体

"放样"命令用于在横截面之间的空间内绘制实体或曲面。使用"放样"命令时，至少必须指定两个横截面。用户可以通过以下方法执行"放样"命令。

- 在"常用"选项卡的"建模"面板中单击"放样"按钮🔲。
- 在"曲面"选项卡的"创建"面板中单击"放样"按钮🔲。
- 在"实体"选项卡的"实体"面板中单击"放样"按钮🔲。
- 在命令行中输入 LOFT，然后按回车键。

执行"放样"命令后，根据命令行的提示，可按放样次序选择横截面，然后选择"仅横截面"选项，即可完成放样实体，如图 9-36、9-37 所示。

```
命令：_loft
当前线框密度：  ISOLINES=4，闭合轮廓创建模式 = 实体
按放样次序选择横截面或 [点(PO)/合并多条边(J)/模式(MO)]：_MO 闭合轮廓创建模式 [实体(SO)/曲面(SU)] <
实体>：_SO
按放样次序选择横截面或 [点(PO)/合并多条边(J)/模式(MO)]：找到 1 个              （选择对象）
按放样次序选择横截面或 [点(PO)/合并多条边(J)/模式(MO)]：找到 1 个，总计 2 个     （选择对象）
按放样次序选择横截面或 [点(PO)/合并多条边(J)/模式(MO)]：                        （按回车键）
 选中了 2 个横截面
输入选项 [导向(G)/路径(P)/仅横截面(C)/设置(S)/连续性(CO)/凸度幅值(B)] <仅横截面>：C
```

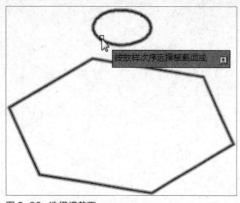

图 9-36 选择横截面

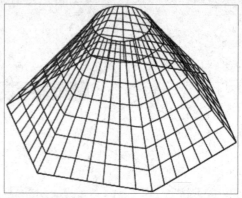

图 9-37 放样实体

9.4.3 旋转实体

使用"旋转"命令，可将二维闭合的图形以中心轴为旋转中心进行旋转，从而形成三维实体模型。用户可以通过以下方法执行"旋转"命令。

- 在"常用"选项卡的"建模"面板中单击"旋转"按钮💿。
- 在"曲面"选项卡的"创建"面板中单击"旋转"按钮💿。
- 在"实体"选项卡的"实体"面板中单击"旋转"按钮💿。
- 在命令行中输入快捷命令 REV，然后按回车键。

执行"旋转"命令后，根据命令行中的提示旋转实体，如图 9-38、9-39、9-40 所示。命令行提示内容如下。

```
命令：_revolve
当前线框密度：  ISOLINES=4，闭合轮廓创建模式 = 实体
选择要旋转的对象或 [模式(MO)]：_MO 闭合轮廓创建模式 [实体(SO)/曲面(SU)] <实体>：_SO
选择要旋转的对象或 [模式(MO)]：找到 1 个                    （选择对象）
选择要旋转的对象或 [模式(MO)]：                            （按回车键）
指定轴起点或根据以下选项之一定义轴 [对象(O)/X/Y/Z] <对象>：   （单击直线上端点）
指定轴端点：                                             （单击直线下端点）
指定旋转角度或 [起点角度(ST)/反转(R)/表达式(EX)] <360>：      （按回车键，指定旋转角度为360°）
```

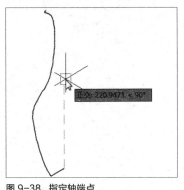

图 9-38　指定轴端点

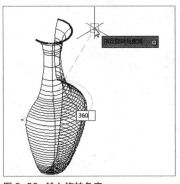

图 9-39　输入旋转角度

图 9-40　旋转结果

9.4.4　扫掠实体

　　"扫掠"命令用于沿指定路径以指定轮廓的形状绘制实体或曲面。用户可以通过以下方法执行"扫掠"命令。

- 在"常用"选项卡的"建模"面板中单击"扫掠"按钮。
- 在"曲面"选项卡的"创建"面板中单击"扫掠"按钮。
- 在"实体"选项卡的"实体"面板中单击"扫掠"按钮。
- 在命令行中输入 SWEEP，然后按回车键。

　　执行"扫掠"命令后，根据命令行的提示信息，选择要扫掠的对象和扫掠路径，按回车键即可创建扫掠实体，如图 9-41、9-42 所示。

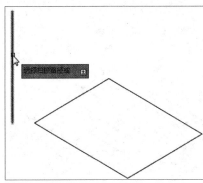

图 9-41　选择扫掠路径

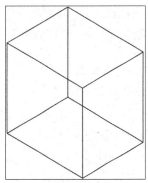

图 9-42　扫掠实体

9.4.5　按住并拖动

　　"按住并拖动"命令通过选中有限区域，然后按住该区域并输入拉伸值或拖动边界区域对选择的边界区域进行拉伸。用户可以通过以下方法执行"按住并拖动"命令。

- 在"常用"选项卡的"建模"面板中单击"按住并拖动"按钮。
- 在"实体"选项卡的"实体"面板中单击"按住并拖动"按钮。
- 在命令行中输入 PRESSPULL，然后按回车键。

　　执行"按住并拖动"命令后，根据命令行的提示，选择对象或边界区域，然后指定拉伸高度，按回车键即可完成，如图 9-43、9-44 所示。

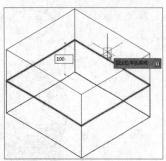

图 9-43 指定拉伸高度

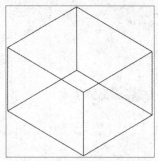

图 9-44 最终效果

  工程师点拨:"按住并拖动"命令与"拉伸"命令的区别

该命令与拉伸操作相似。但"拉伸"命令只能限制在二维图形上操作,而"按住并拖动"命令无论是在二维还是三维图形上都可进行拉伸。需要注意的是,"按住并拖动"命令操作对象是一个封闭的面域。

9.4.6 平面曲面

平面曲面是通过指定矩形表面的对角点来创建的。在指定曲面的对角点后,将创建一个平行于工作平面的曲面。也可以通过选择构成封闭区域的一个闭合对象或多个对象来创建平面曲面,有效对象包括直线、圆、圆弧、椭圆、椭圆弧、二维多段线、平面三维多段线和平面样条曲线。

在 AutoCAD 2015 中,用户可以通过以下方法执行"平面曲面"命令。

● 在"曲面"选项卡的"创建"面板中单击"平面"按钮 。

● 在命令行中输入 PLANESURF,然后按回车键。

执行"平面"命令后,根据命令行的提示指定两个角点,即可确定平面,如图 9-45、9-46 所示。

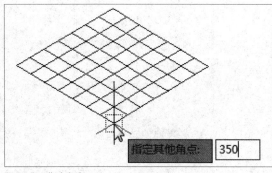

图 9-45 指定角点

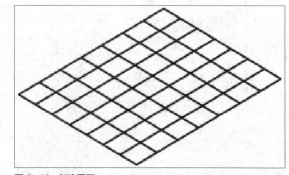

图 9-46 创建平面

9.5 布尔运算

布尔运算在三维建模中是一项较为重要的功能。它是将两个或两个以上的图形,通过加减方式结合而生成的新实体。

9.5.1 并集操作

"并集"命令就是将两个或多个实体对象合并成一个新的复合实体,新实体由各个组成对象的所有部分组成,没有相重合的部分。用户可以通过以下方法执行"并集"命令。

- 执行"修改 > 实体编辑 > 并集"命令。
- 在"常用"选项卡的"实体编辑"面板中单击"并集"按钮■○。
- 在"实体"选项卡的"布尔值"面板中单击"并集"按钮■○。
- 在命令行中输入快捷命令 UNI，然后按回车键。

执行"并集"命令后，选中所有需要合并的实体，按回车键即可，如图 9-47、9-48 所示。

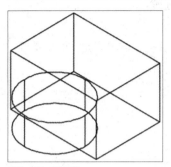

图 9-47 并集前

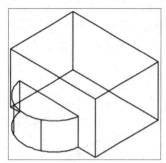

图 9-48 并集后

9.5.2 差集操作

"差集"命令是从一个或多个实体中减去其中之一或若干部分，得到一个新的实体。用户可以通过以下方法执行"差集"命令。

- 执行"修改 > 实体编辑 > 差集"命令。
- 在"常用"选项卡的"实体编辑"面板中单击"差集"按钮■◎。
- 在"实体"选项卡的"布尔值"面板中单击"差集"按钮■◎。
- 在命令行中输入快捷命令 SU，然后按回车键。

执行"差集"命令后，选择对象，然后选择要从中减去的实体、曲面和面域，按回车键即可得到差集效果，如图 9-49、9-50 所示。

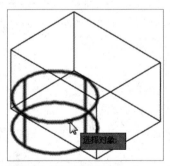

图 9-49 选择要减去的实体

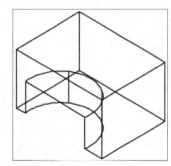

图 9-50 差集效果

工程师点拨：执行"差集"命令需注意

执行"差集"的两个面域必须位于同一个平面上。但是，通过在不同的平面上选择面域集，可同时执行多个差集操作。系统会在每个平面上分别生成减去的面域。如果没有选定的共面面域，则该面域将被拒绝。

9.5.3 交集操作

"交集"命令可以从两个以上重叠实体的公共部分创建复合实体。用户可以通过以下方法执行"交集"命令。

- 在"常用"选项卡的"实体编辑"面板中单击"交集"按钮 ⬚。
- 在"实体"选项卡的"布尔值"面板中单击"交集"按钮 ⬚。
- 在命令行中输入快捷命令 IN，然后按回车键。

执行"交集"命令后，根据命令行的提示，选中所有实体，按回车键即可完成交集操作，如图 9-51、9-52 所示。

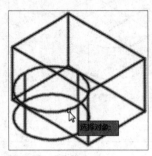
图 9-51　交集前

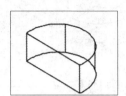
图 9-52　交集后

📐 9.6 控制实体的显示

在 AutoCAD 2015 中，控制三维模型显示的系统变量有 ISOLINES、DISPSILH 和 FACETRES，这三个系统变量影响着三维模型显示的效果。用户在绘制三维实体之前首先应设置好这三个变量参数。

9.6.1 ISOLINES

使用 ISOLINES 系统变量可以控制对象上每个曲面的轮廓线数目，数目越多，模型精度越高，但渲染时间也越长，有效取值范围为 0 ~ 2047，默认值为 4。如图 9-53、9-54 所示，分别为 ISOLINES 值为 4 和 10 的球体效果。

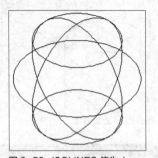
图 9-53　ISOLINES 值为 4

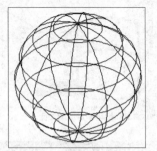
图 9-54　ISOLINES 值为 10

9.6.2 DISPSILH

使用 DISPSILH 系统变量可以控制实体轮廓边的显示，其取值为 0 或 1。当取值为 0 时，不显示轮廓边；取值为 1 时，则显示轮廓边，如图 9-55、9-56 所示。

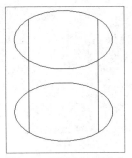

图 9-55　DISPSILH 值为 0

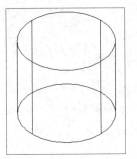

图 9-56　DISPSILH 值为 1

9.6.3　FACETRES

使用 FACETRES 系统变量可以控制三维实体在消隐、渲染时表面的棱面生成密度，其值越大，生成的图像越光滑，有效的取值范围为 0.01 ~ 10，默认值为 0.5。如图 9-57、9-58 所示，分别为 FACETRES 值为 0.1 和 6 的模型显示效果。

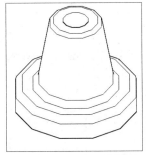

图 9-57　FACETRES 值为 0.1

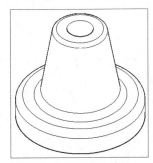

图 9-58　FACETRES 值为 6

✛ 上机实践	绘制墙体模型

✛ 实践目的	通过本实训复习本章学习的知识，掌握三维图形的绘制方法。
✛ 实践内容	应用本章所学的知识绘制墙体模型。
✛ 实践步骤	先执行多段体命令并设置参数，创建墙体，然后使用多段体和长方体命令绘制窗户等部分。

Step 01 打开原始文件"实例文件 \ 第 9 章 \ 上机实践 \ 户型图 .dwg"文件，然后将工作空间切换至"三维建模"，执行"视图 > 三维导航 > 东南等轴测"命令，如图 9-59 所示。

Step 02 执行"建模 > 多段体"命令，根据命令行的提示内容，绘制墙体，如图 9-60 所示。命令行提示内容如下。

```
指定下一个点或 [圆弧(A)/闭合(C)/放弃(U)]:                           （按回车键）
命令：_Polysolid 高度 = 80.0000，宽度 = 5.0000，对正 = 居中
指定起点或 [对象(O)/高度(H)/宽度(W)/对正(J)] <对象>：h              （选择高度）
指定高度 <80.0000>：2400                                          （输入高度值）
高度 = 2400.0000，宽度 = 5.0000，对正 = 居中
指定起点或 [对象(O)/高度(H)/宽度(W)/对正(J)] <对象>：w              （选择宽度）
```

```
指定宽度 <5.0000>: 200                                          （输入宽度值）
指定起点或 [对象(O)/高度(H)/宽度(W)/对正(J)] <对象>: j
输入对正方式 [左对正(L)/居中(C)/右对正(R)] <居中>: R
高度 = 2400.0000，宽度 = 200.0000，对正 = 右对正
指定起点或 [对象(O)/高度(H)/宽度(W)/对正(J)] <对象>:
指定下一个点或 [圆弧(A)/放弃(U)]:                              （指定起点）
指定下一个点或 [圆弧(A)/放弃(U)]:                              （指定端点）
```

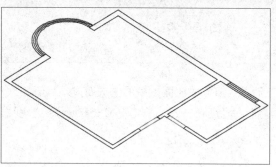

图 9-59 平面图

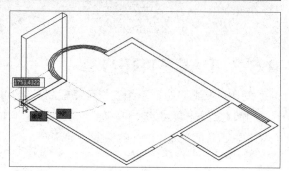

图 9-60 绘制墙体

Step 03 执行"多段体"命令，绘制其余部分墙体，如图 9-61 所示。

Step 04 继续执行"多段体"命令，绘制宽度为 120mm 的所有墙体，如图 9-62 所示。

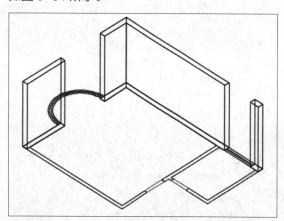

图 9-61 绘制墙体

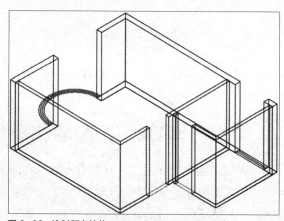

图 9-62 绘制所有墙体

Step 05 执行"多段体"命令，绘制窗台，其高度为 800，宽度为 200，如图 9-63 所示。

Step 06 继续执行"多段体"命令，绘制圆弧形的窗台，如图 9-64 所示。命令行提示内容如下。

```
命令：_Polysolid 高度 = 800.0000，宽度 = 200.0000，对正 = 右对齐
指定起点或 [对象(O)/高度(H)/宽度(W)/对正(J)] <对象>:
指定下一个点或 [圆弧(A)/放弃(U)]: a
指定圆弧的端点或 [方向(D)/直线(L)/第二点(S)/放弃(U)]:
指定下一个点或 [圆弧(A)/放弃(U)]: 指定圆弧的端点或 [闭合(C)/方向(D)/直线(L)/第二个点(S)/放弃(U)]:
```

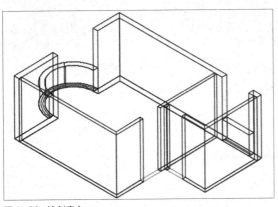

图 9-63 绘制窗台

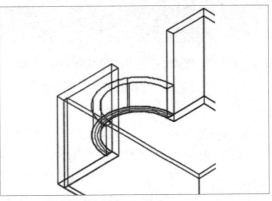

图 9-64 绘制圆弧形窗台

Step 07 切换至"概念"视觉样式,执行"长方体"命令,指定两个角点,沿 Z 轴方向向下移动光标,输入高度值为 300,按回车键确定,如图 9-65所示。

Step 08 继续执行"长方体"命令,绘制其他窗户顶部与门顶部的墙体,如图 9-66 所示。

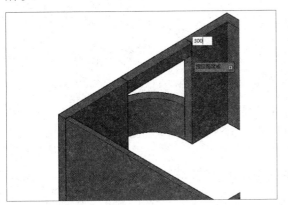

图 9-65 绘制长方体

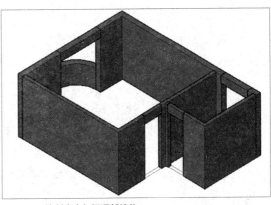

图 9-66 绘制窗户与门顶部墙体

Step 09 执行"并集"命令,选中墙体,按回车键即可完成交集运算,如图 9-67 所示。

Step 10 继续执行"并集"命令,对其余所有墙体进行并集操作,最终效果如图 9-68 所示。

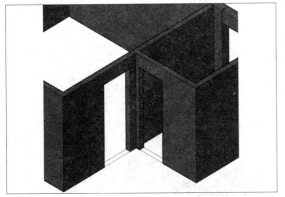

图 9-67 并集效果

图 9-68 最终效果

课后练习

本章围绕基础的三维绘制命令展开讲解，通过本章的学习，对 AutoCAD 的三维绘图功能有了初步的了解。下面再通过一些练习来温习所学知识。

1. 选择题

(1) 在 AutoCAD 2015 中，使用以下哪项命令可创建用户坐标系（   ）。

A. U   B. UCS   C. S   D. W

(2) 使用以下哪项命令可将二维闭合的图形以中心轴为旋转中心进行旋转，从而形成三维实体模型（   ）。

A. 拉伸   B. 放样   C. 扫掠   D. 旋转

(3) 从两个或多个实体或面域的交集创建复合实体或面域，并删除交集以外的部分应该选用什么命令（   ）。

A. 干涉   B. 交集   C. 差集   D. 并集

(4) 哪项命令可以将两个或多个实体对象合并成一个新的复合实体，新实体由各个组成对象的所有部分组成，没有相重合的部分（   ）。

A. 差集   B. 交集   C. 并集   D. 剖切

2. 填空题

(1) AutoCAD 中，三维坐标分为＿＿＿＿＿和用户坐标系两种。

(2) ＿＿＿＿＿＿可以看作是以矩形为底面，其一边沿法线方向拉伸所形成的具有楔状特征的实体，也就是 1/2 长方体。

(3) ＿＿＿＿＿命令可以从两个以上重叠实体的公共部分创建复合实体。

3. 上机操作题

(1) 使用"长方体""楔体""圆柱"命令绘制机械模型，然后使用"并集"和"差集"命令对其进行编辑，如图 9-69 所示。

(2) 使用"矩形"和"圆"命令绘制零件平面图，然后使用"拉伸""差集"等命令创建零件模型，如图 9-70 所示。

图 9-69　机械模型

图 9-70　零件模型

Chapter 10 编辑三维模型

课题概述 用户可以使用三维编辑命令，在三维空间中移动、复制、镜像、对齐以及阵列三维对象，剖切实体以获取实体的截面，编辑它们的面、边或体。此外，还可以添加光源、贴图材质，最终对模型进行渲染，达到更加真实的效果。

教学目标 通过了解三维实体的编辑命令，如三维移动、旋转、镜像等命令，可以快速绘制出复杂的三维实体。模型的贴图与灯光的添加也是本章学习的重点。

✦ 章节重点	✦ 光盘路径
★★★★ | 添加基本光源	上机实践：实例文件 \ 第 10 章 \ 上机实践 \ 绘制客厅
★★★☆ | 更改三维模型形状	效果图
★★★☆ | 编辑三维模型	课后练习：实例文件 \ 第 10 章 \ 课后练习
★★☆☆ | 设置材质和贴图	
★☆☆☆ | 渲染三维模型	

✦ 10.1 编辑三维对象

创建的三维对象有时满足不了用户的要求，这就需要将三维对象进行编辑操作，例如对三维图形进行移动、旋转、对齐、镜像、阵列等操作。

10.1.1 移动三维对象 ←

"三维移动"命令可将实体在三维空间中移动，在移动时，指定一个基点，然后指定一个目标空间点即可。用户可以通过以下方法执行"三维移动"命令。

● 在"常用"选项卡的"修改"面板中单击"三维移动"按钮 ▣。

● 在命令行中输入 3DMOVE，然后按回车键。

执行"三维移动"命令后，根据命令行的提示，指定基点，然后指定第二点即可移动实体，如图 10-1、10-2 所示。

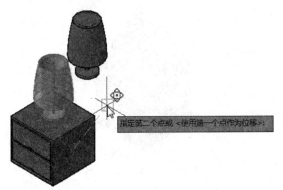

指定第二个点或 <使用第一个点作为位移>:

图 10-1 指定基点

图 10-2 三维移动效果

10.1.2　旋转三维对象

"三维旋转"命令可以将选择的对象绕三维空间定义的任何轴（X 轴、Y 轴、Z 轴）按照指定的角度进行旋转。用户可以通过以下方法执行"三维旋转"命令。

● 在"常用"选项卡的"修改"面板中单击"三维旋转"按钮█。

● 在命令行中输入 3DROTATE，然后按回车键。

执行"三维旋转"命令后，根据命令行的提示，指定基点，拾取旋转轴，然后指定角的起点或输入角度值，按回车键即可完成旋转操作，如图 10-3、10-4 所示。

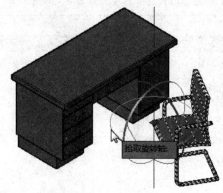

图 10-3　拾取旋转轴

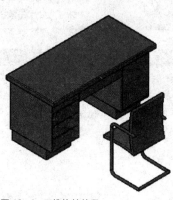

图 10-4　三维旋转效果

10.1.3　对齐三维对象

"三维对齐"命令可将源对象与目标对象对齐。用户可以通过以下方法执行"三维对齐"命令。

● 在"常用"选项卡的"修改"面板中单击"三维对齐"按钮█。

● 在命令行中输入 3DALIGN，然后按回车键。

执行"三维对齐"命令后，选中棱锥体，依次指定点 A，点 B，点 C，然后再依次指定目标点 1、2、3，即可按要求将两实体对齐，如图 10-5、10-6 所示。

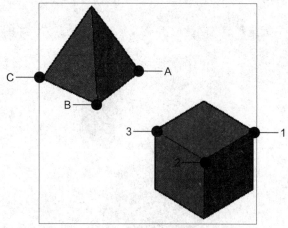

图 10-5　指定点

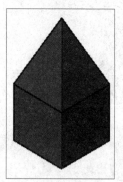

图 10-6　三维对齐效果

10.1.4 镜像三维对象

"三维镜像"命令可以用于绘制以镜像平面为对称面的三维对象。用户可以通过以下方法执行"三维镜像"命令。

● 在"常用"选项卡的"修改"面板中单击"三维镜像"按钮 🔛。
● 在命令行中输入 MIRROR3D，然后按回车键。

执行"三维镜像"命令后，根据命令行的提示，选取镜像对象按回车键，然后在实体上指定三个点，将实体镜像，如图 10-7、10-8 所示。命令行提示内容如下。

```
命令：_mirror3d
选择对象：找到 1 个                                          （选择水杯模型）
选择对象：                                                   （按回车键）
指定镜像平面（三点）的第一个点或 [ 对象 (O)/ 最近的 (L)/Z 轴 (Z)/ 视图 (V)/XY 平面 (XY)/YZ 平面 (YZ)/ZX 平
面 (ZX)/ 三点 (3)] ＜三点＞：                                 （指定中点 A）
在镜像平面上指定第二点：                                     （指定中点 B）
在镜像平面上指定第三点：                                     （指定中点 C）
是否删除源对象？[ 是 (Y)/ 否 (N)] ＜否＞：                    （按回车键）
```

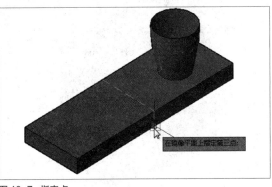

图 10-7 指定点

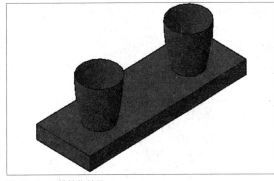

图 10-8 三维镜像效果

其中，命令行中各选项含义介绍如下：

● 对象：通过选择圆、圆弧或二维多段线等二维对象，将选择对象所在的平面作为镜像平面。
● 最近的：使用上一次镜像操作中使用的镜像平面作为本次镜像操作的镜像平面。
● Z 轴：依次选择两点，并将两点连线作为镜像平面的法线，同时镜像平面通过选择的第一点。
● 视图：通过指定一点并将通过该点且与当前视图平面平行的平面作为镜像平面。
● XY 平面（XY）/YZ 平面（YZ）/ZX 平面（ZX）：分别表示用与当前 UCS 的 XY、YZ、ZX 面平行的平面作为镜像面。

10.1.5 阵列三维对象

"三维阵列"命令可以在三维空间绘制对象的矩形阵列或环形阵列。用户可以通过以下方法执行"三维阵列"命令。

● 在命令行中输入快捷命令 3A，然后按回车键。

1. 矩形阵列

三维矩形阵列是在行（X轴）、列（Y轴）和层（Z轴）矩形阵列中复制对象。执行"三维阵列"命令后，根据命令行的提示，选择要阵列的对象，按回车键选择"矩形阵列"类型，然后根据命令行提示，依次指定阵列的行数、列数、层数、行间距、列间距及层间距，效果如图10-9、10-10所示，正方体尺寸为100mm×100mm×100mm，命令行提示内容如下。

```
命令：3darray
选择对象：指定对角点：找到 1 个                              （选择要阵列的实体对象）
选择对象：                                                  （按回车键）
输入阵列类型 ［矩形（R）/ 环形（P）］ <矩形>：               （选择矩形阵列）
输入行数 (---) <1>：3                                       （输入阵列的行数）
输入列数 (|||) <1>：2                                       （输入阵列的列数）
输入层数 (...) <1>：3                                       （输入阵列的层数）
指定行间距 (---)：100                                       （输入行间距值）
指定列间距 (|||)：100                                       （输入列间距值）
指定层间距 (...)：100                                       （输入层间距值）
```

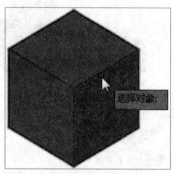

图10-9 选择要阵列的实体对象

图10-10 矩形阵列效果

2. 环形阵列

三维环形阵列是围绕旋转轴按逆时针或顺时针方向来阵列复制选择对象。执行"三维阵列"命令，选择要阵列的对象，按回车键选择"环形阵列"类型，然后根据命令行提示，指定阵列的项目个数和填充角度，确认是否要进行自身旋转后，指定阵列的中心点及旋转轴上的第二点，即可完成环形阵列操作，效果如图10-11、10-12所示。命令行提示内容如下。

```
命令：_.3A
_.ARRAY
选择对象：    找到 1 个                                     （选择要阵列的对象）
选择对象：输入阵列类型 ［矩形（R）/ 环形（P）］ <P>：_P      （选择环形阵列）
指定阵列的中心点或 ［基点（B）］：
输入阵列中项目的数目：8                                     （输入阵列的数目）
指定填充角度 (+= 逆时针, -= 顺时针) <360>：360              （选择默认角度值）
是否旋转阵列中的对象? ［是(Y)/ 否(N)］ <Y>：_Y              （选择"是"选项）
指定阵列的中心点：                                          （指定圆心）
指定旋转轴上的第二点：                                      （指定轴上任意一点）
```

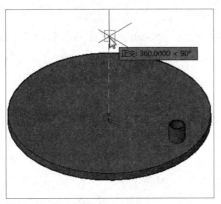

图 10-11　指定旋转轴

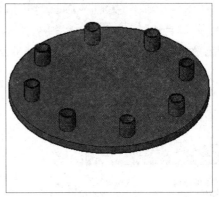

图 10-12　环形阵列效果

10.1.6　编辑三维实体边

用户可以改变边的颜色或复制三维实体对象的各个边。所有三维实体的边都可复制为直线、圆弧、圆、椭圆或样条曲线对象。

1. 提取边

该命令可以通过三维实体、曲面、网格、面域或子对象的边创建线框几何图形，直线、圆弧、样条曲线或三维多段线等对象是沿选定的对象或子对象的边创建的。用户可以通过以下方法执行"提取边"命令。

- 在"常用"选项卡的"实体编辑"面板中单击"提取边"按钮■。
- 在命令行中输入 XEDGES 命令并按回车键，然后选择要提取的边。

2. 压印

该命令可以将二维几何图形压印到三维实体上，从而在平面图上创建更多的边。用户可以通过以下方法执行"压印"命令。

- 在"常用"选项卡的"实体编辑"面板中单击"压印"按钮■。
- 在命令行中输入 IMPRINT 命令，并按回车键。

执行以上命令后，命令行提示内容如下。

```
命令：_imprint
选择三维实体或曲面：                                      （选择三维对象）
选择要压印的对象：                                        （选择二维图形）
是否删除源对象 [是(Y)/否(N)] <N>：
```

 工程师点拨：执行"压印"命令的要求

执行该命令，要求选定的压印对象必须与三维实体的面相交。

3. 着色边

若要为实体边改变颜色，可以从"选择颜色"对话框中选取颜色。设置边的颜色将替代实体对象所在图层的颜色设置。用户可以通过以下方法执行"着色边"命令。

- 在"常用"选项卡的"实体编辑"面板中单击"着色边"按钮■。

205

● 在命令行中输入 SOLIDEDIT 并按回车键，然后依次选择"边""着色"选项。

执行"着色边"命令后，根据命令行的提示，选取需要着色的边按回车键，然后在打开的"选择颜色"对话框中选取所需颜色，单击"确定"按钮即可，如图 10-13、10-14 所示。

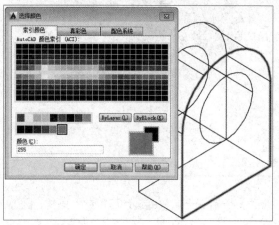

图 10-13　选择颜色

图 10-14　实体边着色效果

4. 复制边

该命令可将现有的实体模型上单个或多个边偏移其他位置，从而利用这些边线创建出新的图形对象。用户可以通过以下方法执行"复制边"命令。

● 在"常用"选项卡的"实体编辑"面板中单击"复制边"按钮 █ 。

● 在命令行中输入 SOLIDEDIT 并按回车键，然后依次选择"边""复制"选项。

执行上述命令后，根据命令行的提示，选取边按回车键，然后指定基点与第二点，即可将复制的边放置在指定的位置，如图 10-15、10-16 所示。

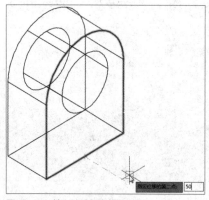

图 10-15　输入移动距离值

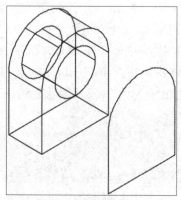

图 10-16　实体边复制效果

10.1.7　编辑三维实体面

在对三维实体进行编辑时，能够通过表面拉伸、移动、旋转等命令改变实体模型的尺寸和形状等操作。

1. 拉伸面

使用"拉伸面"命令，可以将选定的三维实体对象表面拉伸到指定高度，或沿一条路径进行拉伸。此外，还可以将实体对象面按一定的角度进行拉伸。用户可以通过以下方法执行"拉伸面"命令。

● 在"常用"选项卡的"实体编辑"面板中单击"拉伸面"按钮 █ 。

- 在"实体"选项卡的"实体编辑"面板中单击"拉伸面"按钮▣。
- 在命令行中输入 SOLIDEDIT 并按回车键，然后依次选择"面""拉伸"选项。

执行"拉伸面"命令后，根据命令行的提示，选择要拉伸的实体面并按回车键，然后指定拉伸高度为 60，倾斜角度为 30°，即可对实体面进行拉伸，如图 10-17、10-18 所示。

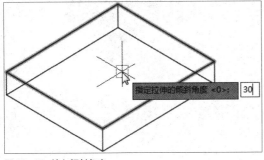

图 10-17 输入倾斜角度

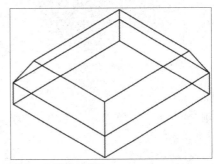

图 10-18 拉伸面效果

2. 倾斜面

使用"偏移面"命令，可以按指定的角度倾斜三维实体上的面。倾斜角的旋转方向由选择基点和第二点的顺序决定。用户可以通过以下方法执行"倾斜面"命令。

- 在"常用"选项卡的"实体编辑"面板中单击"倾斜面"按钮◨。
- 在"实体"选项卡的"实体编辑"面板中单击"倾斜面"按钮◨。
- 在命令行中输入 SOLIDEDIT 并按回车键，然后依次选择"面""倾斜"选项。

执行"倾斜面"命令后，根据命令行的提示，选择要倾斜的实体面并按回车键，然后依次指定倾斜轴上的两个点并输入倾斜角度 30°，即可对实体面进行倾斜，如图 10-19、10-20 所示。

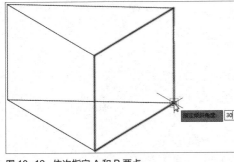

图 10-19 依次指定 A 和 B 两点

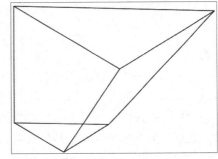

图 10-20 倾斜 30° 效果

3. 移动面

使用"移动面"命令，可以沿着指定的高度或距离移动三维实体的选定面，用户可一次移动一个或多个面。该操作只是对面的位置进行调整，并不能更改面的方向。用户可以通过以下方法执行"移动面"命令。

- 在"常用"选项卡的"实体编辑"面板中单击"移动面"按钮▣。
- 在命令行中输入 SOLIDEDIT 并按回车键，然后依次选择"面""移动"选项。

执行"移动面"命令后，根据命令行的提示，选择要移动的实体面并按回车键，然后指定基点和位移的第二点，即可对实体面进行移动，如图 10-21、10-22 所示。

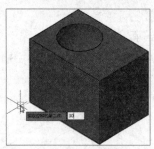

图 10-21　输入移动距离值

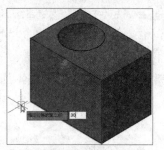

图 10-22　移动面效果

4. 复制面

使用"复制面"命令，可以对实体中指定的三维面复制，使其成为面域或体。用户可以通过以下方法执行"复制面"命令。

● 在"常用"选项卡的"实体编辑"面板中单击"复制面"按钮🔲。

● 在命令行中输入 SOLIDEDIT 并按回车键，然后依次选择"面""复制"选项。

执行"复制面"命令后，根据命令行的提示，选择要复制的实体面并按回车键，然后依次指定基点和位移的第二点，即可对实体面进行复制，如图 10-23、10-24 所示。

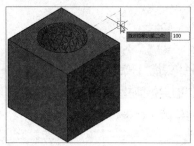

图 10-23　输入移动距离值

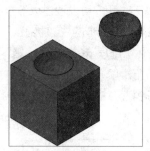

图 10-24　复制面效果

5. 偏移面

使用"偏移面"命令，可以按指定的距离或通过指定点均匀地偏移面。正值增大实体尺寸或体积，负值减小实体尺寸或体积。用户可以通过以下方法执行"偏移面"命令。

● 在"常用"选项卡的"实体编辑"面板中单击"偏移面"按钮🔲。

● 在"实体"选项卡的"实体编辑"面板中单击"偏移面"按钮🔲。

● 在命令行中输入 SOLIDEDIT 并按回车键，然后依次选择"面""偏移"选项。

执行"偏移面"命令后，根据命令行的提示，选择要偏移的实体面并按回车键，然后指定偏移距离，即可对实体面进行偏移，如图 10-25、10-26 所示。

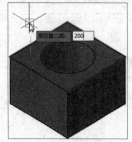

图 10-25　指定偏移距离

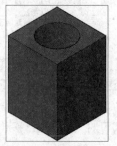

图 10-26　偏移面效果

6. 删除面

使用"删除面"命令，可以删除三维实体上的面，包括圆角或倒角。用户可以使用以下方法执行"删除面"命令。

● 在"常用"选项卡的"实体编辑"面板中单击"删除面"按钮██。

● 在命令行中输入 SOLIDEDIT 并按回车键，然后依次选择"面""删除"选项。

执行"删除面"命令后，根据命令行的提示，选择要删除的实体面，然后按回车键，即可将所选的面删除，如图 10-27、10-28 所示。

图 10-27 选择面

图 10-28 删除面效果

7. 旋转面

使用"旋转面"命令，可以从当前位置起使对象绕选定的轴旋转指定的角度。用户可以通过以下方法执行"旋转面"命令。

● 执行"修改 > 实体编辑 > 旋转面"命令。

● 在"常用"选项卡的"实体编辑"面板中单击"旋转面"按钮██。

● 在命令行中输入 SOLIDEDIT 并按回车键，然后依次选择"面""旋转"选项。

执行"旋转面"命令后，根据命令行的提示，选择要旋转的实体面并按回车键，然后依次指定旋转轴上的两个点并输入旋转角度，即可对实体面进行旋转，如图 10-29、10-30 所示。

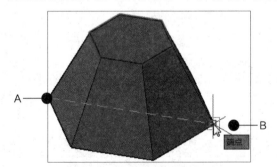

图 10-29 依次指定旋转轴上的两点 A 和 B

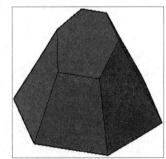

图 10-30 旋转 30° 效果

8. 着色面

在创建和编辑实体模型过程中，为了更方便地观察实体或选取实体各部分，可以使用"着色面"命令修改单个或多个实体面的颜色，以取代该实体面所在图层的颜色。用户可以通过以下方法执行"着色面"命令。

● 在"常用"选项卡的"实体编辑"面板中单击"着色面"按钮██。

● 在命令行中输入 SOLIDEDIT 并按回车键，然后依次选择"面""颜色"选项。

执行"着色面"命令后，根据命令行提示，选择要着色的实体面并按回车键，然后在"选择颜色"对话框中选择需要的颜色，单击"确定"按钮，即可对实体面进行着色，如图 10-31、10-32 所示。

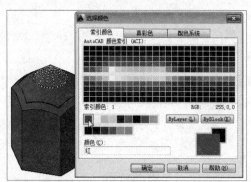

图 10-31　选择颜色

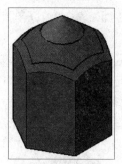

图 10-32　着色面效果

10.2　修改三维对象

在绘制三维模型时,不仅可以对整个三维实体对象进行编辑,还可以单独对三维实体进行剖切、抽壳、倒直角、倒圆角等操作。

10.2.1　剖切三维对象

该命令通过剖切现有实体可以创建新实体,可以通过多种方式定义剪切平面,包括指定点或者选择曲面或平面对象。用户可以通过以下方法执行"剖切"命令。

- 在"常用"选项卡的"实体编辑"面板中单击"剖切"按钮。
- 在"实体"选项卡的"实体编辑"面板中单击"剖切"按钮。
- 在命令行中输入快捷命令 SL,然后按回车键。

执行"剖切"命令后,根据命令行的提示,选择对象,然后在实体上依次指定 A、B 两点,即可将模型剖切,如图 10-33、10-34 所示,命令行提示内容如下。

```
命令：_slice
选择要剖切的对象：找到 3 个                          （选择实体对象）
选择要剖切的对象：                                  （按回车键）
指定剖切平面的起点或 [平面对象(O)/曲面(S)/Z 轴(Z)/视图(V)/XY(XY)/YZ(YZ)/ZX(ZX)/三点(3)] <三点>：
                                                   （指定点 A）
指定平面上的第二个点：                              （指定点 B）
正在检查 703 个交点 ...
在所需的侧面上指定点或 [保留两个侧面(B)] <保留两个侧面>：（在要保留的那一侧实体上单击）
```

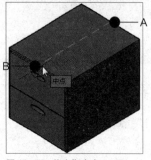

图 10-33　依次指定点 A、B

图 10-34　剖切效果

其中，命令行中各选项含义介绍如下：

- 指定剖切平面的起点：用于定义剖切平面的角度的两个点中的第一点。剖切平面与当前 UCS 的 XY 平面垂直。
- 平面对象：将剪切平面与包含选定的圆、椭圆、圆弧、椭圆弧、二维样条曲线或二维多段线线段的平面对齐。
- 曲面：将剪切平面与曲面对齐。
- Z 轴：通过平面上指定一点和在平面的 Z 轴 (法向) 上指定另一点来定义剪切平面。
- 视图：将剪切平面与当前视口的视图平面对齐。指定一点定义剪切平面的位置。
- XY：将剪切平面与当前用户坐标系 (UCS) 的 XY 平面对齐。指定一点定义剪切平面的位置。
- YZ：将剪切平面与当前 UCS 的 YZ 平面对齐。指定一点定义剪切平面的位置。
- ZX：将剪切平面与当前 UCS 的 ZX 平面对齐。指定一点定义剪切平面的位置。

10.2.2 抽壳三维对象

该命令可以将三维实体转换为中空薄壁或壳体。将实体对象转换为壳体时，可以通过将现有面朝其原始位置的内部或外部偏移来创建新面。用户可以通过以下方法执行"抽壳"命令。

- 在"常用"选项卡的"实体编辑"面板中单击"抽壳"按钮 。
- 在"实体"选项卡的"实体编辑"面板中单击"抽壳"按钮 。

执行"抽壳"命令后，根据命令行的提示，选择抽壳对象，然后选择删除面并按回车键，输入偏移距离 50，即可对实体抽壳，如图 10-35、10-36 所示。

命令行提示内容如下。

```
命令：_solidedit
实体编辑自动检查：    SOLIDCHECK=1
输入实体编辑选项 [ 面 (F)/ 边 (E)/ 体 (B)/ 放弃 (U)/ 退出 (X)] < 退出 >：_body
输入体编辑选项
[ 压印 (I)/ 分割实体 (P)/ 抽壳 (S)/ 清除 (L)/ 检查 (C)/ 放弃 (U)/ 退出 (X)] < 退出 >：_shell
选择三维实体：                                            ( 选择三维对象 )
删除面或 [ 放弃 (U)/ 添加 (A)/ 全部 (ALL)]：找到一个面，已删除 1 个。    ( 删除一个面 )
删除面或 [ 放弃 (U)/ 添加 (A)/ 全部 (ALL)]：                    ( 按回车键 )
输入抽壳偏移距离：50                                        ( 输入距离 )
已开始实体校验。
已完成实体校验。
输入体编辑选项
[ 压印 (I)/ 分割实体 (P)/ 抽壳 (S)/ 清除 (L)/ 检查 (C)/ 放弃 (U)/ 退出 (X)] < 退出 >：  ( 按回车键 )
实体编辑自动检查：    SOLIDCHECK=1
输入实体编辑选项 [ 面 (F)/ 边 (E)/ 体 (B)/ 放弃 (U)/ 退出 (X)] < 退出 >：        ( 按回车键 )
```

图 10-35　输入抽壳偏移距离

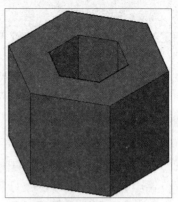

图 10-36　抽壳效果

10.2.3　分割三维对象

该命令可以将具有多个不连续部分的三维实体对象分割为独立的三维实体，比如并集或差集操作可导致生成一个由多个连续体组成的三维实体，此命令可以将这些体分割为独立的三维实体。用户可以通过以下方法执行"分割"命令。

● 在"常用"选项卡的"实体编辑"面板中单击"分割"按钮■。
● 在"实体"选项卡的"实体编辑"面板中单击"分割"按钮■。

执行"分割"命令后，根据命令行的提示，选择分割对象，然后按回车键，即可对连续的实体进行分割，如图 10-37、10-38 所示。

命令行提示内容如下。

```
命令：_solidedit
实体编辑自动检查：　SOLIDCHECK=1
输入实体编辑选项 [面(F)/边(E)/体(B)/放弃(U)/退出(X)] <退出>：_body
输入体编辑选项
[压印(I)/分割实体(P)/抽壳(S)/清除(L)/检查(C)/放弃(U)/退出(X)] <退出>：_separate
选择三维实体：                                                    （选择对象）
输入体编辑选项
[压印(I)/分割实体(P)/抽壳(S)/清除(L)/检查(C)/放弃(U)/退出(X)] <退出>：  （按回车键）
实体编辑自动检查：　SOLIDCHECK=1
输入实体编辑选项 [面(F)/边(E)/体(B)/放弃(U)/退出(X)] <退出>：            （按回车键）
```

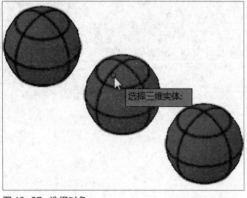

图 10-37　选择对象

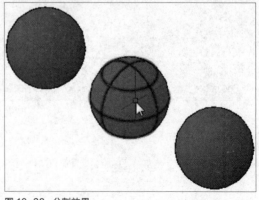

图 10-38　分割效果

10.2.4 三维对象倒圆角

"圆角边"命令是为实体对象边建立圆角。用户可以通过以下方法执行"圆角边"命令。

● 在"实体"选项卡的"实体编辑"面板中单击"圆角边"按钮 。

● 在命令行中输入 FILLETEDGE，然后按回车键。

执行"圆角边"命令后，设置圆角半径，然后选择边，即可对实体倒圆角，如图 10-39、10-40 所示。
命令行提示内容如下。

```
命令：_FILLETEDGE
半径 = 1.0000
选择边或 [链(C)/环(L)/半径(R)]：r
输入圆角半径或 [表达式(E)] <1.0000>：30                    （设置圆角半径值）
选择边或 [链(C)/环(L)/半径(R)]：                         （选择对象）
选择边或 [链(C)/环(L)/半径(R)]：                         （按回车键）
已拾取到边。
选择边或 [链(C)/环(L)/半径(R)]：                         （按回车键）
已选定 1 个边用于圆角。
按 Enter 键接受圆角或 [半径(R)]：                       （按回车键）
```

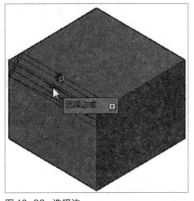

图 10-39 选择边

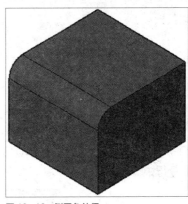

图 10-40 倒圆角效果

10.2.5 三维对象倒直角

使用"倒角边"命令，可以对三维实体以一定距离进行倒角，即在一条边中再创建一个面。用户可以通过以下方法执行"倒角边"命令。

● 在"实体"选项卡的"实体编辑"面板中单击"倒角边"按钮 。

● 在命令行中输入 CHAMFEREDGE，然后按回车键。

执行"倒角边"命令后，根据命令行的提示，选择"距离"选项，指定两个距离均为 30，选择边，即可对实体倒直角。如图 10-41、10-42 所示。命令行提示内容如下。

```
命令：_CHAMFEREDGE 距离 1 = 1.0000，距离 2 = 1.0000
选择一条边或 [环(L)/距离(D)]：d
指定距离 1 或 [表达式(E)] <1.0000>：30                  （设置距离1）
指定距离 2 或 [表达式(E)] <1.0000>：30                  （设置距离2）
选择一条边或 [环(L)/距离(D)]：                          （选择对象）
选择同一个面上的其他边或 [环(L)/距离(D)]：
按 Enter 键接受倒角或 [距离(D)]：                       （按回车键）
```

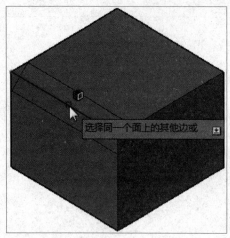

图 10-41 选择边

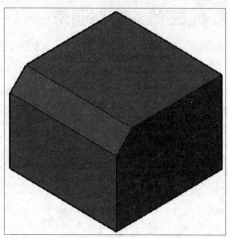

图 10-42 倒直角效果

10.3 设置材质和贴图

在 AutoCAD 中，向三维模型添加材质会显著增强模型的真实感。利用贴图可以模拟纹理、凹凸、反射或折射效果。

10.3.1 材质浏览器

使用"材质浏览器"可导航和管理用户的材质。可以组织、分类、搜索和选择要在图形中使用的材质。用户可以通过以下方法打开"材质浏览器"选项板，如图 10-43 所示。

- 在"可视话"选项卡的"材质"面板中单击"材质浏览器"按钮▨。
- 在"视图"选项卡的"选项板"面板中单击"材质浏览器"按钮▨。
- 在命令行中输入快捷命令 MAT，然后按回车键。

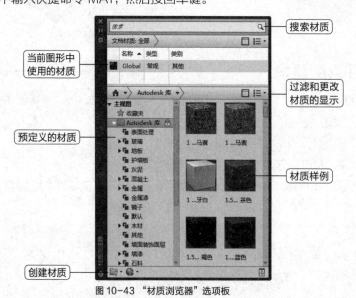

图 10-43 "材质浏览器"选项板

其中，面板中选项的含义介绍如下：

● 搜索：在多个库中搜索材质外观。

● "文档材质"面板：显示随打开的图形保存的材质。

● 主页🏠：单击该按钮，在库面板的右侧内容窗格中显示库的文件夹视图。单击文件夹以打开库
列表。

● "库"面板：列出当前可用的"材质"库中的类别。选定类别中的材质将显示在右侧。将光标悬停
在材质样例上时，用于应用或编辑材质的按钮↑↓将变为可用。

此外，浏览器底部还包含管理库按钮📁▾、创建材质按钮🌐▾以及材质编辑器按钮▣。

10.3.2　材质编辑器

在"材质编辑器"中可以创建新材质，设置材质的颜色、反射率、透明度、凹凸等属性。用户可以
通过以下方法打开"材质编辑器"选项板，如图 10-44 所示。

● 在"可视化"选项卡的"材质"面板中单击右下角箭头按钮↘。

● 在"视图"选项卡的"选项板"面板中单击"材质编辑器"按钮▣。

● 在命令行中输入 MATEDITOROPEN，然后按回车键。

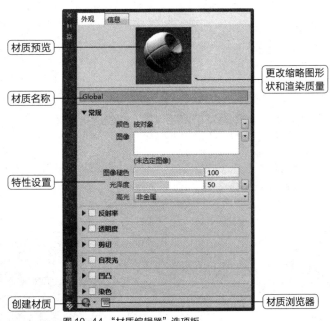

图 10-44　"材质编辑器"选项板

10.3.3　创建新材质

若要创建新材质，可执行"可视化 > 材质 > 材质浏览器"命令，在打开的"材质浏览器"选项板中，
单击"创建材质"按钮，然后选择材质，如图 10-45 所示。其后打开"材质编辑器"选项板，可输入名称，
指定材质颜色选项，并设置反光度、不透明度、折射、半透明度等特性，如图 10-46 所示。

返回至"材质浏览器"选项板，在"文档材质"面板中，拖曳创建好的材质，赋予到实体模型上，
如图 10-47 所示。

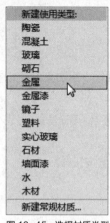

图 10-45 选择材质类型

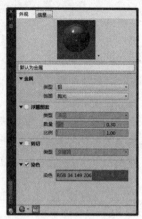

图 10-46 设置属性

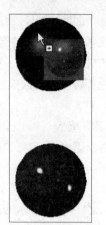

图 10-47 新建材质效果

10.4 添加基本光源

在默认情况下，场景中是没有光源的，用户可以通过向场景中添加灯光创建真实的立体场景效果。

10.4.1 光源的类型

在 AutoCAD 2015 中，光源的类型有四种，包括点光源、聚光灯、平行光以及光域网灯光。

1. 点光源

该光源从其所在位置向四周发射光线，它与灯泡发出的光源类似。根据点光线的位置，模型将产生较为明显的阴影效果，使用点光源以达到基本的照明效果，如图 10-48 所示。

2. 聚光灯

该光源分布投射一个聚焦光束。聚光灯发射定向锥形光，可以控制光源的方向和圆锥体的尺寸。聚光灯的衰减由聚光灯的聚光角角度和照射角角度控制，如图 10-49 所示。

图 10-48 点光源照射效果

图 10-49 聚光灯照射效果

3. 平行光

该光源仅向一个方向发射统一的平行光光线。它需要指定光源的起始位置和发射方向，从而定义光线的方向。平行光的强度并不随着距离的增加而衰减，如图 10-50 所示。

4. 光域网灯光

该光源是具有现实中的自定义光分布的光度控制光源。它同样也需指定光源的起始位置和发射方向。任何给定方向中的照度与光域网和光度控制中心之间的距离成比例，沿离开中心的特定方向的直线进行测量，如图 10-51 所示。

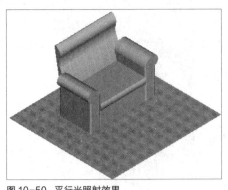

图 10-50 平行光照射效果

图 10-51 光域网照射效果

10.4.2 创建光源

添加光源可为场景提供真实外观，光源可增强场景的清晰度和三维性。为图形添加光源主要方法如下。

● 在"可视化"选项卡的"光源"面板中单击"创建光源"的子命令。

比如选择"聚光灯"命令，在绘图窗口中指定聚光灯的源位置和目标位置，再根据命令行的提示选择相关选项。命令行提示内容如下。

```
命令：_spotlight
指定源位置 <0,0,0>:
指定目标位置 <0,0,-10>:
输入要更改的选项 [名称(N)/强度(I)/状态(S)/聚光角(H)/照射角(F)/阴影(W)/衰减(A)/颜色(C)/退出(X)] <
退出 >:
```

10.4.3 设置光源

当创建完光源后，若不能满足用户的需求时，可对刚创建的光源进行设置。下面将分别对其设置进行介绍。

1. 设置光源参数

若当前光源强度感觉太弱时，用户可适当增加光源强度值。选中所需光源，在绘图区右击鼠标，在快捷菜单中选择"特性"选项，在打开的"特性"选项板中，选择"强度因子"选项，并在其后的文本框中输入合适的参数，如图 10-52 所示。

 工程师点拨：设置光源

在"特性"选项板中，除了可以更改灯光强度值外，还可以对其光源颜色、阴影以及灯光类型进行更改设置。

2. 阳光状态设置

阳光与天光是 AutoCAD 中自然照明的主要来源。用户若在"渲染"选项卡的"阳光和位置"面板中单击"阳光状态"按钮 ☀，系统会模拟太阳照射的效果来渲染当前模型，如图 10-53 所示，为阳光状态效果。

图 10-52 设置强度因子

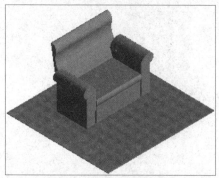

图 10-53 阳光状态效果

 工程师点拨："阳光特性"选项板

在"可视化"选项卡的"阳光和位置"面板中单击右下角箭头按钮，即可打开"阳光特性"选项板。该选项板提供了控件，可用于日光和天光特性设置。

10.5 渲染三维模型

对材质、贴图等进行设置，并将其应用到实体中后，可通过渲染查看即将生成的产品的真实效果。渲染是运用几何图形、光源和材质将三维实体渲染为最具真实感的图像。

10.5.1 全屏渲染

在"渲染"选项卡的"渲染"面板中单击"渲染"按钮，即可对当前模型进行渲染。如图 10-54 所示。在"渲染"窗口中，用户可以读取到当前渲染模型的一些相关信息，例如材质参数、阴影参数、光源参数、渲染时间以及占用的内存等。

10.5.2 区域渲染

在"渲染"选项卡的"渲染"面板中单击"渲染面域"按钮，在绘图区域中，按住鼠标左键，框选出所需的渲染窗口，放开鼠标，即可进行渲染，如图 10-55 所示。

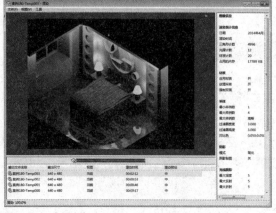

图 10-54 全屏渲染

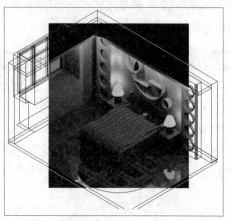

图 10-55 区域渲染

10.5.3 高级渲染设置

"高级渲染设置"选项板包含渲染器的主要控件，可以选择预定义的渲染设置，也可以进行自定义设置。

在 AutoCAD 2015 中，在"可视化"选项卡的"渲染"面板中单击右下角箭头按钮 ，打开"高级渲染设置"选项板，在该选项板中，用户可根据需要，设置渲染的高级选项，如图 10-56 所示。

图 10-56 "高级渲染设置"选项板

工程师点拨："光源 - 视口光源模式"对话框

在执行创建光源命令后，系统将打开"光源 - 视口光源模式"对话框，可单击"关闭默认光源"按钮，即可进行光源的创建。

✛ 上机实践 | 绘制客厅效果图

- ✛ **实践目的** 掌握三维图形的编辑方法，熟悉为三维模型赋予材质及渲染模型的方法。
- ✛ **实践内容** 应用本章所学的知识绘制客厅效果图。
- ✛ **实践步骤** 先执行"多段体"命令并设置参数，创建墙体，然后使用"长方体""差集"命令绘制地面和门洞，接着使用"矩形""拉伸"等命令绘制推拉门和背景墙造型，再用"插入"命令插入组合沙发及相框模型，最后赋予模型材质并渲染模型。

Step 01 打开 AutoCAD 2015 软件，设置工作空间为"三维建模"，视图为"东南等轴测"，视觉样式为"二维线框"。执行"多段体"命令，设置其宽度为 240mm，高度为 2800mm，绘制墙体，如图 10-57 所示。

Step 02 执行"多段线"命令，沿墙体边绘制出地面轮廓，然后执行"拉伸"命令，将其向下拉伸100mm，完成地面的绘制，效果如图 10-58 所示。

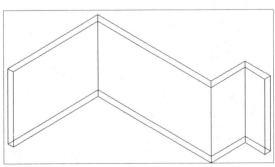

图 10-57 绘制墙体

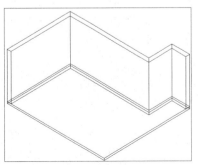

图 10-58 绘制地面

Step 03 执行"长方体"命令,绘制尺寸为 900× 400×2000 的长方体,并将其放置在图形合适位置,如图 10-59 所示。

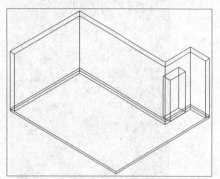

图 10-59 绘制长方体

Step 05 继续执行"长方体"和"差集"命令,绘制其余门洞,效果如图 10-61 所示。

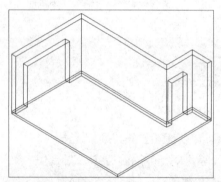

图 10-61 绘制门洞

Step 07 切换至"东南等轴测"视图,执行"拉伸"命令,将大矩形向外拉伸 50mm,小矩形向外拉伸 100mm,然后执行"差集"命令,将小矩形从大矩形内减去,完成推拉门门框的绘制,如图 10-63 所示。

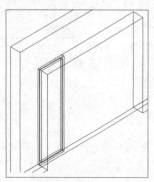

图 10-63 绘制推拉门门框

Step 04 执行"差集"命令,将长方体从墙体中减去,绘制出门洞,如图 10-60 所示。

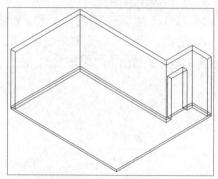

图 10-60 差集效果

Step 06 将当前视图切换至"右视",执行"矩形"命令,绘制尺寸为 600×2000 的矩形,执行"偏移"命令,将矩形向内偏移 40mm,如图 10-62 所示。

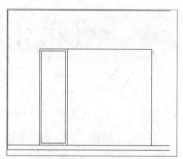

图 10-62 绘制矩形

Step 08 执行"长方体"命令,在门框内绘制出长方体作为玻璃,如图 10-64 所示。

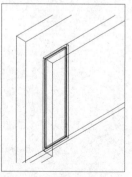

图 10-64 绘制长方体

Step 09 切换至"俯视"图,执行"复制"命令,对门框和玻璃整体进行复制,完成推拉门的绘制,效果如图 10-65 所示。

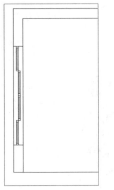

图 10-65 复制门框和玻璃

Step 11 执行"多段线""偏移""拉伸"和"差集"命令,绘制背景墙造型,效果如图 10-67 所示。

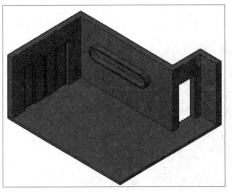

图 10-67 绘制背景造型

Step 13 执行"渲染面域"命令,对图形进行渲染,查看赋予模型材质效果,如图 10-69 所示。

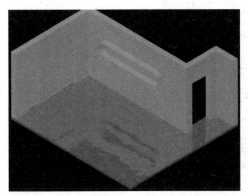

图 10-69 地板材质效果

Step 10 切换至"东南等轴测"视图,然后设置视觉样式为"概念",查看推拉门的绘制效果,如图 10-66 所示。

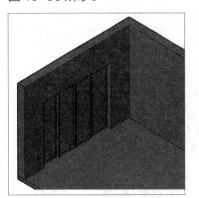

图 10-66 推拉门效果

Step 12 执行"材质浏览器"命令,在打开的"材质浏览器"选项板中,选择"枫木 – 褐色"材质,并将其拖曳至地板模型上,如图 10-68 所示。

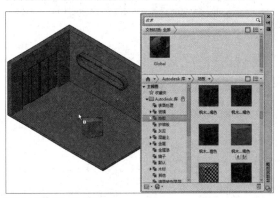

图 10-68 赋予地板材质

Step 14 按照同样的操作方法,赋予推拉门、墙体和背景造型合适的材质,然后执行"渲染面域"命令并查看效果,如图 10-70 所示。

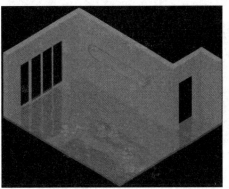

图 10-70 模型材质效果

Step 15 执行"插入"命令，将"组合沙发"模型插入到图形中，然后执行"三维旋转"和"三维移动"命令，对其进行调整并将其放置在合适的位置，如图 10-71 所示。

图 10-71　插入组合沙发

Step 16 继续执行"插入"命令，将"相框"模型插入到图形合适位置，并对其进行复制，如图 10-72 所示。

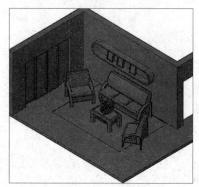

图 10-72　插入相框

Step 17 将当前视觉样式设置为"真实"，然后在"渲染"选项卡的"光源"面板中单击"点"光源按钮，在弹出的对话框中单击"关闭默认光源"按钮，如图 10-73 所示。

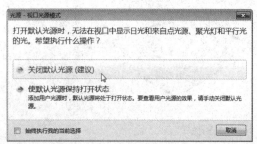

图 10-73　单击"默认光源"按钮

Step 18 根据命令提示，指定点光源的位置即可完成点光源的创建。然后选中点光源，在绘图区右击，选择"特性"选项，在打开的"特性"选项板中对刚创建的光源进行设置，如图 10-74 所示。

图 10-74　设置点光源

Step 19 执行"复制"命令，对点光源进行复制，效果如图 10-75 所示。

图 10-75　复制点光源

Step 20 执行"渲染面域"命令，对图形进行渲染，以查看图形的渲染效果，如图 10-76 所示。

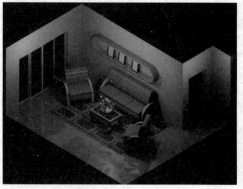

图 10-76　最终效果

课后练习

通过对本章三维实体编辑的学习，用户熟悉了三维实体的编辑、材质和贴图的应用、光源的应用、设置光源环境以及渲染出图等内容。下面将通过一些练习题来回顾所学知识。

1. 选择题

(1) 在对三维实体进行圆角操作时，如果希望同时选择一组相切的边进行圆角操作，应选择以下哪个选项（   ）。

    A. 半径 (R)   B. 链 (C)   C. 多段线 (P)   D. 修剪 (T)

(2) 下列命令不属于三维实体编辑的是（   ）。

    A. 三维镜像   B. 抽壳   C. 切割   D. 三维阵列

(3) 使用以下哪个命令可以将三维实体转换为中空薄壁或壳体（   ）。

    A. 抽壳   B. 剖切   C. 倒角边   D. 圆角边

(4)（多选）实体旋转时选定了图形后，显示无法旋转的原因有可能是（   ）。

    A. 不是封闭的一条线   B. 显示问题

    C. 不是封闭的线段   D. 不是面域，且不平行于回转轴

2. 填空题

(1) _____可以在三维空间中创建对象的矩形阵列和环形阵列。使用该命令时用户除了需要指定列数和行数外，还要指定阵列的_____。

(2) _____命令可将现有的实体模型上单个或多个边偏移至其他位置，从而利用这些边线创建出新的图形对象。

(3) 在 AutoCAD 软件中，有两种渲染方式，分别为渲染和_____。

3. 上机操作题

(1) 使用"圆""正多边形""拉伸""差集"和"阵列"等命令，绘制如图 10-77 所示的模型。

(2) 对图 10-78 所示的卧室模型图添加材质与灯光，并进行渲染。

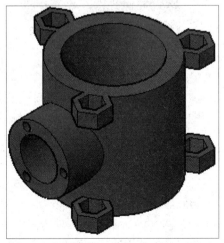

图 10-77　机械模型

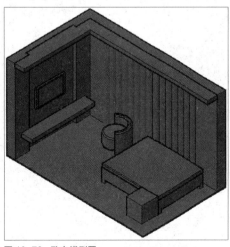

图 10-78　卧室模型图

Chapter 11 输出与打印图形

课题概述 图形的输出是整个设计过程的最后一步，即将设计的成果显示在图纸上。将图纸打印出来后，图纸内容可清晰地呈现在用户面前，便于调阅查看。

教学目标 本章主要介绍在 AutoCAD 中图形的输入与输出，以及在打印图纸时的布局设置操作。

章节重点	光盘路径
★★★★ 打印页面设置 ★★★★ 布局的创建与管理 ★★★☆ 模型空间与图形空间 ★★★☆ 图形的输入与输出 ★★☆☆ 打印图形	**上机实践：**实例文件\第 11 章\上机实践\打印三维模型图纸 **课后练习：**实例文件\第 11 章\课后练习

11.1 图形的输入 / 输出

下面将为用户介绍文件的输入与输出方法，包括输入文件、输出文件等内容。

11.1.1 输入文件 ←——→

在 AutoCAD 2015 中，用户可以将各种格式的文件输入到当前图形中。在"插入"选项卡的"输入"面板中单击"输入"按钮，打开"输入文件"对话框，如图 11-1 所示。从中选择相应的文件，然后单击"打开"按钮，即可将文件插入。

图 11-1 "输入文件"对话框

11.1.2 输出文件 ←——→

用户要将 AutoCAD 图形对象保存为其他需要的文件格式以方便查看，只需将对象以指定的文件格式输出即可。单击"输出"选项卡的"输出为 DWF/PDF"面板中的子命令，即可输出需要的文件类型。"输出"面板如图 11-2 所示。

图 11-2 "输出"面板

- DWF 文件：这是一种图形 Web 格式文件，属于二维矢量文件。可以通过这种文件格式在因特网或局域网上发布自己的图形。
- DWFx 文件：DWF 的一个版本，基于 Microsoft 的 XML 纸张规范 (XPS)。通过 DWFx，可以使用免费的 Microsoft XPS 查看器查看 DWF 文件。
- PDF 文件：一种电子文件格式，与 DWF 差不多，可以对图纸输出查看，使用比较普遍。

工程师点拨：输出数据

在命令行中输入 EXP 命令并按回车键，即可打开"输出数据"对话框，在此只需将 AutoCAD 图形对象输出为其他需要的文件格式，即可供其他软件调用。

利用 AutoCAD 2015 应用程序可以导出下列类型的文件。

- 三维 DWF：该文件可以包含二维和三维模型空间对象，它可以创建一个单页或多页 DWF 文件。
- FBX：该文件格式是用于三维数据传输的开放式框架，增强了 Autodesk 程序之间的互操作性。
- 图元文件：即 Windows WMF 格式，文件包括屏幕矢量几何图形和光栅几何图形格式。
- ACIS：可以将代表修剪过的 NURB 表面、面域和三维实体的 AutoCAD 对象输出到 ASC 格式的 ACIS 文件中。
- 平板印刷：用平板印刷（SLA）兼容的文件格式输出 AutoCAD 实体对象。实体数据以三角形网格面的形式转换为 SLA。SLA 工作站使用这个数据定义代表部件的一系列层面。
- 封装 PS：用于创建包含所有或部分图形的 PS 文件。
- 位图：这是一种位图格式文件，在图像处理行业中应用相当广泛。
- V8DGN：在内部数据结构上和 V7 DGN 格式有所差别，但总体上说它是 V7 版本 DGN 的超集。
- V7DGN：基于 Intergraph 标准文件格式（ISFF）定义。
- IGES：该格式是作为 proe、ug、catia 等工程数模软件数据间的转换的一种格式。

11.1.3　输入 SKP 文件

在 AutoCAD 2015 中可方便调用 SKP 类型的图形。在"附加模块"选项卡的"输入 SKP"面板中单击"输入 SKP 文件"按钮，打开"选择 SKP 文件"对话框，如图 11-3 所示。从中选择素材里的 SketchUp 文件，单击"打开"按钮，即可将文件作为块输入。在绘图区域中单击以将块放置在图形中，如图 11-4 所示。

图 11-3　"选择 SKP 文件"对话框

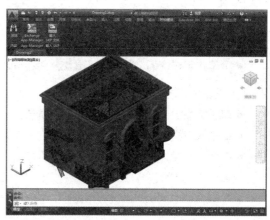

图 11-4　插入效果

11.2　模型空间与图纸空间

在绘图工作中，可以通过三种方法来确认当前的工作空间，即图形坐标系图标的显示、图形选项卡的指示和系统状态栏的提示。

11.2.1　模型空间与图纸空间概念

模型空间与图纸空间是两种不同的屏幕工作空间。其中，模型空间用于建立物体模型，而图纸空间则用于将模型空间中生成的三维或二维物体按用户指定的观察方向正投射为二维图形，并且允许用户按需要的比例将图摆放在图形界限内的任何位置，如图 11-5、11-6 所示。

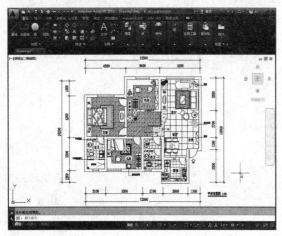

图 11-5　模型空间　　　　　　　　　　　　　　　　　图 11-6　图纸空间

11.2.2　模型空间与图纸空间切换

下面将为用户介绍模型空间与图纸空间的切换方法。

1. 从模型空间向图纸空间的切换

- 单击绘图窗口左下角的"布局 1"或"布局 2"选项卡。
- 单击状态栏中的"模型"按钮 ，该按钮会变为"图纸"按钮 。

2. 从图纸空间向模型空间的切换

- 单击绘图窗口左下角的"模型"选项卡。
- 单击状态栏中的"图纸"按钮，该按钮变为"模型"按钮。
- 在命令行中输入 MSPACE 命令按回车键，可以将布局中最近使用的视口置为当前活动视口，在模型空间工作。
- 在存在视口的边界内部双击鼠标左键，激活该活动视口，进入模型空间。

11.3　创建和管理布局

布局空间用于设置在模型空间中绘制图形的不同视图，主要是为了在输出图形时进行布置。通过布局空间可以同时输出该图形的不同视口，满足各种不同出图的要求。

11.3.1 使用布局向导创建布局

图纸空间中的布局主要是为图形的打印输出做准备，在布局的设置中包含很多打印选项的设置，例如纸张的大小和幅面、打印区域、打印比例和打印方法等。下面将介绍利用布局向导创建布局的具体操作。

将空间切换至图纸空间，会出现"布局"选项卡，单击"新建布局"按钮 ，根据命令提示输入新布局名称为"布局3"，如图11-7所示。按回车键即完成布局创建，如图11-8所示。

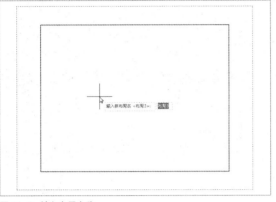

图11-7 输入布局名称

图11-8 完成布局创建

 工程师点拨：创建布局

在 AutoCAD 2015 中，用户还可以单击"从样板"按钮 的布局命令来创建布局。

11.3.2 管理布局

布局是用来排版出图的，选择布局可以看到虚线框，其为打印范围，模型图在视口内。

在 AutoCAD 2015 中，要删除、新建、重命名、移动或复制布局，可将光标放置在布局标签上，然后单击鼠标右键，在弹出的快捷菜单中选择相应的命令即可实现，如图11-9所示。

除上述方法外，用户也可在命令行中输入 LAYOUT 并按回车键，根据命令提示选择相应的选项对布局进行管理。命令行提示内容如下。

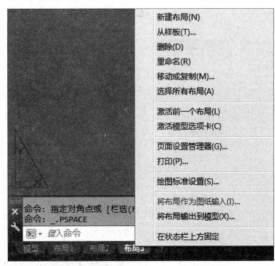

图11-9 快捷菜单中的命令

```
命令：LAYOUT
输入布局选项 [复制(C)/删除(D)/新建(N)/样板(T)/重命名(R)/另存为(SA)/设置(S)/?] <设置>：
```

其中，命令行中各选项含义介绍如下：

- 复制：复制布局。
- 新建：创建一个新的布局选项卡。
- 样板：基于样板（DWT）或图形文件（DWG）中现有的布局创建新样板。
- 设置：设置当前布局。
- ？：列出图形中定义的所有布局。

11.4 布局的页面设置

页面设置可以对新建布局或已建好的布局进行图纸大小和绘图设备的设置。页面设置是打印设备和其他影响最终输出外观和格式的设置集合，用户可以修改这些设置并将其应用到其他布局中。

在 AutoCAD 2015 中，用户可以通过以下方法打开"页面设置管理器"对话框，如图 11-10 所示。

- 在"布局"选项卡的"布局"面板中单击"页面设置"按钮 。
- 在命令行中输入 PAGESETUP，然后按回车键。

图 11-10 "页面设置管理器"对话框

在"页面设置管理器"对话框中，单击"修改"按钮，即可打开"页面设置"对话框，如图 11-11 所示。

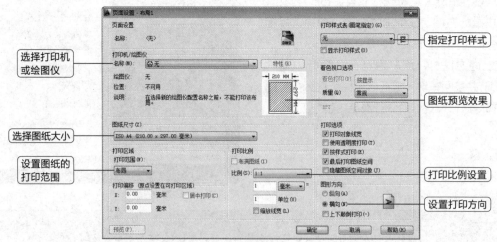

图 11-11 "页面布局"对话框

11.4.1 修改打印环境

在"页面设置"对话框的"打印机/绘图仪"选项组中，用户可以修改和配置打印设备；在右侧的"打印样式表"选项组中，可以设置图形使用的打印样式。

单击"打印机/绘图仪"选项组右侧的"特性"按钮，系统会弹出"绘图仪配置编辑器"对话框。从中可以更改PC3文件的打印机端口和输出设置，包括介质、图形、物理笔配置、自定义属性等。此外，还可以将这些配置选项从一个PC3文件拖到另一个PC3文件。

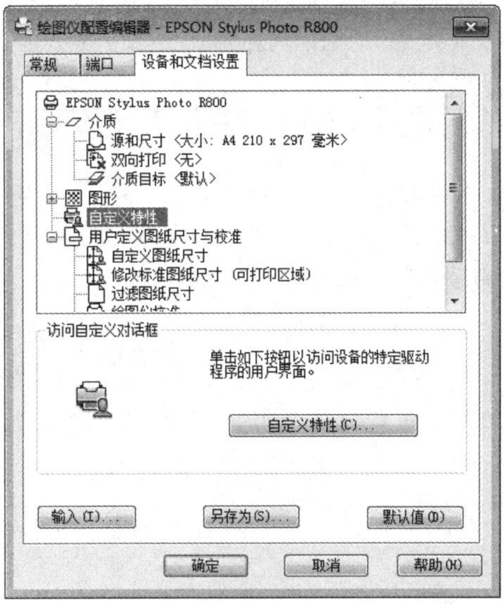

"绘图仪配置编辑器"对话框中有"常规""端口"和"设备和文档设置"选项卡，如图11-12所示。

- "常规"选项卡：包含有关打印机配置（PC3）文件的基本信息。可在说明区域添加或更改信息。该选项卡中的其余内容是只读的。

图 11-12 "绘图仪配置编辑器"对话框

- "端口"选项卡：更改配置的打印机与用户计算机或网络系统之间的通信设置。可以指定通过端口打印、打印到文件或使用后台打印。

- "设备和文档设置"选项卡：控制PC3文件中的许多设置，如指定纸张的来源、尺寸、类型和去向，控制笔式绘图仪中指定的绘图笔等。单击任意节点的图标以查看和更改指定设置。如果更改了设置，所作更改将出现在设置旁边的尖括号中。更改了值的节点图标上方也将显示检查标记。

11.4.2 创建打印布局

在"页面设置"对话框中，还可以设置打印图形时的打印区域、打印比例等内容。其中各主要选项作用介绍如下。

1. 图纸尺寸

该选项组用于确定打印输出图形时的图纸尺寸，用户可以在"图纸尺寸"列表中选择图纸尺寸。列表中可用的图纸尺寸由当前配置的打印设备确定。

2. 图形方向

该选项组中，可以通过单击"横向"或"纵向"单选按钮设置图形在图纸上的打印方向。单击"横向"单选按钮时，图纸的长边是水平的；单击"纵向"单选按钮时，图纸的短边是水平的。在横向或纵向方向上，可以勾选"反向打印"复选框，控制首先打印图形的顶部还是底部。

3. 打印区域

进行打印之前，可以指定打印区域，确定打印内容。在创建新布局时，默认的打印区域为"布局"，即打印图纸尺寸边界内的所有对象；选择"显示"选项，将在打印图形区域中显示所有对象；选择"范围"选项，将打印图形中所有可见对象；选择"窗口"选项，可以定义要打印的区域。

4. 打印比例

该选项组用于确定图形的打印比例。用户可以通过"比例"下拉列表确定图形的打印比例，也可以通过文本框自定义图形的打印比例。在布局打印时，模型空间的对象将以其布局视口的比例显示。

5. 打印偏移

该选项组用于确定图纸上的实际打印区域相对于图纸左下角点的偏移量。在布局中，可打印区域的左下角点位于由虚线框确定的页边距的左下角点，即（0,0）。

11.4.3 保存命令页面设置

在 AutoCAD 2015 中，用户可以将自己绘制的图形保存为样板图形，所有的几何图形和布局设置都可保存为 DWT 文件。

在命令行中输入 LAYOUT 并按回车键，然后根据命令行的提示，选择"另存为"选项，按回车键，即可打开"创建图形文件"对话框。在该对话框中，输入要保存的布局样板名称，然后单击"保存"按钮即可，如图 11-13 所示。

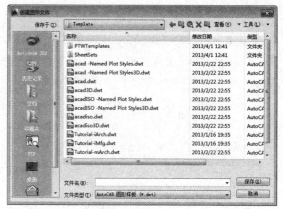

图 11-13 "创建图形文件"对话框

11.4.4 输入已保存的页面设置

要使用现有的布局样板建立新布局，可单击"从样板"布局命令，在打开的"从文件选择样板"对话框中，选择合适的图形文件，然后单击"打开"按钮，如图 11-14 所示。之后系统将会打开"插入布局"对话框，在"布局名称"列表中显示了当前所选布局模板的名称，单击"确定"按钮即可插入该布局，如图 11-15 所示。单击状态栏中的"快速查看布局"按钮 ，便可看到刚插入的布局。

图 11-14 "从文件选择样板"对话框

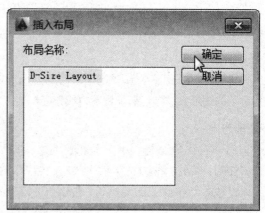

图 11-15 "插入布局"对话框

11.4.5 使用布局样板

布局样板是从 DWG 或 DWT 文件中输入的布局，可以利用现有样板中的信息创建新的布局。AutoCAD 2015 提供了若干个布局样板，以供设计新布局环境时使用。

使用布局样板创建新布局时，新布局将使用现有样板中的图纸空间几何图形及其页面设置，并在图纸空间中显示布局几何图形和视口对象。用户可以保留从样板中输入的几何图形，也可以删除这些几何图形，在这个过程中不输入任何模型空间图形。

11.5　使用浮动视口

与模型空间一样，用户可以在布局空间创建多个视口，以便显示模型的不同视图。在布局空间中创建视口时，可以确定视口的大小，并且可以将其定位于布局空间的任意位置，因此，布局空间的视口通常被称为浮动视口。

11.5.1　创建与编辑浮动视口

用户可以创建布满整个绘图区域的单一视口，也可以在布局中放置多个视口。

在 AutoCAD 2015 中，新建布局视口比之前版本更方便，将当前工作的空间切换至"布局"空间，单击"布局"选项卡中"布局视口"面板，有三种创建形式，如图 11-16 所示。

图 11-16　"新建视口"下拉菜单

- 矩形：创建矩形视口空间。
- 多边形：用指定的点创建不规则形状的视口。
- 对象：指定闭合的多段线、椭圆、样条曲线、面域或圆，以转换为视口。

> **工程师点拨：布局不应太多**
>
> 用户可以在图形中创建多个布局，每个布局都可以包含不同的打印设置和图纸尺寸。但是，为了避免在转换发布图形时出现混淆，通常建议每个图形只创建一个布局。

示例： 在布局空间创建多个布局视口，用不同角度查看办公椅。

Step 01 设置工作空间为"布局"空间，视图为"东南等轴测"，在"布局"选项卡的"布局视口"面板中单击"矩形"视口按钮，根据提示指定视口的角点，如图 11-17 所示。

Step 02 指定对角点，双击矩形内侧，即可对其执行操作，如图 11-18 所示。

图 11-17　指定角点

图 11-18　浮动视口下拉菜单

231

Step 03 将视图设置为"东南等轴测"，然后在矩形外侧双击，即可退出操作，如图 11-19 所示。

Step 04 在"布局"选项卡的"布局视口"面板中单击"多边形"视口按钮，可根据需要绘制多边形的布局窗口，双击视口内侧，选择"动态观察"选项，如图 11-20 所示。

图 11-19 退出操作

图 11-20 动态观察

Step 05 确定观察角度后，双击视口外侧即可。然后在空白位置处绘制一个圆，如图 11-21 所示。

Step 06 在"布局"选项卡的"布局视口"面板中单击"对象"视口按钮，根据命令提示，选择圆为要剪切视口的对象，如图 11-22 所示，圆即变为一个新的视口。

图 11-21 绘制圆

图 11-22 选择剪切视口对象

Step 07 双击圆内侧，然后选择"连续动态观察"选项，确定观察角度后双击视口外侧，如需调整视口位置，选择视口后，直接输入命令即可对其进行操作，如图 11-23 所示。

Step 08 调整其他视口位置，结果如图 11-24 所示。

图 11-23 移动视口

图 11-24 完成效果

11.5.2　相对图纸空间比例缩放视图

打印出图时，需要设置比例，如某建筑平面图采用的比例是 1:120，而衣橱采用的比例是 1:50，此时可以在各自的视口中设置不同的出图比例。

选中视口框，单击鼠标右键，在打开的快捷菜单中选择"特性"选项，打开"特性"选项板，在"其他"选项组中可对视口的"标准比例"选项进行设置。

11.6　打印图形

在模型空间中将图形绘制完毕后，并在布局中设置了打印设备、打印样式、图样尺寸等打印内容后，便可以打印出图。打印之前，按照当前设置，在"布局"模式下进行打印预览是有必要的。

11.6.1　打印预览

在"输出"选项卡的"打印"面板中单击"预览"按钮 ，系统会打开如图 11-25 所示的图形预览。利用顶部工具栏中的相应按钮，可对图形执行打印、平移、缩放、窗口缩放、关闭等操作。

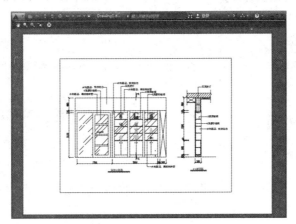

图 11-25　打印预览

11.6.2　图形的输出

执行"打印"命令，将打开"打印 – 布局"对话框，如图 11-26 所示。"打印"对话框和"页面设置"对话框中的同名选项功能完全相同，它们均用于设置打印设备、打印样式、图纸尺寸以及打印比例等内容。

1. "打印区域"选项组

该选项组用于设置打印区域。用户可以在下拉列表中选择相应按钮确定要打印哪些选项卡中的内容，通过"打印份数"文本框可以确定打印的份数。

2. "预览"选项组

单击"预览"按钮，系统会按当前的打印设置显示图形的真实打印效果，与"打印预览"效果相同。

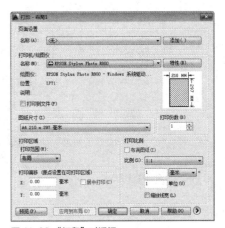

图 11-26　"打印"对话框

⌖ 上机实践 | 打印三维模型图纸

- ⌖ **实践目的** 通过本实训，可以掌握配置绘图设备和输出图形的方法及操作技巧。
- ⌖ **实践内容** 利用当前学习的基本知识配置绘图设备并输出图形。
- ⌖ **实践步骤** 首先打开要进行打印的图形文件，然后在"打印"对话框中设置相关的打印参数。完成打印设置后，预览图形的打印输出效果并对其实施打印。具体操作介绍如下。

Step 01 打开原始素材文件，选择"输出"选项卡，如图 11-27 所示。

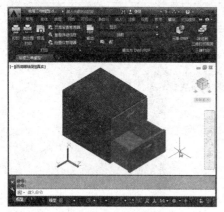

图 11-27　三维模型文件

Step 03 弹出"页面设置－模型"对话框，单击"打印机/绘图仪"选项下的"名称"下拉按钮，选择使用的打印机型号，如图 11-29 所示。

图 11-29　选择打印机型号

Step 02 单击"页面设置管理器"按钮，选择"新建"选项，弹出"新建页面设置"对话框。选择"模型"选项，单击"确定"按钮，如图 11-28 所示。

图 11-28　新建页面设置

Step 04 单击"图纸尺寸"下拉按钮，在下拉列表框中选择"A4"选项，如图 11-30 所示。

图 11-30　选择图纸尺寸

Step 05 勾选"居中打印""布满图纸"选项，选择图形方向为"横向"，单击"确定"按钮，如图 11-31 所示。返回"页面设置管理器"对话框，依次单击"置为当前""关闭"按钮。

图 11-31　勾选选项

Step 07 在绘图窗口中通过指定对角点，框选出打印的范围，如图 11-33 所示。

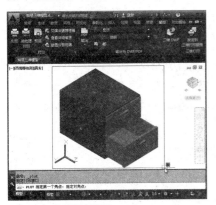

图 11-33　框选打印范围

Step 09 进入预览窗口，预览图形打印输出的效果，以便于检查图形的输出设置是否正确，如图 11-35 所示。

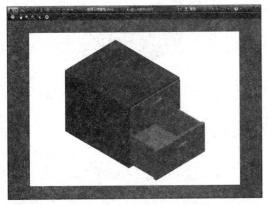

图 11-35　打印预览

Step 06 单击"打印"按钮，弹出"打印 – 模型"对话框，在"打印范围"下拉列表中选择"窗口"选项，如图 11-32 所示。

图 11-32　选择打印区域

Step 08 确定打印的范围后，返回到上一对话框，单击"预览"按钮，如图 11-34 所示。

图 11-34　单击"预览"按钮

Step 10 单击顶部"关闭预览"按钮，可关闭当前视图。若用户对图形的打印输出效果满意，则可单击顶部"打印"按钮，开始打印操作。打印完成后，在软件窗口右下角将显示"完成打印和发布作业"信息，如图 11-36 所示。

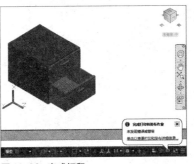

图 11-36　完成打印

课后练习

学习完本章内容之后，总结打印图形需要的基本操作，熟悉打印图形的过程，利用所学知识解决绘图问题。

1. 选择题

（1）下列哪个选项不属于图纸方向设置的内容（　　）。

 A. 纵向   B. 反向   C. 横向   D. 逆向

（2）在"打印 – 模型"对话框的哪个选项组中，用户可以选择打印设备（　　）。

 A. 打印区域   B. 图纸尺寸   C. 打印比例   D. 打印机 / 绘图仪

（3）执行以下哪项命令时，在图纸上以打印的方式显示图形（　　）。

 A. Previev   B. Erase   C. Zoom   D. Pan

（4）根据图形打印的设置，下列哪个选项不正确（　　）。

 A. 可以打印图形的一部分

 B. 可以根据不同的要求用不同的比例打印图形

 C. 可以先输出一个打印文件，把文件放到其他计算机上打印

 D. 打印时不可以设置纸张的方向

2. 填空题

（1）AutoCAD 窗口中提供了两个并行的工作环境，即_____和_____。

（2）使用_____命令，可以将 AutoCAD 图形对象保存为其他需要的文件格式以供其他软件调用。

（3）使用_____命令，可以将各种格式的文件输入到当前图形中。

3. 上机操作题

（1）利用"打印 – 模型"对话框进行打印配置并预览，如图 11-37 所示。

（2）在图 11-38 所示的布局窗口中，新建多个不同形状的布局窗口。

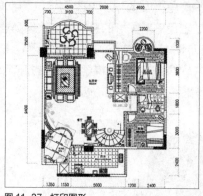

图 11-37　打印图形

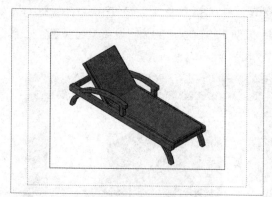

图 11-38　新建布局

Chapter 12 办公空间设计方案

课题概述 本章将详细介绍办公空间的绘制方法和技巧，其中包括平面布置图、地面材质图、顶棚图、立面图和剖面图等。

教学目标 让读者进一步掌握 AutoCAD2015 在室内设计制图中的应用，同时也让读者熟悉不同建筑类型的室内设计。

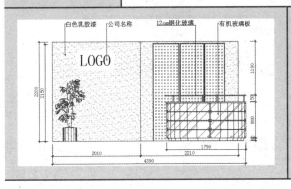

章节重点

★★★★ | 绘制办公空间平面图
★★★☆ | 绘制办公空间立面图
★★★☆ | 绘制办公空间剖面图
★☆☆☆ | 办公空间设计概述

光盘路径

最终文件：实例文件 \ 第 12 章 \ 办公空间设计方案

12.1 办公空间设计概述

办公室的设计主要包括办公用房的规划、装修、室内色彩与灯光音响的设计、办公用品以及装饰品的配备与摆设等内容。

12.1.1 办公空间设计要求

办公空间是为办公而设的场所，首要要求是使办公效率达到最高，即办公空间的布局必须合理，职能部门之间、办公桌之间的通道与空间不宜狭小，也不适合过长过大。设计时也应考虑到办公实际要求，以不影响办事效率为宜。

办公空间各种设备设施须配备齐全合理，并在摆设、安装和供电等方面做到安全可靠、方便实用并便于保养，以使其发挥最佳功能。所有的办公家具都应符合人体工程学的要求，办公桌应该具有充分的工作空间，如图 12-1 所示。

办公室设计既要考虑到塑造和宣传公司形象，也要彰显出公司的性质和个性。在造型和色彩、材料和工艺方面要有相当的考究。办公空间必须具有高度的安全系数，诸如防火、防盗及防震等安全功能。

图 12-1 办公空间

12.1.2 办公空间设计流程

室内设计流程分为三个阶段，包括策划阶段、方案阶段、施工图阶段。

1. 策划阶段包括任务书、收集资料、设计概念草图。

- 任务书：由甲方或业主提出，包括确定面积、经营理念、风格样式、投资情况等。
- 收集资料：包括原始土建图纸和现场勘测。
- 设计概念草图：由设计师与业主共同完成，包括反映功能方面的草图、空间方面的草图、形式方面的草图和技术方面的草图等。

2. 方案阶段包括概念草图深入设计、与土建和装修前后的衔接、协调相关的工种和方案成果。

- 概念草图深入设计：指功能分析、空间分析、装修材料的比较和选择等。
- 与土建和装修的前后衔接：指承重结构和设施管道等。
- 相关工种协调：包括各种设备之间的协调和设备与装修的协调。
- 方案成果：指作为设计施工图、施工方式、概算的依据。包括图册、模型、动画。

3. 施工图阶段包括装修施工图和设备施工图。

- 装修施工图：包括设计说明、工程材料做法表、饰面材料分类表、装修门窗表、隔墙定位平面图、平面布置图、铺地平面图、天花布置图、放大平面图。
- 设备施工图：其中给排水系统包括给排水布置、消防喷淋；电气设备包括强电系统、灯具走线、开关插座、弱电系统、消防照明、消防监控；暖通包括系统、空调布置。

✛ 12.2 绘制办公室平面图

介绍完办公空间设计概述后，下面将为用户介绍布置办公平面图的步骤，包括平面布置图、顶棚图和地面图。如图 12-2 所示为办公室平面布置图，图 12-3 所示为办公室顶棚布置图。

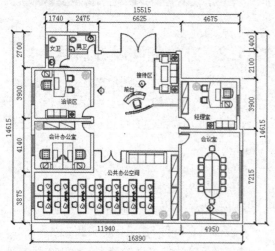

图 12-2 办公室平面布置图

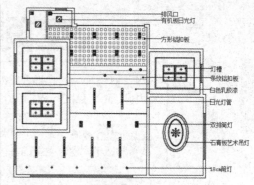

图 12-3 办公室顶棚布置图

12.2.1 办公室平面布置图

下面将为用户介绍办公室平面布置图的绘制步骤。

Step 01 启动 AutoCAD 2015 软件，先保存文件名为"办公室设计方案"文件。然后执行"图层特性"命令，打开"图层特性管理器"对话框，新建图层，并设置图层参数，如图 12-4 所示。

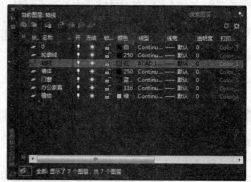

图 12-4 新建图层

Step 02 将"轴线"层置为当前层，然后执行"直线"和"偏移"命令，绘制办公室平面图轴线，如图 12-5 所示。

图 12-5 绘制轴线

Step 03 选择"轮廓线"图层为当前层，执行"多段线"命令，绘制墙体轮廓，位置如图 12-6 所示。

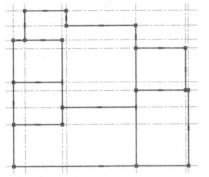

图 12-6　绘制多段线

Step 04 关闭"轴线"图层，执行"偏移"命令，将绘制的多段线分别向两侧偏移 120mm，然后删除中间的多段线，结果如图 12-7 所示。

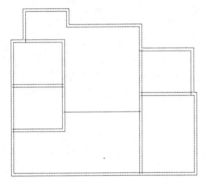

图 12-7　偏移多段线

Step 05 执行"修剪"命令，修剪多余的线段，修剪结果如图 12-8 所示。

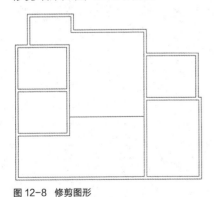

图 12-8　修剪图形

Step 06 执行"偏移"命令，偏移出厕所位置，然后执行"偏移""修剪""直线"命令，绘制钢化玻璃墙体部分，尺寸如图 12-9 所示。

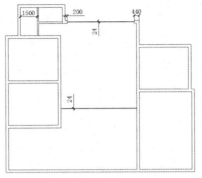

图 12-9　绘制钢化玻璃部分

Step 07 执行"直线""偏移"命令，绘制"门洞"和"窗洞"位置，具体尺寸如图 12-10 所示。

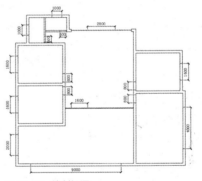

图 12-10　绘制门洞

Step 08 执行"修剪"命令，修剪掉门洞和窗洞位置的线段，然后将"门窗"层设为当前图层，执行"直线"命令，在窗洞位置绘制直线，如图 12-11 所示。

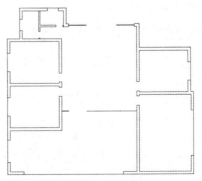

图 12-11　绘制直线

Step 09 执行"偏移"命令，将门洞位置的线段分别依次偏移80mm，偏移出窗户的图形，结果如图12-12所示。

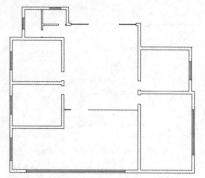

图12-12 偏移出窗户图形

Step 10 执行"插入"命令，在门洞位置插入门的图形，具体尺寸根据实际门洞大小调整，如图12-13所示。

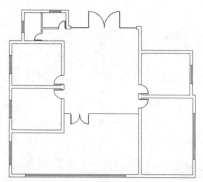

图12-13 添加门

Step 11 将"办公"层置为当前层，然后执行"插入"命令，打开"插入"对话框，单击"浏览"按钮，在打开的对话框中选择要插入的图块，返回上一对话框，设置旋转角度为180，单击"确定"按钮即可，如图12-14所示。

图12-14 "插入"对话框

Step 12 在绘图窗口中，将插入的图块放置在合适的位置，如图12-15所示。

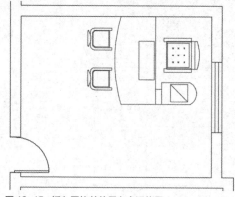

图12-15 插入图块并放置在合适位置

Step 13 执行"插入"命令，按照以上操作步骤，将经理室的办公沙发放置在合适的位置，如图12-16所示。

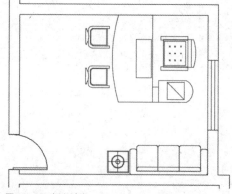

图12-16 插入沙发

Step 14 执行"插入"和"复制"命令，将公共空间办公桌插入至图形中，并进行复制，如图12-17所示。

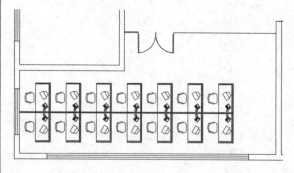

图12-17 插入办公桌

Step 15 继续执行"插入"命令，将其他办公用品图块插入图形当中，如图 12-18 所示。

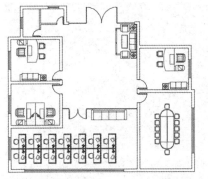

图 12-18　插入会议桌

Step 16 将洁具和植物等图块插入到图形中，并放置在合适的位置，如图 12-19 所示。

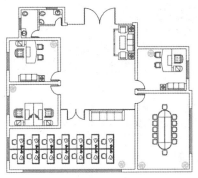

图 12-19　插入植物

Step 17 执行"矩形""直线"和"偏移"等命令，绘制 2500mm×600mm 的档案柜，并设置偏移距离为 50mm，如图 12-20 所示。

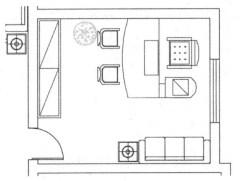

图 12-20　绘制档案柜

Step 18 执行"圆弧"和"直线"等命令，绘制前台背景墙，然后将前台办公桌插入到图形中，具体尺寸如图 12-21 所示。

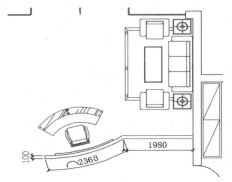

图 12-21　绘制前台背景墙

Step 19 执行"文字样式"命令，设置字体为宋体，高度为 300mm，如图 12-22 所示。

图 12-22　设置标注样式

Step 20 将"标注"层置为当前层，然后执行"多行文字"命令，对平面图添加文字注释，如图 12-23 所示。

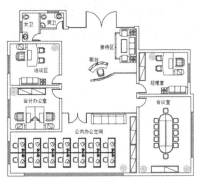

图 12-23　输入文字

Step 21 执行"标注样式"命令,新建"平面标注"样式,设置标注属性,文字高度为300,如图 12-24 所示。

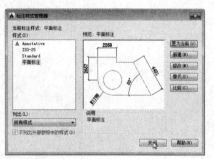

图 12-24 文字注释

Step 22 执行"线性标注"和"连续标注"命令,对平面图添加尺寸标注,最终效果如图 12-25 所示。

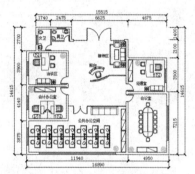

图 12-25 办公室平面布置图

12.2.2 办公室地面材质图

下面将介绍办公室地面材质图的绘制步骤。

Step 01 执行"复制"命令,将办公室平面布置图复制一份,删除所有的办公家具、洁具、盆栽等,执行"直线"命令,封闭门洞位置,然后调整文字位置,如图 12-26 所示。

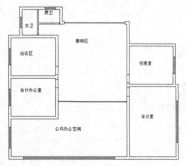

图 12-26 删除图块并调整标注

Step 02 添加"地面填充"图层,设置颜色属性,双击将其置为当前层,如图 12-27 所示。

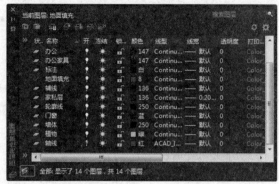

图 12-27 创建新图层

Step 03 执行"图案填充"命令,对卫生间部分进行图案填充,图案为自定义,距离为300,双向,角度为 45°,如图 12-28 所示。

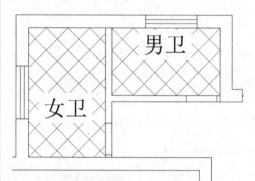

图 12-28 填充卫生间地面

Step 04 执行"图案填充"命令,选择图案 DOLMIT,填充比例为 25,角度为 0°,对经理室地面进行图案填充,如图 12-29 所示。

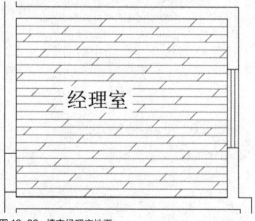

图 12-29 填充经理室地面

Step 05 按回车键重复"图案填充"命令,选择洽谈区、会计办公室及会议室的地面进行填充,填充图案同经理室,如图 12-30 所示。

图 12-30 填充其他区域地面

Step 06 继续执行"图案填充"命令,对接待区和公共办公空间的地面进行图案填充,图案为自定义,距离为 600,双向,角度为 0°,如图 12-31 所示。

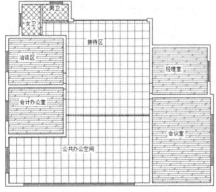

图 12-31 填充地面

Step 07 执行"多行文字"命令,单击"背景遮罩"按钮,打开对话框,设置边界偏移量为 1,填充颜色为白色,如图 12-32 所示。

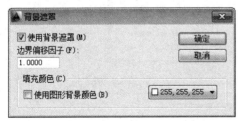

图 12-32 设置背景参照

Step 08 设置完成后单击"确定"按钮,对地面材质进行文字说明,如图 12-33 所示。

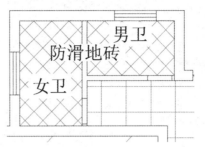

图 12-33 添加文字说明

Step 09 执行"复制"命令,将文字注释复制到其他合适的位置,双击文字,进行文字内容的修改,如图 12-34 所示。

图 12-34 添加文字说明

Step 10 继续为地面材质添加文字说明,然后执行"线性标注"和"连续标注"命令,对地面图添加尺寸标注,最终效果如图 12-35 所示。

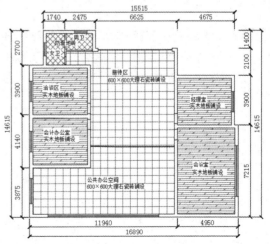

图 12-35 地面材质布置图

12.2.3 办公室顶棚布置图

下面将为用户介绍办公室顶棚布置图的绘制步骤。

Step 01 执行"复制"命令，将地面材质图复制一份，并删除掉图案填充与文字部分，如图12-36所示。

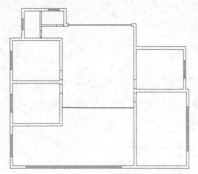

图 12-36 删除图案和文字标注

Step 02 添加"吊顶造型"图层，设置颜色属性，双击将其置为当前层，如图12-37所示。

图 12-37 创建新图层

Step 03 首先绘制经理室顶棚，执行"矩形"命令，捕捉对角点绘制矩形，然后执行"偏移"命令，将矩形依次向内偏移500mm、50mm，如图12-38所示。

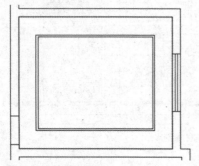

图 12-38 绘制吊顶造型

Step 04 执行"矩形""偏移"和"复制"命令，绘制吊顶造型，具体尺寸如图12-39所示。

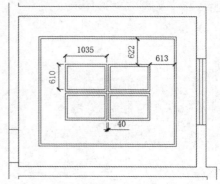

图 12-39 绘制吊顶

Step 05 执行"矩形"命令，绘制灯槽，并更改矩形的线型，如图12-40所示。

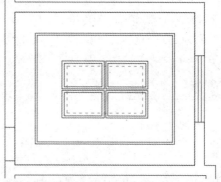

图 12-40 绘制灯槽

Step 06 执行"插入"和"复制"命令，将筒灯插入到图形中的合适位置，并进行复制，如图12-41所示。

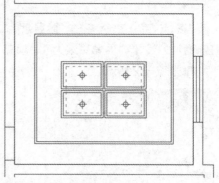

图 12-41 插入筒灯

Step 07 依次执行"复制"命令，将经理室吊顶复制至洽谈区和会计办公室，如图 12-42 所示。

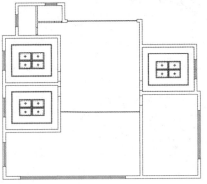

图 12-42　复制吊顶

Step 08 依次执行"椭圆""偏移"命令，绘制会议室顶棚图案，并插入吊灯，如图 12-43 所示。

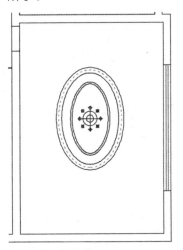

图 12-43　绘制灯槽

Step 09 执行"插入"和"复制"等命令，插入公共办公空间的灯具，如图 12-44 所示。

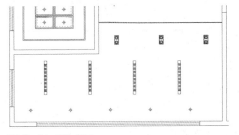

图 12-44　插入灯具

Step 10 执行"插入""复制"和"图案填充"命令，绘制接待区和卫生间的吊顶，如图 12-45 所示。

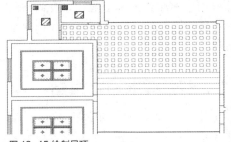

图 12-45　绘制吊顶

Step 11 执行"复制"命令，对接待区和前台部分添加灯具，如图 12-46 所示。

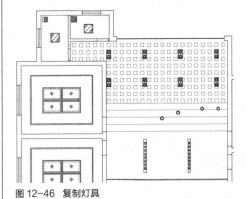

图 12-46　复制灯具

Step 12 执行"多重引线"命令，为顶棚添加文字说明，最终效果如图 12-47 所示。

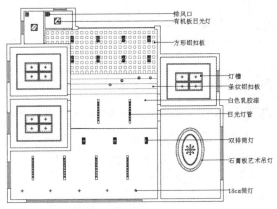

图 12-47　办公室顶棚布置图

12.3 绘制办公室主要立面图

下面将为用户介绍办公室立面图的绘制步骤，主要有办公前台背景墙A立面图、办公前台B立面图和会议室C立面图。

12.3.1 前台背景墙立面图

下面介绍前台背景墙立面图的绘制步骤。

Step 01 根据前台的平面图，执行"射线"命令，绘制前台轮廓线，高度为 2200mm，如图 12-48 所示。

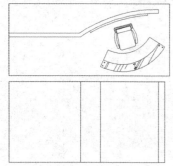

图 12-48 绘制轮廓

Step 02 执行"偏移"命令，偏移出接待台的高度及背景墙的轮廓线，如图 12-49 所示。

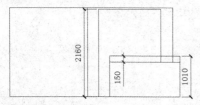

图 12-49 偏移线段

Step 03 复制出接待台部分单独绘制，执行"矩形"命令，绘制 970mm×187.5mm 的矩形，位置如图 12-50 所示。

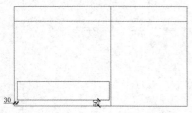

图 12-50 绘制矩形

Step 04 执行"矩形阵列"命令，对刚绘制的矩形进行矩形阵列，行数为 4，列数为 1，行间距为 197.5，如图 12-51 所示。

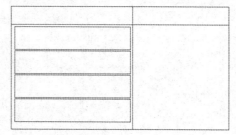

图 12-51 阵列矩形

Step 05 执行"圆"命令，绘制半径为 5mm 的圆，然后执行"镜像"命令，对圆进行镜像复制，如图 12-52 所示。

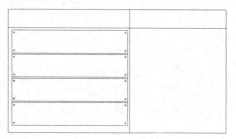

图 12-52 复制圆

Step 06 执行"多段线"命令，绘制多段线，具体尺寸如图 12-53 所示。

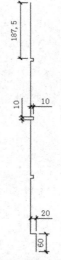

图 12-53 绘制多段线

Step 07 执行"复制"命令，将多段线放置在台面合适位置，然后向右依次复制，移动尺寸如图 12-54 所示。

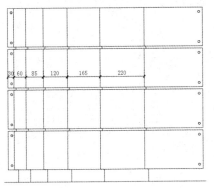

图 12-54　复制多段线

Step 08 依次执行"偏移""修剪"和"镜像"命令，绘制一部分台面，如图 12-55 所示。

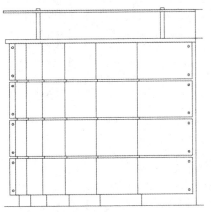

图 12-55　绘制台面

Step 09 执行"镜像"命令，对左侧接待台部分进行镜像复制，如图 12-56 所示。

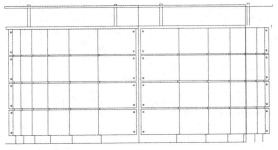

图 12-56　镜像接待台

Step 10 根据实际尺寸，调整右侧台面的距离，如图 12-57 所示。

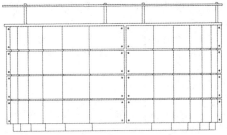

图 12-57　调整距离

Step 11 执行"移动"命令，将绘制完成的接待台移动至轮廓线位置。执行"修剪"命令，修剪删除掉多余部分的线段，如图 12-58 所示。

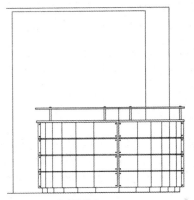

图 12-58　移动接待台

Step 12 执行"偏移"命令，偏移背景墙部分的线段，偏移距离如图 12-59 所示。

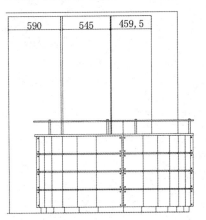

图 12-59　偏移背景墙

247

Step 13 执行"偏移"命令，将背景墙的线段分别向内偏移 10mm。执行"修剪"命令，修剪结果如图 12-60 所示。

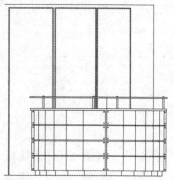

图 12-60　修剪结果

Step 14 执行"图案填充"命令，填充背景墙部分，图案为 GOST-GLASS，比例为 8，角度为 0°，如图 12-61 所示。

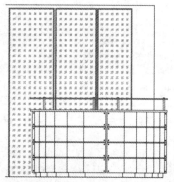

图 12-61　填充背景墙

Step 15 继续执行"图案填充"命令，对接待台进行图案填充，图案为 AR-RROOF，比例为 15，角度为 45°，如图 12-62 所示。

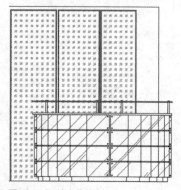

图 12-62　填充接待台

Step 16 执行"插入"命令，将盆栽插入图形中并放置在合适的位置。执行"填充"命令，填充背景墙部分，结果如图 12-63 所示。

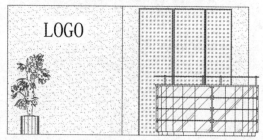

图 12-63　插入图块并填充图案

Step 17 执行"线性标注"等命令，对立面图进行尺寸标注，如图 12-64 所示。

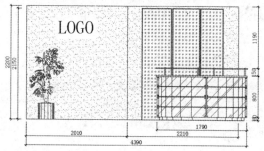

图 12-64　尺寸标注

Step 18 执行"多重引线"命令，对立面图添加文字说明，最终效果如图 12-65 所示。

图 12-65　办公室前台背景墙

12.3.2　会议室 C 立面图

下面介绍会议室 C 立面图的绘制步骤。

Step 01 根据会议室尺寸，执行"矩形"和"直线"命令，绘制会议室 C 立面图的轮廓线，如图 12-66 所示。

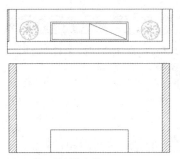

图 12-66　绘制轮廓线

Step 02 执行"偏移"和"修剪"命令，修剪多余的线段，结果如图 12-67 所示。

图 12-67　绘制档案柜

Step 03 执行"矩形"和"直线"命令，继续绘制档案柜，并更改线型，如图 12-68 所示。

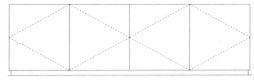

图 12-68　更改线型

Step 04 单击"复制"命令，对虚线部分进行复制操作，然后执行"插入"命令，将把手插入至合适位置，并进行复制操作，如图 12-69 所示。

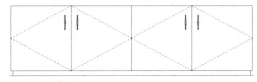

图 12-69　插入把手

Step 05 执行"直线"命令，绘制 1390mm×3240mm 的矩形，然后对左边和底边进行定数等分，等分份数为 4 块和 8 块，如图 12-70 所示。

图 12-70　定数等分

Step 06 执行"直线"命令，连接节点，如图 12-71 所示。

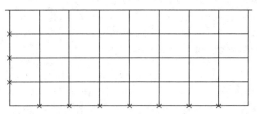

图 12-71　连接直线

Step 07 执行"偏移"命令，将水平直线向上和向下分别偏移 5mm，竖直直线向左和向右分别偏移 5mm，并删除节点和直线，如图 12-72 所示。

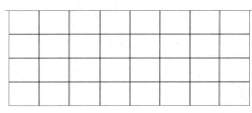

图 12-72　偏移直线

Step 08 执行"修剪"命令，将相交的部分删除，如图 12-73 所示。

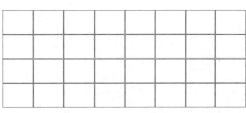

图 12-73　修剪直线

Step 09 执行"插入"命令，将植物放置在合适的位置，如图 12-74 所示。

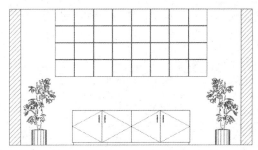

图 12-74　插入图块

249

Step 10 执行"图案填充"命令，对墙面进行图案填充，图案为 AR-RROF，填充比例为 20，角度为 90°，如图 12-75 所示。

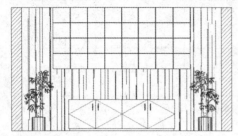

图 12-75　图案填充

Step 11 执行"图案填充"命令，对墙体填充图案，如图 12-76 所示。

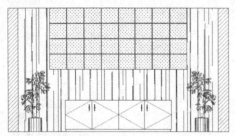

图 12-76　图案填充

Step 12 执行"线性标注"命令，对图形进行线性标注，如图 12-77 所示。

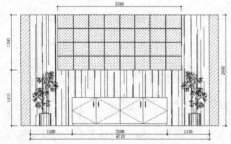

图 12-77　添加标注

Step 13 执行"多重引线"等命令，对图形进行引线标注，如图 12-78 所示。

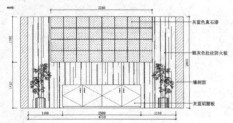

图 12-78　会议室 C 立面

 工程师点拨：形象墙的制作工艺

形象墙的制作主要采用这样几种材质工艺：有机玻璃丝印图文；钢化玻璃做底板，在玻璃上装饰高档字；底板为铝塑板的，在上面可以装上水晶字、钛金字、不锈钢字等高档字。

12.3.3　前台走廊 B 立面图

Step 01 根据前台走廊平面图的尺寸，执行"矩形"和"直线"命令，绘制 B 立面图的轮廓线，高度为 3000mm，如图 12-79 所示。

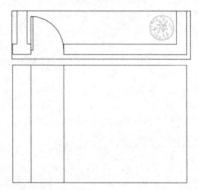

图 12-79　绘制轮廓线

Step 02 执行"多段线"和"偏移"命令，绘制门框，向内依次偏移 40mm、10mm 和 5mm，如图 12-80 所示。

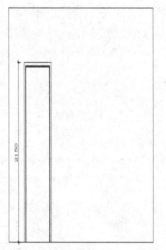

图 12-80　绘制门框

Step 03 执行"直线"和"矩形"等命令，绘制门内部装饰，如图 12-81 所示。

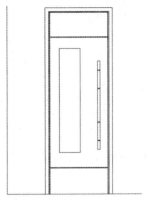

图 12-81　绘制门

Step 04 执行"圆角"和"图案填充"命令，对把手添加圆角，然后对门进行图案填充，如图 12-82 所示。

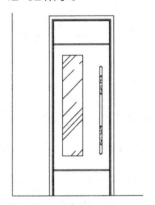

图 12-82　图案填充

Step 05 执行"偏移"命令，将顶边线段向下偏移 100mm，左边线段向右依次偏移 1650mm、700mm、600mm、700mm，如图 12-83 所示。

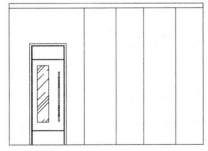

图 12-83　偏移结果

Step 06 执行"偏移"命令，根据尺寸依次向下偏移。执行"修剪"命令，修剪多余的线段，结果如图 12-84 所示。

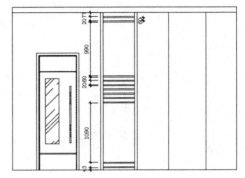

图 12-84　修剪结果

Step 07 执行"图案填充"命令，对刚绘制的图案进行填充，如图 12-85 所示。

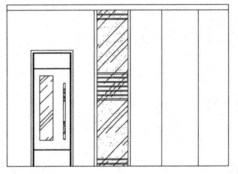

图 12-85　图案填充

Step 08 执行"创建"块命令，打开"块定义"对话框，将刚绘制的墙面装饰品创建成块，如图 12-86 所示。

图 12-86　创建块

251

Step 09 执行"复制"命令，将创建好的图形向右复制，如图 12-87 所示。

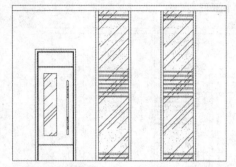

图 12-87 复制图案

Step 10 执行"插入"命令，将装饰画放置到墙面上，如图 12-88 所示。

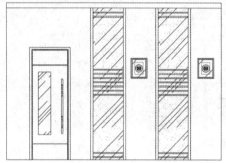

图 12-88 装饰墙面

Step 11 执行"偏移"和"修剪"命令，将底边线段向上偏移 80mm，绘制踢脚线，修剪被遮挡部分，如图 12-89 所示。

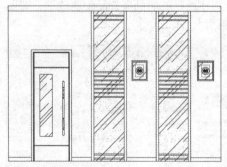

图 12-89 绘制踢脚线

Step 12 执行"线性标注"命令，对图形进行尺寸标注，如图 12-90 所示。

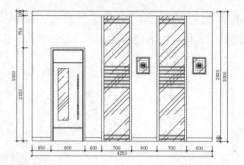

图 12-90 尺寸标注

Step 13 执行"多重引线"命令，对图形进行引线标注，如图 12-91 所示。

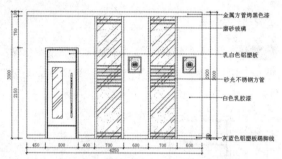

图 12-91 前台走廊 B 立面图

12.4 绘制办公室主要剖面图

下面介绍办公室剖面图的绘制步骤，包括前台办公桌剖面图、会议室装饰墙剖面图。

12.4.1 前台办公桌剖面图

下面将对前台办公桌剖面图的绘制操作进行介绍。

Step 01 执行"矩形""偏移"等命令，绘制办公桌剖面造型，如图 12-92 所示。

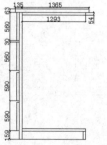

图 12-92 办公桌剖面尺寸

Step 02 执行"矩形""直线""复制"等命令，绘制内部造型，如图 12-93 所示。

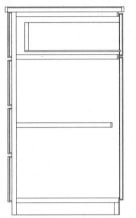

图 12-93　绘制内部结构

Step 03 执行"矩形""修剪"和"图案填充"命令，绘制上部台面，绘制尺寸如图 12-94 所示。

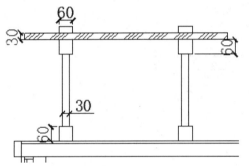

图 12-94　绘制台面

Step 04 执行"插入"命令，将把手和零件等图块插入合适的位置，如图 12-95 所示。

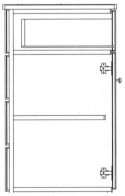

图 12-95　插入图块

Step 05 执行"线性标注"等命令，添加尺寸标注，如图 12-96 所示。

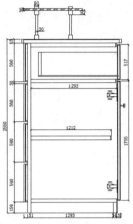

图 12-96　尺寸标注

Step 06 执行"多重引线"命令，为剖面图添加文字说明，最终效果如图 12-97 所示。

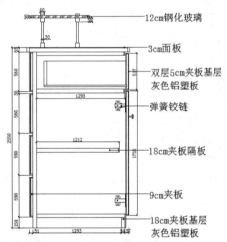

图 12-97　前台办公桌剖面图

工程师点拨：现代办公环境设计趋势

1. 颜色　现在的办公场所，选择设计的颜色范围越来越多样化，当然这些颜色的选择基于各个空间预期的视觉和感觉而定，颜色影响着人的情绪和注意力。

2. 灯光　自然光源节能而且能提高工作效率，对于其他光源，向上照射灯和 LED 照明，它们更节能，而且比标准的荧光灯更耐久。

3. 环保　使用绿色材料，能有效降低室内环境中污染物。这对地毯和系统家具表面同样适用。

12.4.2　会议室装饰墙剖面图

下面介绍会议室装饰墙剖面图的绘制步骤。

Step 01 执行"矩形"命令，绘制335mm×1390mm的矩形，如图12-98所示。

图12-98　绘制矩形

Step 02 执行"矩形"命令，绘制外部构造，如图12-99所示。

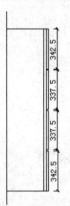

图12-99　绘制矩形

Step 03 执行"矩形"和"直线"命令，绘制内部构造，如图12-100所示。

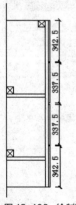

图12-100　绘制图形

Step 04 执行"插入"命令，将灯立面插入到图形的合适位置上，如图12-101所示。

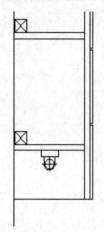

图12-101　插入灯

Step 05 执行"复制"和"缩放"命令，复制剖面的底部，放大3倍，如图12-102所示。

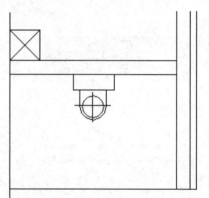

图12-102　放大图形

Step 06 执行"直线"命令，绘制内部构造，如图12-103所示。

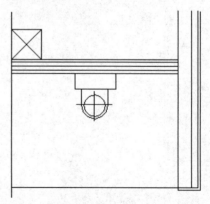

图12-103　绘制直线

Step 07 执行"图案填充"命令，对图形进行填充操作，然后执行"圆"和"圆弧"命令，连接图形，如图 12-104 所示。

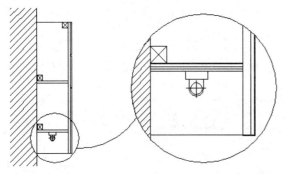

图 12-104　图案填充

Step 08 选取圆与圆弧，更改线型为 DASHED，如图 12-105 所示。

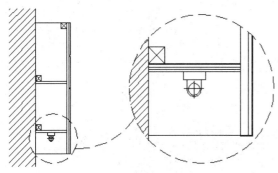

图 12-105　更改线型

Step 09 执行"线性标注"命令，对图形进行尺寸标注，如图 12-106 所示。

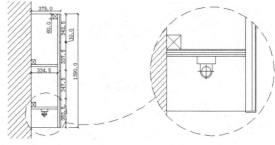

图 12-106　尺寸标注

Step 10 执行"多重引线"命令，添加引线标注，如图 12-107 所示。

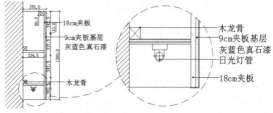

图 12-107　会议室装饰墙剖面图

Chapter 13 住宅空间设计方案

课题概述 本章将详细介绍三居室室内施工图的绘制方法和技巧，其中包括平面布置图、地面材质图、顶棚布置图和剖面图等。

教学目标 通过练习绘制三居室家装施工图，用户可以熟练掌握前面章节所学的内容，为以后的工作做好铺垫。

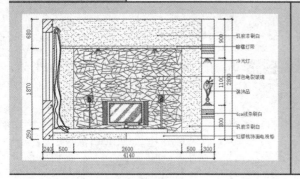

章节重点

★★★★ │ 绘制三居室平面图
★★★★ │ 绘制三居室立面图
★★★☆ │ 绘制三居室剖面图
★☆☆☆ │ 三居室设计技巧

光盘路径

最终文件：实例文件 \ 第 13 章 \ 三居室设计方案

13.1 住宅空间设计技巧

大户型设计在强调整体风格的同时，需要注重每个单一装饰点的细节设计。通常这类户型的视点较杂，每块装饰细节都要适应从不同角度观察，既要远观有型，又要近看细部，只有做好每一个设计细节，才能使整个作品看上去更为饱满、合理。

13.1.1 空间处理需协调

合理地进行室内空间布局是装修设计大户型的第一个基本要素，在对内部布局不很合理的大户型进行设计时，根据家庭成员的数量、喜好、生活习惯与家庭生活方式等特点，将室内的布局做好规划，适当对可拆改的非承重墙进行拆、移，从而达到优化室内布局的目的。

大户型的空间处理是否协调得当是装修的关键，其重点是对功能与风格的把握。由于这种户型空间大，除了实现居住功能的设计外，更多的是对空间的规划与协调——空间设计是骨架，如果没有空间设计，其他设计则是一盘散沙。

在色彩上，不同的色调可以弥补各空间布局

的不足；在结构上，可通过对屋梁、地台、吊顶的改造，对室内空间做出一些区分；家具可尽量用大结构家具，避免室内的零碎，如图 13-1 所示。

图 13-1 客厅效果图

13.1.2 设计风格需统一

大户型由于空间面积大、房间多，在做设计时应区别于普通住宅的装修概念。一个统一的设计风格会让大户型看起来更加完美和谐。最时尚的莫过于以简约塑造品质，目前比较流行的大户型设计风格主要有简洁感性的现代简约风格、休闲浪漫的美式风格、清爽自然的田园风格、沉稳理性的新中式风格以及优雅温馨的雅致风格，如图 13-2 所示。

图 13-2 主卧室效果图

13.1.3 装修细节需注意

跃层、别墅等户型的客厅挑空过高，设计师应解决视觉的舒适感受。具体做法是，采用体积大、样式隆重的灯具来弥补高处空旷的感觉。在合适的位置圈出石膏线，或者用窗帘将客厅垂直分成两层，令空间敞阔豪华而不空旷。

许多住户希望客厅灯光能随不同用途、场合而有所变化。智能化系统里有灯光调节系统，能够按照需要控制照明状态，只要轻触开关或手中的遥控器就可以感受从夏到冬、从春到秋的模拟性季节变化，甚至可以模拟一天中的不同时段。

⊹ 13.2 绘制三居室平面图

在室内设计制图中，平面图包括平面布置图、地面布置图、顶棚布置图、里面布置图、电路布置图以及插座布置图等。如图 13-3 所示为平面布置图，图 13-4 为地面布置图。

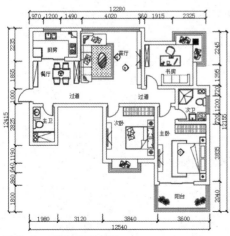

图 13-3 三居室平面布置图

图 13-4 三居室地面布置图

13.2.1 三居室平面布置图

下面将为用户介绍三居室平面布置图的绘制步骤。

Step 01 启动 AutoCAD 2015 软件，先将文件保存为"三居室设计方案"文件，然后执行"图层特性"命令，在打开的对话框中单击"新建图层"按钮，新建"轴线"图层，并设置其颜色为红色，线型为虚线，如图 13-5 所示。

图 13-5 创建"轴线"图层

Step 02 继续单击"新建图层"按钮，依次创建出"墙体""门窗""标注"等图层，并设置图层参数，如图 13-6 所示。

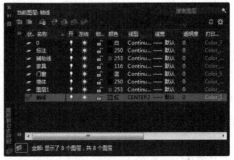

图 13-6 创建其余图层

Step 03 双击"轴线"图层，将其设置为当前层。执行"直线"和"偏移"命令，绘制出三居室平面图轴线，如图 13-7 所示。

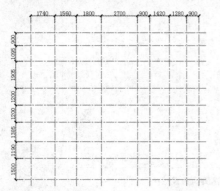

图 13-7　绘制轴线

Step 04 将"墙体"图层设置为当前层，执行"多线段"命令，沿轴线绘制出墙体轮廓，如图 13-8 所示。

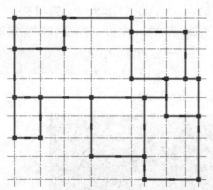

图 13-8　多段线绘制墙体

Step 05 关闭"轴线"图层，然后执行"偏移"命令，将多段线分别向两侧偏移 120，删除中间的线段，如图 13-9 所示。

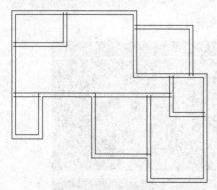

图 13-9　偏移多段线

Step 06 执行"修剪"命令，修剪多余的线段，如图 13-10 所示。

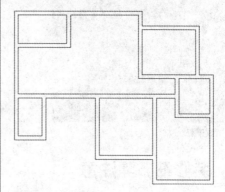

图 13-10　修剪墙体

Step 07 执行"直线"和"偏移"命令，绘制多条辅助线，预留出门洞和窗洞，如图 13-11 所示。

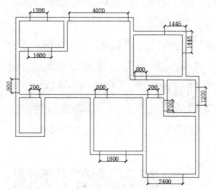

图 13-11　偏移线段

Step 08 执行"修剪"命令，对图形进行修剪，修剪出门洞和窗洞位置，如图 13-12 所示。

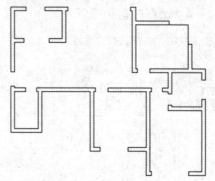

图 13-12　修剪门洞和窗洞

Step 09 将"门窗"图层设置为当前图层，执行"直线"命令，在窗洞位置绘制直线，如图13-13所示。

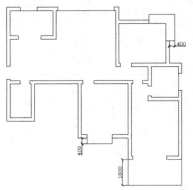

图13-13 绘制窗洞

Step 10 执行"偏移"命令，偏移绘制的直线，偏移距离为80，结果如图13-14所示。

图13-14 偏移窗洞

Step 11 执行"矩形""圆""复制""旋转"等命令，绘制出门图形并将其放置在合适位置，如图13-15所示。

图13-15 绘制门

Step 12 执行"矩形""圆""复制"等命令，绘制出柱子图形并将其放置在合适位置，如图13-16所示。

图13-16 绘制柱子等图形

Step 13 将"家具"图层设置为当前层，执行"矩形""直线""偏移"等命令，绘制鞋柜和酒柜图形，如图13-17所示。

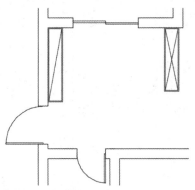

图13-17 绘制鞋柜和酒柜

Step 14 继续执行"矩形""直线""偏移"等命令，绘制橱柜台面、电视柜、衣柜、隔断等图形，如图13-18所示。

图13-18 绘制其余柜子

Step 15 执行"插入"命令,打开相应对话框,单击"浏览"按钮,在素材文件夹中选择"组合沙发"文件,如图 13-19 所示。

图 13-19 "插入"对话框

Step 16 单击"确定"按钮,将"组合沙发"图块插入到客厅中的合适位置,如图 13-20 所示。

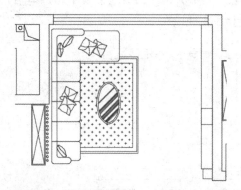

图 13-20 插入组合沙发

Step 17 执行"插入"命令,将"电视机""空调"和"餐桌"图块插入到图形合适位置,如图 13-21 所示。

图 13-21 插入图块

Step 18 继续执行"插入"命令,将其他图块插入到图形合适位置,如图 13-22 所示。

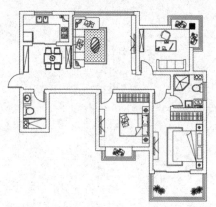

图 13-22 继续插入图块

Step 19 执行"文字样式"命令,新建"文字说明"样式,并设置其字体为"宋体",高度为250,如图 13-23 所示。

图 13-23 "文字样式"对话框

Step 20 将"标注"图层设置为当前层。执行"多行文字"命令,对平面图添加文字注释,如图 13-24 所示。

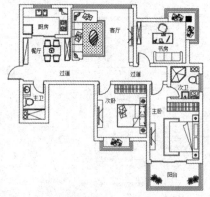

图 13-24 创建多行文字

Step 21 执行"标注样式"命令，新建"平面标注"样式，设置其样式参数，并将其设置为当前标注样式，如图 13-25 所示。

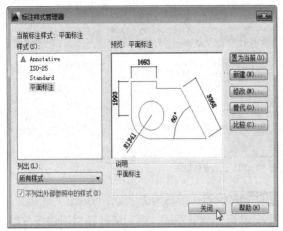

图 13-25 "标注样式管理器"对话框

Step 22 执行"线性"和"连续"标注命令，为平面布置图添加尺寸标注，如图 13-26 所示。

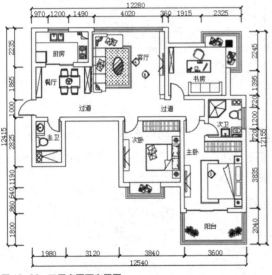

图 13-26 三居室平面布置图

13.2.2 三居室地面材质图

下面将为用户介绍三居室地面材质图的绘制步骤。

Step 01 执行"复制"命令，对平面布置图进行复制，然后删除其内部家具和门的图形文件，调整文字位置，结果如图 13-27 所示。

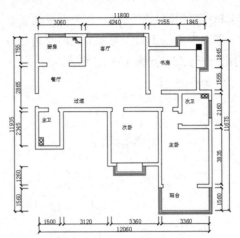

图 13-27 删除平面图内无关元素

Step 02 执行"图层特性"命令，新建"地面填充"图层，设置其图层参数，并将其设置为当前层，如图 13-28 所示。

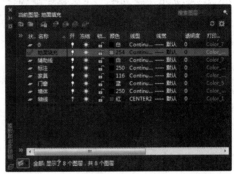

图 13-28 新建"地面填充"图层

Step 03 执行"直线"命令，将图形中的所有门洞进行封闭，效果如图 13-29 所示。

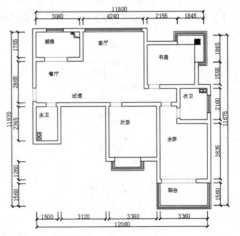

图 13-29 封闭门洞

AutoCAD 2015中文版基础教程

Step 04 执行"图案填充"命令，对主卧室地面进行填充，图案为 DOLMIT，图案填充角度为 0°，填充图案比例为 25，如图 13-30 所示。

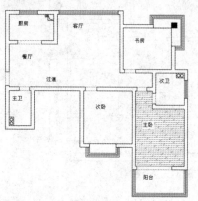

图 13-30 填充主卧室地面

Step 05 继续执行"图案填充"命令，对厨房地面进行填充，图案填充类型为用户定义，图案填充间距为 300，角度为 45°，双向线，如图 13-31 所示。

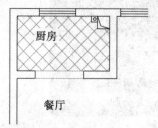

图 13-31 填充厨房地面

Step 06 执行"图案填充"命令，对客厅和餐厅位置进行填充，设置同上，图案填充间距为 600。按回车键重复命令，对其他区域进行填充，效果如图 13-32 所示。

图 13-32 填充效果

Step 07 执行"多行文字"命令，在厨房内框选出文字输入范围后，单击"背景遮罩"按钮，在打开的对话框中，设置"边界偏移因子"为 1，"填充颜色"为白色，如图 13-33 所示。

图 13-33 设置背景遮罩

Step 08 设置完成后单击"确定"按钮。将"标注"图层设置为当前图层，对厨房地面材质进行文字说明，设置字体大小为 200，如图 13-34 所示。

图 13-34 添加文字说明

Step 09 执行"复制"命令，将文字注释复制到书房合适位置。双击文字，进行文字内容的修改，效果如图 13-35 所示。

图 13-35 修改文字内容

262

Step 10 继续执行"复制"命令,对其余地面材质进行文字说明,最终效果如图 13-36 所示。

图 13-36 三居室地面材质图

13.2.3 三居室顶棚布置图

下面将为用户介绍三居室顶棚布置图的绘制步骤。

Step 01 执行"复制"命令,对地面材质图进行复制,并删除图案填充与文字部分,然后执行"直线"命令,将房顶部分绘制完整,如图 13-37 所示。

图 13-37 删除填充图案

Step 02 执行"图层特性"命令,新建"顶面造型"和"灯带"图层,设置其图层参数,并将"顶面造型"图层设置为当前层,如图 13-38 所示。

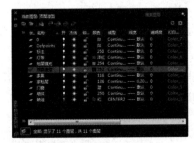

图 13-38 创建新图层

Step 03 执行"矩形"和"偏移"命令,绘制次卧室吊顶造型,矩形依次向内偏移 400mm、100mm,将外侧矩形设置在灯带图层上,然后执行"插入"命令,插入"吸顶灯"图块,置于中心位置,如图 13-39 所示。

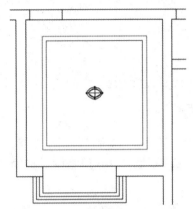

图 13-39 绘制次卧室吊顶

Step 04 继续执行"矩形"和"偏移"命令,按照同样的操作方法,绘制主卧室与书房吊顶,并插入"筒灯"和"吸顶灯"图块,如图 13-40 所示。

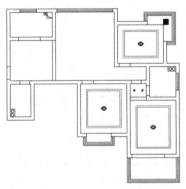

图 13-40 绘制主卧室与书房吊顶

Step 05 执行"直线""矩形""圆""偏移""修剪"等命令,绘制餐厅、客厅及过道吊顶,距离如图 13-41 所示。

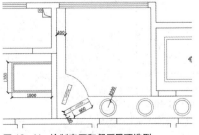

图 13-41 绘制客厅和餐厅吊顶造型

Step 06 执行"矩形"和"圆"命令,在餐厅吊顶的合适位置绘制出灯具图形,如图 13-42 所示。

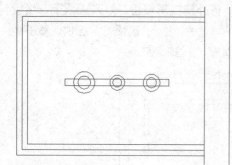

图 13-42 绘制餐厅灯具

Step 07 执行"复制"命令,复制"筒灯"图块,然后执行"插入"命令,插入"吊灯"图块,如图 13-43 所示。

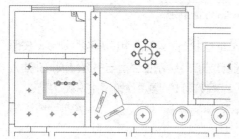

图 13-43 插入吊灯

Step 08 执行"插入"命令,将"浴霸""排风扇"及"吸顶灯"图块插入到客卫生间合适位置,然后执行"图案填充"命令,对其顶面进行填充,效果如图 13-44 所示。

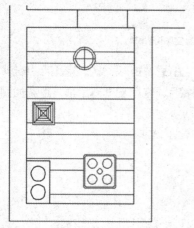

图 13-44 绘制客卫生间吊顶

Step 09 继续执行"插入"和"图案填充"命令,按照同样的操作方法,绘制出厨房与主卫生间顶棚,效果如图 13-45 所示。

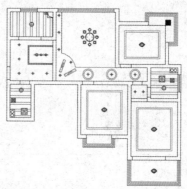

图 13-45 绘制顶棚

Step 10 执行"多重引线样式"命令,新建"平面标注"样式,并设置好引线样式,然后依次单击"置为当前""关闭"按钮,如图 13-46 所示。

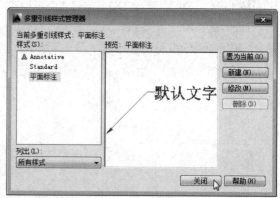

图 13-46 "多重引线样式管理器"对话框

Step 11 执行"多重引线"命令,为厨房顶棚添加文字说明,效果如图 13-47 所示。

图 13-47 添加文字说明

Step 12 继续执行"多重引线"命令，为其余顶棚添加文字说明，最终效果如图 13-48 所示。

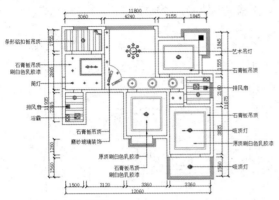

图 13-48　文字说明效果

Step 13 执行"插入"命令，将"标高符号"属性图块插入到餐厅合适位置，并输入标高值，效果如图 13-49 所示。

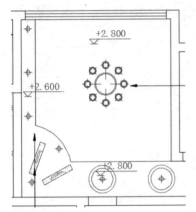

图 13-49　插入标高符号

Step 14 执行"复制"命令，复制标高符号并修改其标高值，最终效果如图 13-50 所示。

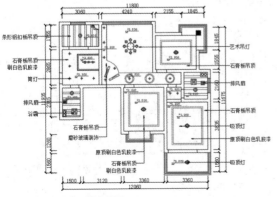

图 13-50　三居室顶棚布置图

13.3　绘制三居室主要立面图

下面将根据三居室平面布置图绘制三居室立面图，包括客厅 A 立面图、B 立面图和卧室 C 立面图。

13.3.1　客厅 A 立面图

下面将为用户介绍客厅 A 立面图的绘制步骤。

Step 01 执行"图层特性"命令，新建"立面造型"图层，设置图层的参数，并将其设置为当前层，如图 13-51 所示。

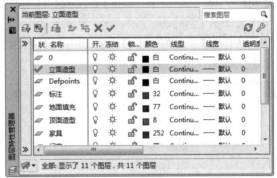

图 13-51　创建"立面造型"图层

Step 02 执行"直线""偏移""修剪"等命令，根据平面尺寸，绘制立面区域，如图 13-52 所示。

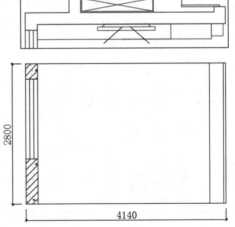

图 13-52　绘制立面区域

Step 03 执行"偏移""修剪"命令，绘制电视背景墙造型、电视柜及灯带线，具体尺寸如图13-53所示。

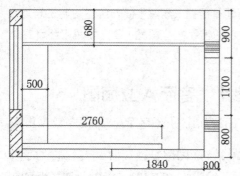

图 13-53　绘制背景墙造型

Step 04 执行"圆"命令，绘制半径分别为58mm、31mm的两个同心圆，然后执行"样条曲线拟合"命令，绘制样条曲线，即可完成窗帘的绘制，如图13-54所示。

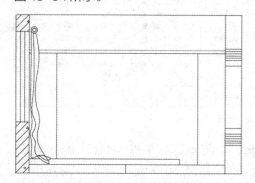

图 13-54　绘制窗帘

Step 05 执行"插入"命令，插入"电视机"图块，将其放置在合适位置，如图13-55所示。

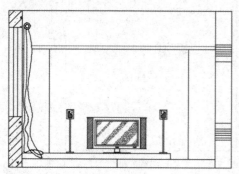

图 13-55　插入电视机

Step 06 继续执行"插入"命令，将其他图块插入到图形合适位置，然后执行"图案填充"命令，对背景墙进行填充，效果如图13-56所示。

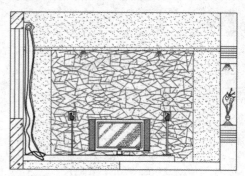

图 13-56　填充效果

Step 07 执行"标注样式"命令，新建"立面标注"样式，设置样式参数，并将其置为当前，如图13-57所示。

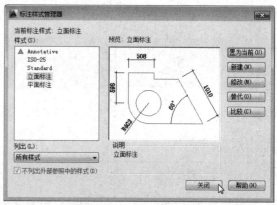

图 13-57　新建标注样式

Step 08 将"标注"图层设置为当前层，执行"线性"和"连续"标注命令，为立面图添加尺寸标注，如图13-58所示。

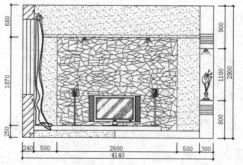

图 13-58　添加尺寸标注

Step 09 将"引线标注"图层置为当前层，执行"多重引线样式"命令，新建"立面标注"样式，设置样式参数，并将其置为当前，如图 13-59 所示。

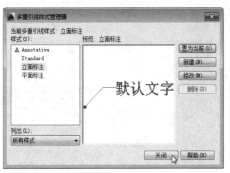

图 13-59　新建多重引线样式

Step 10 执行"多重引线"命令，为立面图添加文字标注，如图 13-60 所示。

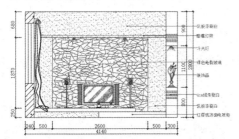

图 13-60　客厅 A 立面图

13.3.2　客厅 B 立面图

下面将为用户介绍客厅 B 立面图的绘制步骤。

Step 01 将"立面造型"图层设置为当前层。执行"直线""偏移""修剪"等命令，根据平面尺寸，绘制立面区域，如图 13-61 所示。

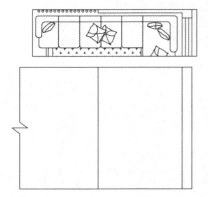

图 13-61　绘制立面区域

Step 02 执行"偏移"和"图案填充"命令，绘制窗户剖面，如图 13-62 所示。

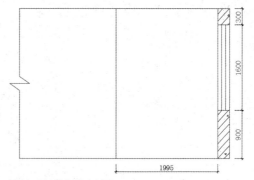

图 13-62　绘制窗户剖面

Step 03 执行"圆"命令绘制半径分别为 58mm、31mm 的两个同心圆，然后执行"样条曲线拟合"命令，绘制样条曲线，完成窗帘的绘制，如图 13-63 所示。

图 13-63　绘制窗帘

Step 04 执行"插入"命令，插入装饰画，如图 13-64 所示。

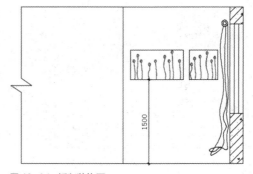

图 13-64　插入装饰画

Step 05 执行"插入"命令，将"沙发"图块插入到图形合适位置，执行"分解""修剪"命令，修剪被遮挡部分线段，如图 13-65 所示。

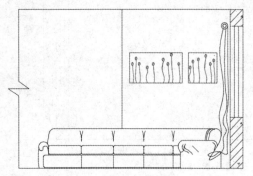

图 13-65 插入沙发

Step 06 执行"圆""矩形阵列"和"复制"命令，绘制珠帘隔断，如图 13-66 所示。

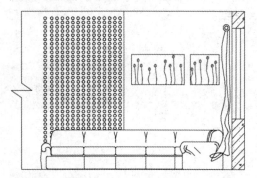

图 13-66 绘制珠帘

Step 07 将"标注"图层设置为当前层，执行"线性"和"连续"标注命令，为立面图添加尺寸标注，如图 13-67 所示。

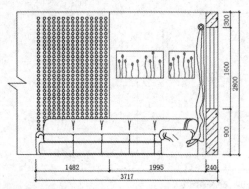

图 13-67 添加尺寸标注

Step 08 将"引线标注"图层设置为当前层，执行"多重引线"命令，为立面图添加文字标注，如图 13-68 所示。

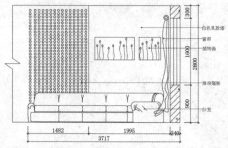

图 13-68 客厅 B 立面图

13.3.3　主卧室 C 立面图

下面将为用户介绍主卧室 C 立面图的绘制步骤。

Step 01 将"立面造型"图层设置为当前层。执行"直线""偏移""修剪"等命令，根据平面尺寸，绘制立面区域，如图 13-69 所示。

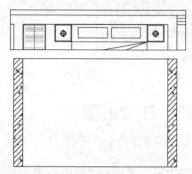

图 13-69 绘制立面区域

Step 02 执行"矩形""直线"和"偏移"命令，绘制衣柜侧面，如图 13-70 所示。

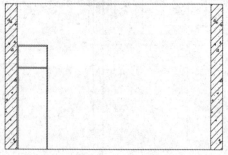

图 13-70 绘制衣柜侧面

Step 03 执行"插入"命令，将"衣服""双人床"图块插入到图形合适位置，如图 13-71 所示。

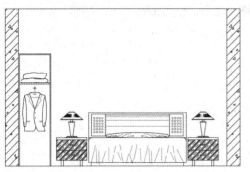

图 13-71 插入衣服、双人床图块

Step 04 根据顶面布置图，执行"偏移""修剪"命令，绘制吊顶立面部分，具体尺寸如图 13-72 所示。

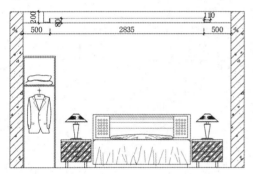

图 13-72 绘制吊顶部分

Step 05 执行"插入"命令，插入"装饰画"和"灯具"图块，插入位置如图 13-73 所示。

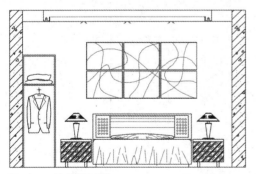

图 13-73 绘制立面区域

Step 06 执行"偏移"命令，将地平线向上偏移 80mm，并对其进行修剪，绘制出踢脚线，如图 13-74 所示。

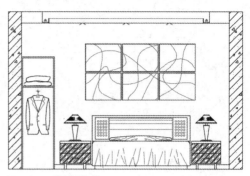

图 13-74 绘制踢脚线

Step 07 执行"图案填充"命令，选择合适的图案对墙面进行填充，如图 13-75 所示。

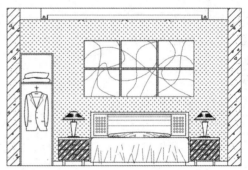

图 13-75 填充背景墙

Step 08 将"标注"图层设置为当前层，执行"线性"和"连续"标注命令，为立面图添加尺寸标3注，如图 13-76 所示。

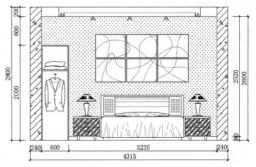

图 13-76 添加标注

Step 09 将"引线标注"图层设置为当前层，执行"多重引线"命令，为立面图添加文字标注，如图 13-77 所示。

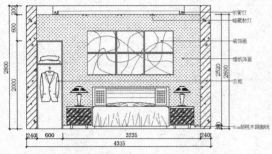

图 13-77　主卧室 C 立面图

13.3.4　餐厅 D 立面图

下面将为用户介绍餐厅 D 立面图的绘制步骤。

Step 01 执行"直线""偏移""修剪"等命令，根据平面尺寸，绘制立面区域，如图 13-78 所示。

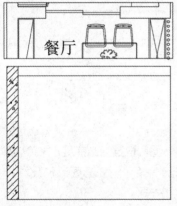

图 13-78　绘制立面区域

Step 02 根据平面图，确定餐厅移门、鞋柜和酒柜的宽度尺寸，然后执行"偏移"命令，分别偏移出家具高度，具体尺寸如图 13-79 所示。

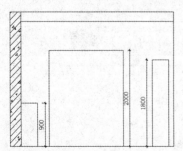

图 13-79　绘制家具区域

Step 03 继续执行"偏移"命令，偏移出移门的门框部分，门框宽度为 40mm，执行"修剪"命令，修剪多余线段，结果如图 13-80 所示。

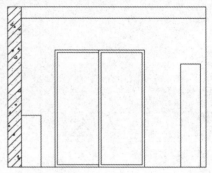

图 13-80　绘制门框

Step 04 执行"图案填充"命令，对玻璃移门进行填充，如图 13-81 所示。

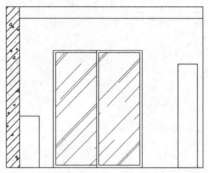

图 13-81　填充图案

Step 05 执行"偏移""修剪""直线"命令，绘制鞋柜侧面图，尺寸如图 13-82 所示。

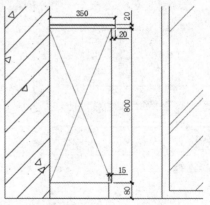

图 13-82　绘制鞋柜

Step 06 执行"偏移""修剪"和"直线"命令，绘制酒柜侧面图，尺寸如图 13-83 所示。

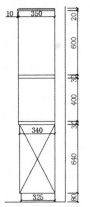

图 13-83　绘制酒柜

Step 07 根据顶面布置图，执行"偏移""修剪""直线"命令，绘制立面图吊顶部分，尺寸如图 13-84 所示。

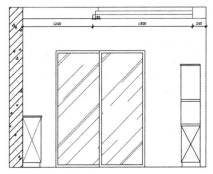

图 13-84　绘制吊顶

Step 08 执行"插入"命令，根据平面图中餐桌位置，插入餐桌立面图。执行"修剪"命令，修剪掉被餐桌遮挡的部分，如图 13-85 所示。

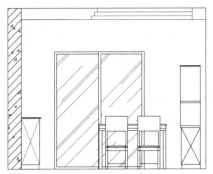

图 13-85　插入餐桌

Step 09 执行"插入"命令，插入酒和花瓶的立面图形文件，然后执行"圆"和"矩形阵列"命令，绘制珠帘隔断的侧面，如图 13-86 所示。

图 13-86　插入图形

Step 10 执行"图案填充"命令，填充墙面部分，如图 13-87 所示。

图 13-87　填充墙面

Step 11 将"标注"图层设置为当前层，执行"线性"和"连续"标注命令，为立面图添加尺寸标注，如图 13-88 所示。

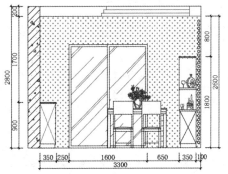

图 13-88　标注尺寸

Step 12 执行"多重引线"命令，为立面图添加文字标注，如图 13-89 所示。

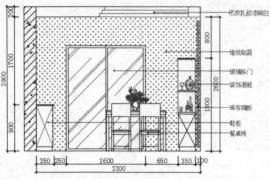

图 13-89　添加文字

✛ 13.4　绘制三居室主要剖面图

绘制剖面图，可以详细地描述墙体或家具的内部构造。下面将介绍三居室剖面图的绘制步骤，包括电视背景墙剖面图、过道装饰墙剖面图。

13.4.1　电视背景墙剖面图

下面将为用户介绍电视背景墙剖面图的绘制步骤。

Step 01 执行"复制"命令，复制客厅 A 立面图，然后执行"多段线"和"多行文字"命令，绘制剖面符号，如图 13-90 所示。

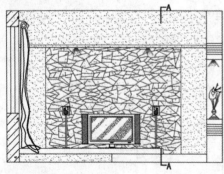

图 13-90　绘制剖面符号

Step 02 执行"直线""偏移""修剪"等命令，根据立面尺寸，绘制背景墙剖面轮廓，如图 13-91 所示。

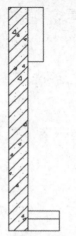

图 13-91　绘制背景墙剖面轮廓

Step 03 执行"偏移"命令，绘制暗藏灯管部分，然后执行"插入"命令，插入"灯管"图块，如图 13-92 所示。

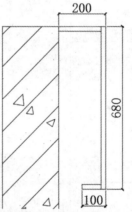

图 13-92　绘制灯槽

Step 04 执行"图案填充"命令，对图形进行填充，然后执行"插入"命令，插入"射灯"图块，如图 13-93 所示。

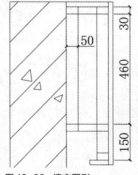

图 13-93　填充图形

Step 05 执行"偏移"命令，偏移出装饰柱的线条，如图 13-94 所示。

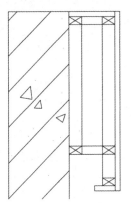

图 13-94　偏移装饰柱

Step 06 执行"插入"命令，插入"射灯"和"装饰品"图块，如图 13-95 所示。

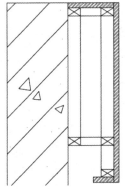

图 13-95　插入图块

Step 07 执行"标注样式"命令，新建"剖面标注"样式，设置样式参数，并将其置为当前，如图 13-96 所示。

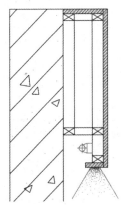

图 13-96　偏移装饰柱

Step 08 将"标注"图层设置为当前层，执行"线性"和"连续"标注命令，为剖面图添加尺寸标注，如图 13-97 所示。

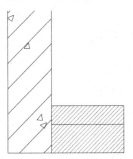

图 13-97　插入图块

Step 09 执行"标注样式"命令，新建"剖面标注"样式，设置样式参数，并将其置为当前，如图 13-98 所示。

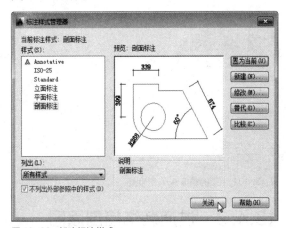

图 13-98　新建标注样式

Step 10 将"标注"图层设置为当前层，执行"线性"和"连续"标注命令，为剖面图添加尺寸标注，如图 13-99 所示。

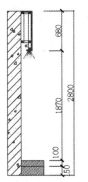

图 13-99　添加尺寸标注

Step 11 将"引线标注"图层设置为当前层,执行"格式 > 多重引线样式"命令,新建"剖面标注"样式,设置样式参数,并将其置为当前,如图 13-100 所示。

图 13-100 新建多重引线样式

Step 12 执行"多重引线"命令,为剖面图添加文字标注,如图 13-101 所示。

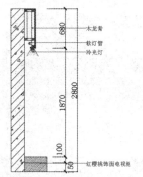

图 13-101 电视背景墙 A-A 剖面图

13.4.2 过道装饰墙剖面图

下面为用户介绍过道装饰墙剖面图绘制步骤。

Step 01 执行"多段线"和"多行文字"命令,在过道 B 立面图的合适位置绘制剖面符号,如图 13-102 所示。

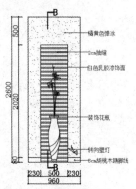

图 13-102 绘制剖面符号

Step 02 执行"直线""多段线""矩形"等命令,根据立面尺寸,绘制剖面轮廓,并对其填充合适图案,如图 13-103 所示。

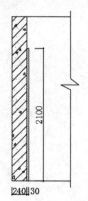

图 13-103 电视背景墙 B-B 剖面图

Step 03 执行"多段线"命令,绘制一条多段线,尺寸如图 13-104 所示。

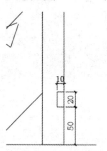

图 13-104 绘制多段线

Step 04 执行"矩形阵列"命令,对多段线进行阵列,阵列列数为 1,行数为 29,行间距为 70,如图 13-105 所示。

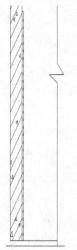

图 13-105 阵列多段线

Step 05 执行"修剪"命令，修剪掉多余的线段，如图 13-106 所示。

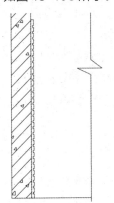

图 13-106　绘制踢脚线

Step 06 执行"插入"命令，插入"装饰花瓶"图块，并将其放置在图形合适位置，如图 13-107 所示。

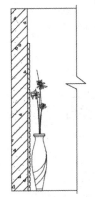

图 13-107　插入装饰花瓶

Step 07 执行"圆""圆弧"命令，选择图形部分，执行"修剪""缩放"命令，放大选择部分，如图 13-108 所示。

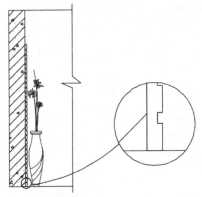

图 13-108　细节图

Step 08 选取圆与圆弧，更改线型为 DASHED，单击"特性"按钮，更改虚线线型比例，结果如图 13-109 所示。

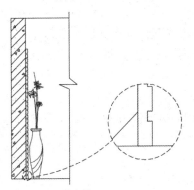

图 13-109　改虚线

Step 09 将"标注"图层设置为当前层，执行"线性"和"连续"标注命令，为立面图添加尺寸标注，更改细节图尺寸，如图 13-110 所示。

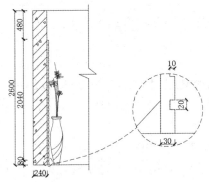

图 13-110　添加尺寸标注

Step 10 将"引线标注"图层设置为当前层，执行"多重引线"命令，为剖面图添加文字标注，如图 13-111 所示。

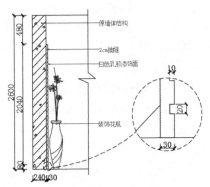

图 13-111　过道装饰墙 B-B 剖面图

275

Appendix 01　常见疑难问题解决办法

1.　AutoCAD 中无法进一步缩小时怎么办?

在命令行中输入 Z 按回车键, 然后再输入 A, 按回车键。

2.　AutoCAD 中画的直线是锯齿状怎么办?

按快捷键 "F8" 或在状态栏打开 "正交模式"。

3.　图形里的圆不圆了怎么办?

执行 RE 命令即可。

4.　在标注时, 如何使标注离图有一定距离?

执行 DIMEXO 命令, 再输入数字调整距离。

5.　怎样把多条直线合并成一条?

执行 Group 命令可以完成。

6.　AutoCAD 2015 可以导入 3dsMax 吗?

可以导入 3dsMax 的 fbx 格式。

7.　拖动图形时无法显示怎么办?

执行 dragmode 命令, 勾选系统变量 drag-mode ON, 即可解决。

8.　打开旧图遇到异常而中断退出怎么办?

新建一个图形文件, 然后将旧图以图块形式插入即可。

9.　填充无效时怎么办?

①考虑系统变量。

②执行 OP 命令, 在打开的 "选项" 对话框的 "显示" 选项卡中, 勾选 "显示性能" 选项中的 "应用实体填充" 复选框。

10.　光标不能指向需要的地方怎么办?

检查状态栏, 看 "捕捉模式" 是否处于打开状态, 如果是, 则再次单击 "捕捉模式" 按钮, 切换成关闭。

11.　如何删除顽固图层?

删除顽固图层的有效方法是采用图层转换器, 执行命令 laytrans, 将需删除的图层转换为 0 层即可。

12.　平方符号怎么打出来?

在命令行中输入 T 按回车键后, 拖出一个文本框, 然后单击鼠标右键选择 "符号" 子菜单中的 "平方" 即可。

13.　镜像过来的字体保持不旋转怎么办?

执行 mirrtext 命令。当值为 0 时, 可保持镜像过来的字体不旋转; 值为 1 时, 进行旋转。

14.　为什么输入的文字高度无法改变?

使用的字型的高度值不为 0 时, 用 DTEXT 命令书写文本时都不提示输入高度, 这样写出来的本高度是不变的。包括使用该字型进行的尺寸标注。

15.　特殊符号的输入。

表示直径的 "Φ"、表示地平面的 "±"、标注度符号 "°" 都可以用控制码 %% C、%% P、%% D 来输入。

① 执行 T 文字命令, 拖出一个文本框。

② 在对话框中单击鼠标右键, 选择 "符号" 子菜单下的选项。

16. DWG 文件破坏了怎么办?

打开破坏的文件时,系统会直接提示修复文件。

17. 消除点标记。

在 AutoCAD 中,有时交叉点标记会在鼠标单击处产生,执行 BLIPMODE 命令,并在提示行下输入 OFF 即可将它消除。

18. 为什么不能显示汉字,或输入的汉字变成了问号?

① 对应的字型没有使用汉字字体,如 HZTXT. SHX 等;

② 当前系统中没有汉字字体文件,应将所用到的字型文件复制到 AutoCAD 的字体目录中(一般为 ...\FONTS\);

③ 对于某些符号,如希腊字母等,同样必须使用对应的字体形文件,否则会显示成? 号。

如果找不到错误的字体是什么,可重新设置正确字体及大小,创建一个新文本,然后执行特性匹配命令,将新文本的字体应用到错误的字体上即可。

19. 怎样加快填充速度?

在命令行输入 HPQUICKPREVIEW,然后输入 OFF 并按回车键,这样可以关闭填充预览,在填充的时候,速度就可以加快。

20. 标注的尾巴有 0 怎么办?

举例说明:如果你标注为 100mm,但实际在图形当中标出的是 100.00 或 100.000 这样的情况,那么用 dimzin,系统变量最好设定为 8,这时尺寸标注中的缺省值就不会带几个尾零了。

21. 在标题栏显示路径不全怎么办?

执行 op 命令,在打开的"选项"对话框的"打开和保存"选项卡中,勾选"文件打开"选项组中的"在标题中显示完整路径"复选框。

22. 命令行中的模型、布局不见了怎么办?

执行 OP 命令,在打开的"选项"对话框的"显示"选项卡中,勾选"布局元素"选项组中的"显示布局和模型选项卡"复选框。

23. 对于所有图块是否都可以编辑属性?

不是所有图块都可以进行编辑属性。只有在定义了块属性之后才可以对其属性执行编辑操作,否则 AutoCAD 2015 将会提示一个出错信息。

24. 怎样在图形窗口中显示滚动条?

也许有人还用无滚轮的鼠标,那么这时滚动条也许还有点作用。执行 OP 命令,在打开的"选项"对话框的"显示"选项卡中,勾选"窗口元素"选项组中的"在图形窗口中显示滚动条"复选框即可。

25. 如何隐藏坐标?

在命令行中输入 UCSICON 按回车键后,输入 OFF 即可关闭,反之输入 ON 即可打开。

26. 三维坐标的显示。

在三维视图中用动态观察器变动了坐标显示的方向后,可以在命令行键入"-view"命令,命令行显示:-VIEW 输入选项 [?/ 正交 (O)/ 删除 (D)/ 恢复 (R)/ 保存 (S)/UCS(U)/ 窗口 (W)]: 键入 O 然后再回车,就可以回到标准的显示模式了。

绘制要求较高的机械图样时,目标捕捉是精确定点的最佳工具。

27. 为什么绘制的剖面线或尺寸标注线不是连续线型?

AutoCAD 绘制的剖面线、尺寸标注都可以具有线型属性。如果当前的线型不是连续线型,那么绘制的剖面线和尺寸标注就不会是连续线。

28. 如何设置保存的格式?

执行 OP 命令,打开"选项"对话框并选择"打开和保存"选项卡,在"文件保存"选项组中的"另存为"下拉列表中可以设置保存的格式。

29. 如果 CAD 里的系统变量被人无意更改,或一些参数被人有意调整了怎么办?

执行 OP 命令,打开"选项"对话框,在"配置"选项卡中单击"重置"按钮即可恢复。但恢复后,有些选项还需要一些调整,例如十字光标的大小等。

30. 加选无效时怎么办?

AutoCAD 正确的设置应该是可以连续选择多个对象,但有的时候,连续选择对象会失效,只能选择最后一次所选中的对象,这时可以这样操作:执行 OP 命令,打开"选项"对话框并选择"选择集"选项卡,在"选择集模式"选项组中取消勾选"SHIFT 键添加到选择集"复选框,加选有效,反之加选无效,命令:PICKADD 值:0/1。

31. 如何减少文件大小?

在图形完稿后,执行清理(PURGE)命令,清理掉多余的数据,如无用的块、没有实体的图层,未用的线型、字体、尺寸样式等,可以有效减少文件大小。一般彻底清理需要 PURGE 二到三次。

32. 如何关闭 CAD 中的 *BAK 文件?

输入命令 ISAVEBAK,将 ISAVEBAK 的系统变量修改为 0,系统变量为 1 时,每次保存都会创建"*BAK"备份文件。

33. 如何将 CAD 图插入 Word 里?

Word 文档制作中,往往需要各种插图,Word 绘图功能有限,特别是复杂的图形,该缺点更加明显。AutoCAD 是专业绘图软件,功能强大,很适合绘制比较复杂的图形,用 AutoCAD 绘制好图形,然后插入 Word 制作复合文档是解决问题的好办法。可以用 AutoCAD 提供的输出功能先将 AutoCAD 图形以 BMP 或 WMF 等格式输出,然后插入 Word 文档,也可以先将 AutoCAD 图形复制到剪贴板,再在 Word 文档中粘贴。需注意的是,由于 AutoCAD 默认背景颜色为黑色,而 Word 背景颜色为白色,首先应将 AutoCAD 图形背景颜色改成白色。另外,AutoCAD 图形插入 Word 文档后,往往空边过大,效果不理想。可利用 Word 图片工具栏上的裁剪功能进行修整,空边过大问题即可解决。

34. 将 AutoCAD 中的图形插入 Word 中,有时会发现圆变成了正多边形怎么办?

用 VIEWRES 命令,将它设得大一些,可改变图形质量。

35. 块文件不能炸开及不能用另外一些常用命令怎么办?

有两种方法可以解决:一是删除 acad.lsp 和 acadapp.lsp 文件,大小应该一样都是 3K,然后复制 acadr14.lsp 两次,命名为上述两个文件名,并加上只读,就可以了。要删掉 DWG 图形所在目录的所有 lsp 文件,不然会感染别的图形。二是有种专门查杀该病毒的软件。

36. 怎样用 PSOUT 命令输出图形到一张比 A 型图纸更大的图纸上?

如果直接用 PSOUT 输出 EPS 文件,系统变量 FILEDIA 又被设置为 1,输出的 EPS 文件只能缩到 A 型图纸大小。

如果想选择图纸大小,必须在运行 PSOUT 命令之前取消文件交互对话形式,为此,设置系统变量 FILEDIA 为 0。或者为 AutoCAD 配置一个 Posts cript 打印机,然后输出到文件,得到任意图纸大小的 EPS 文件。

37. 如何将自动保存的图形复原?

AutoCAD 将自动保存的图形存放到 AUTO.SV$ 或 AUTO?.SV$ 文件中,找到该文件将其改名为图形文件，即可在 AutoCAD 中打开。一般该文件存放在 Windows 的临时目录，如 c:\\windows\\temp。

38. 如何保存图层？

新建一个 CAD 文档，把图层、标注样式等都设置好后另存为 DWT 格式（CAD 的模板文件）。在 CAD 安装目录下找到 DWT 模板文件放置的文件夹，把刚才创建的 DWT 文件放进去，以后使用时，新建文档时提示选择模板文件时进行选择即可。或者，把相应文件命名为 acad.dwt（CAD 默认模板），替换默认模板，以后只要打开就可以了。

39. 打印出来的字体是空心的怎么办？

在命令行输入 TEXTFILL 命令，值为 0 则字体为空心，值为 1 则字体为实心。

40. 为什么有些图形能显示，却打印不出来？

如果图形绘制在 AutoCAD 自动产生的图层（DEFPOINTS、ASHADE 等）上，就会出现这种情况。应避免在这些层上绘制图形。

41. 简说两种打印方法。

打印无外乎有两种，一种是模型空间打印，另一种则是布局空间打印，常说的按图框打印就是模型空间打印，这需要对每一个独立的图形进行插入图框，然后根据图的大小进行缩放图框。如果采用布局打印则可实现批量打印。

42. CAD 绘图时是按照 1:1 的比例吗？还是由出图的纸张大小决定的？

在 AutoCAD 里，图形是按"绘图单位"来绘制的，1 个绘图单位是指图上画 1 个长度。一般在出图时有一个打印尺寸和绘图单位的比值关系，打印尺寸按毫米计，如果打印时按 1:1 来出图，则 1 个绘图单位将打印出来一毫米。在规划图中，如果使用 1:1000 的比例，则可以在绘图时用 1 表示 1 米，打印时用 1:1 出图就行了。实际上，为了数据便于操作，往往用 1 个绘图单位来表示你使用的主单位，比如，规划图主单位是米，机械、建筑和结构主单位为毫米，仅仅在打印时需要注意。因此，绘图时先确定主单位，一般按 1:1 的比例，出图时再换算一下。按纸张大小出图仅仅用于草图，比如现在大部分办公室的打印机都是设置成 A3 的，可以把图形出在满纸上，当然，草图的比例是不对的，仅仅是为了方便查看。

43. AutoCAD 中如何计算二维图形的面积？

AutoCAD 中，可以方便、准确地计算二维封闭图形的面积（包括周长）。但对于不同类别的图形，其计算方法也不尽相同。

① 对于简单图形，如矩形、三角形。只须执行命令 AREA（可以在命令行输入，或单击对应命令图标），在命令提示"指定第一个角点或 [对象 (O)/ 增加面积 (A)/ 减少面积 (S)] < 对象 (O)>:"后，打开捕捉依次选取矩形或三角形各交点后回车，AutoCAD 将自动计算面积（Area）、周长（Perimeter），并将结果列于命令行。

② 对于简单图形，如圆或其他多段线（Polyline）、样条线（Spline）组成的二维封闭图形。执行命令 AREA，在命令提示"指定第一个角点或 [对象 (O)/ 增加面积 (A)/ 减少面积 (S)] < 对象 (O)>:"后，选择"对象"选项，根据提示选择要计算的图形，AutoCAD 将自动计算面积、周长。

③ 对于由简单直线、圆弧组成的复杂封闭图形，不能直接执行 AREA 命令计算图形面积。必须先使用 REGION 命令把要计算面积的图形创建为面域，然后再执行命令 AREA，在命令提示"指定第一个角点或 [对象 (O)/ 增加面积 (A)/ 减少面积 (S)] < 对象 (O)>:"后，选择"对象"选项，根据提示选择刚刚建立的面域图形，AutoCAD 将自动计算面积、周长。

AutoCAD 2015 中文版基础教程

Appendix 02　AutoCAD 2015 常用快捷键汇总

功　　能	快捷键	功　　能	快捷键
获取帮助	F1	控制是否实现对象自动捕捉	Ctrl+F
实现作图窗和文本窗口的切换	F2	栅格显示模式控制	Ctrl+G
控制是否实现对象自动捕捉	F3	重复执行上一步命令	Ctrl+J
数字化仪控制	F4	超级链接	Ctrl+K
等轴测平面切换	F5	新建图形文件	Ctrl+N
控制状态行上坐标的显示方式	F6	打开选项对话框	Ctrl+M
栅格显示模式控制	F7	打开图象文件	Ctrl+O
正交模式控制	F8	打开打印对话框	Ctrl+P
栅格捕捉模式控制	F9	保存文件	Ctrl+S
极轴模式控制	F10	极轴模式控制	Ctrl+U
对象追踪模式控制	F11	粘贴剪贴板上的内容	Ctrl+V
打开特性对话框	Ctrl+1	对象追踪模式控制	Ctrl+W
打开图象资源管理器	Ctrl+2	剪切所选择的内容	Ctrl+X
打开图象数据原子	Ctrl+6:	重做	Ctrl+Y
栅格捕捉模式控制（F9）	Ctrl+B	取消前一步的操作	Ctrl+Z
将选择的对象复制到剪贴板上	Ctrl+C		

Appendix 03 AutoCAD 2015 常用命令一览表

快捷键	命令名称		快捷键	命令名称
	绘图命令			绘图命令
A	ARC（圆弧）		DIV	DIVIDE（等分）
B	BLOCK（块定义）		EL	ELLIPSE（椭圆）
C	CIRCLE（圆）		PL	PLINE（多段线）
F	FILLET（倒圆角）		XL	XLINE（射线）
H	BHATCH（填充）		PO	POINT（点）
I	INSERT（插入块）		ML	MLINE（多线）
L	LINE（直线）		POL	POLYGON（正多边形）
T	MTEXT（多行文本）		REC	RECTANGLE（矩形）
W	WBLOCK（定义块文件）		REG	REGION（面域）
DO	DONUT（圆环）		SPL	SPLINE（样条曲线）
	修改命令			对象特性命令
E	ERASE（删除）		MA	MATCHPROP（属性匹配）
M	MOVE（移动）		ST	STYLE（文字样式）
O	OFFSET（偏移）		COL	COLOR（设置颜色）
S	STRETCH（拉伸）		LA	LAYER（图层操作）
X	EXPLODE（分解）		LT	LINETYPE（线型）
CO	COPY（复制）		LTS	LTSCALE（线型比例）
MI	MIRROR（镜像）		LW	LWEIGHT（线宽）
AR	ARRAY（阵列）		UN	UNITS（图形单位）
RO	ROTATE（旋转）		ATT	ATTDEF（属性定义）
TR	TRIM（修剪）		ATE	ATTEDIT（编辑属性）
EX	EXTEND（延伸）		BO	BOUNDARY（边界创建）
SC	SCALE（比例缩放）		AL	ALIGN（对齐）
BK	BREAK（打断）		EXIT	QUIT（退出）
PE	PEDIT（多段线编辑）		EXP	EXPORT（输出其他格式文件）
ED	DDEDIT（修改文本）		IMP	IMPORT（输入文件）
LEN	LENGTHEN（直线拉长）		OP	OPTIONS（自定义 CAD 设置）
CHA	CHAMFER（倒角）		PRINT	PLOT（打印）
	尺寸标注命令		PU	PURGE（清除垃圾）
D	DIMSTYLE（标注样式）		R	REDRAW（重新生成）
DLI	DIMLINEAR（直线标注）		REN	RENAME（重命名）
DAL	DIMALIGNED（对齐标注）		SN	SNAP（捕捉栅格）
DRA	DIMRADIUS（半径标注）		DS	DSETTINGS（设置极轴追踪）

（续表）

尺寸标注命令	
DDI	DIMDIAMETER（直径标注）
DAN	DIMANGULAR（角度标注）
DCE	DIMCENTER（中心标注）
DOR	DIMORDINATE（点标注）
TOL	TOLERANCE（标注形位公差）
LE	QLEADER（快速引出标注）
DBA	DIMBASELINE（基线标注）
DCO	DIMCONTINUE（连续标注）
DED	DIMEDIT（编辑标注）
DOV	DIMOVERRIDE(替换标注系统变量)

对象特性命令	
ADC	ADCENTER（设计中心"Ctrl + 2"）
CH	PROPERTIES（修改特性"Ctrl + 1"）

（续表）

对象特性命令	
OS	OSNAP（设置捕捉模式）
PRE	PREVIEW（打印预览）
TO	TOOLBAR（工具栏）
V	VIEW（命名视图）
AA	AREA（面积）
DI	DIST（距离）
LI	LIST（显示图形数据信息）

三维命令	
3A	3DARRAY（三维阵列）
3DO	3DORBIT（三维动态观察器）
3F	3DFACE（三维表面）
3P	3DPOLY（三维多仪线）
SU	SUBTRACT（差集运算）

Appendix 04 课后练习答案

Chapter 01

1. 选择题

(1) A　　　(2) A　　　(3) C　　　(4) C

2. 填空题

(1) 文本窗口

(2) 选择文件

(3) Computer Auto Design

Chapter 02

1. 选择题

(1) D　　　(2) C　　　(3) A　　　(4) C

2. 填空题

(1) 世界坐标系、UCS

(2) 图层特性、图层特性管理器

(3) Continuous

Chapter 03

1. 选择题

(1) D　　　(2) D　　　(3) C　　　(4) A

2. 填空题

(1) 点样式

(2) 内接于圆，外切于圆

(3) 中心点、轴，端点

Chapter 04

1. 选择题

(1) B　　　(2) B　　　(3) A　　　(4) A

2. 填空题

(1) 缩放

(2) 同心偏移，直线

(3) 镜像

Chapter 05

1. 选择题

(1) C　　　(2) A　　　(3) B　　　(4) C

2. 填空题

(1) 孤岛　　(2) 0　　　(3) OFF, 1

Chapter 06

1. 选择题

(1) C　　　(2) D　　　(3) C　　　(4) B

2. 填空题

(1) 对象合集　　　　(2) 写块

(3) 增强属性编辑器

Chapter 07

1. 选择题

(1) B　　(2) A　　(3) A　　(4) B　　(5) B

2. 填空题

(1) 文字样式

(2) TEXT, DDEDIT

(3) MTEXT, DDEDIT

Chapter 08

1. 选择题

(1) B　　　(2) C　　　(3) B　　　(4) C

2. 填空题

(1) 标注样式

(2) 尺寸界线

(3) 更新标注

Chapter 09

1. 选择题

(1) B　　　(2) D　　　(3) B　　　(4) C

2. 填空题

(1) 世界坐标系

(2) 楔体

(3) 交集

Chapter 10

1. 选择题

(1) B　　　(2) C　　　(3) A　　　(4) ACD

2. 填空题

(1) 三维阵列，层数

(2) 复制边

(3) 区域渲染

Chapter 11

1. 选择题

(1) D　　　(2) D　　　(3) A　　　(4) D

2. 填空题

(1) 模型，布局

(2) 输出

(3) 输入